JN041836

森に暮らし、
鳥になった人。

雑木林は鳥たちの通り道を
イメージして剪定をする

八ヶ岳倶楽部の「ステージ」のデッキベンチ。ここに座ると森に護られている感覚になるのだ

晩年は八ヶ岳倶楽部の2階のこの部屋で過ごしていた。朝に夕にそして暗闇の森も愛していた

ニホンミツバチの巣箱は「ステージ」の屋根の上に鎮座。
次男の宗助と共に

若くして亡くなった長男真吾は
森作りのパートナーでもあった

園芸家としても活躍していた
真吾が愛した多肉植物

優秀な体内温度計を持つカタクリはきっかり15°Cになると花を開く。
春の冷たい雨には一斉にうつむいて花弁を閉じる

森では白いシャツを好んで着た。
「汚れたら洗えばいいのさ」

秋は一番好きな季節。
生き物たちの再生のお祭りの始まりだ！

右端が次男柳生宗助、左から3人目が妻の柳生直子。その左は一番の古株、清洲裕雄。そして愛すべきスタッフたち

小虫を家族の元に配達中に小枝で
一休みするシジュウカラ

この日の朝の最初のお客様は
好奇心旺盛な子ギツネだったね。
木々の根元は丸く雪が溶ける。
木には体温があるのだ

孫たちのために作った木道にて。
「さあ、今度はどんな世界に行こうか！」

1.2.3.4／「生きもの地球紀行」(NHK) ではナレーターだけでなく積極的に世界中に飛び出した。時には“ママ”も伴って。5.6／八ヶ岳倶楽部の森は重機も自分たちで操って全部手造りだ。7／新入りスタッフにはまず薪割りを教える

8／12歳の一人旅では松本城にも立ち寄った。9／東京商船大学で海の男を目指した頃。10.11.12／ジェームス・ディーンに憧れて芸能界に。俳優として、また名司会者として

はじめに

父は令和4年4月16日に、その人生を閉じました。息子の自分から見て、父の85年の生涯は、とことん好きなことをした人生だったと思います。

船長になりたくて東京商船大学に入ること自体、ロマンチストだなあと思います。僕の祖父から聞いた話では、東大も受かっていたそうです。普通、東大に行きますよね。しかし、視力が落ちて船長になれないと分かり、商船大を中退します。その時に観た、ジェームス・ディーンの「エデンの東」に憧れて、俳優座養成所に入りました。とことん破天荒です。

なかなか売れない状態が続いていたのですが、朝の連続テレビドラマ小説「いちばん星」の野口雨情役（茨城が誇る偉人です）が大ヒット、その後「百万円クイズハンター」「すばらしい味の世界」「DOサタデー」といった番組の司会で人気を博しました。

そんな時に突然、「八ヶ岳に行こう」となりました。八ヶ岳で野良仕事をすることで、等身大の自分を取り戻して、また家族も同じように等身大になって欲しいという思いからです。

そのあたりで、NHKの「生きもの地球紀行」のナレーションもあり、父は「ナイスミドル」（懐かしい）から「ナチュラリスト」というイメージが定着していきました。

父の生涯で一番の破天荒な出来事は、1989年に八ヶ岳倶楽部というお店を創ったことだと思い

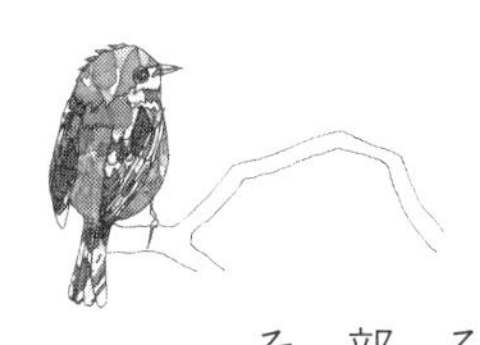

ます。当時はバブルの最盛期、隣の駅の清里界隈はまるで原宿の竹下通りのようでしたが、父が創った八ヶ岳倶楽部はその正反対のような存在でした。しかも、人に任せるのではなく、家族を巻き込んで、母が社長となり、実際にコーヒーも淹れ、今でも定番のフルーツティーを作るというものでした。兄も自分も、好き嫌いに拘わらず、家族の生活は八ヶ岳倶楽部が中心になりました。

その後の父の足跡は、「日本野鳥の会」会長や、「コウノトリファンクラブ」の会長など、社会的に意義のある、しかしお金にならないことに奉仕してきました。同時に「平成教育委員会」や「爆報・ザ・フライデー」といったバラエティー番組にも目覚めていきました。本当に破天荒で好きなことを全うした人だと思います。

そんな父なので、家族だけでなく、たくさんの人を振り回し、影響を与えてきました。編集者の五藤正樹さんもその一人です。五藤さんは「森と暮らす、森に学ぶ」や、「それからの森」を共に上梓させただけでなく、八ヶ岳ライフを発信する「八ヶ岳デイズ」という雑誌まで創刊した方です。

そんな五藤さんから訃報の際に、「柳生さんの言葉は今でも、今だからこそ、人々に響く」と言われ、この復刻版を発売するに至りました。

父はSDGsという言葉が生まれる40年前から、それを実践してきた人です。ここに収録されているのは、八ヶ岳倶楽部が出来たころの「森と暮らす、森に学ぶ」（1994年4月・講談社刊）、倶楽部が20年たった時の「それからの森」（2009年8月・講談社刊）、野鳥の会会長の頃の「鳥と語る」、そして晩年の『八ヶ岳デイズ』での連載エッセー「柳生博の気楽に始める八ヶ岳二地域居住」です。

その時々の時代状況を思い出しながら、その時の父の肉声に耳を傾けて頂けたら、大変嬉しく思います。

そして八ヶ岳倶楽部は今年で34年目を迎えます。設立当時、一番距離を置いていた僕が倶楽部の社長をやっている、人生は本当に不思議なものだと思います。

僕が目指す倶楽部は、本当の意味でのサステナブルなお店です。倶楽部の森と同じように、働く人も、お客さんも、そして店自体も多種多様性にあふれ、それでいて調和がとれていて、助け合っていて、持続している。そんなお店です。

柳生博という破天荒な人物が創り上げたお店と森は、個を超えて時代を超えて、続いていく、これからの倶楽部もきっと楽しいものになるとワクワクしています。

二〇二二年七月　柳生宗助

森に暮らし、鳥になった人。

目次

本書に収録している
柳生博の過去の著作一覧

『八ヶ岳倶楽部　森と暮らす、森に学ぶ』

（1994年4月12日発売／講談社）

『八ヶ岳倶楽部2　それからの森』

（2009年8月6日発売／講談社）

『柳生博　鳥と語る』

（2005年9月1日発売／ぺんぎん書房）

『柳生博の気楽に始める八ヶ岳二地域居住』

（『八ヶ岳デイズ』連載
「八ヶ岳デイズ vol.12」（2017年3月）～
「八ヶ岳デイズ vol.22」（2022年3月）／
東京ニュース通信社）

【おことわり】
本書に掲載している地名やデータ、人物の年齢、肩書きなどは、
原典となった各書籍、連載コラムの発行時のままになっております。
特に地名は市町村合併などで現在と名称が異なる場合があります。
あらかじめご了承ください。

『八ヶ岳倶楽部　森と暮らす、森に学ぶ』

●1994年4月12日発売／講談社

1970年代に八ヶ岳に移住した柳生博が、自ら雑木林を造成し、
ギャラリー＆レストラン「八ヶ岳倶楽部」を開業するまでを描く

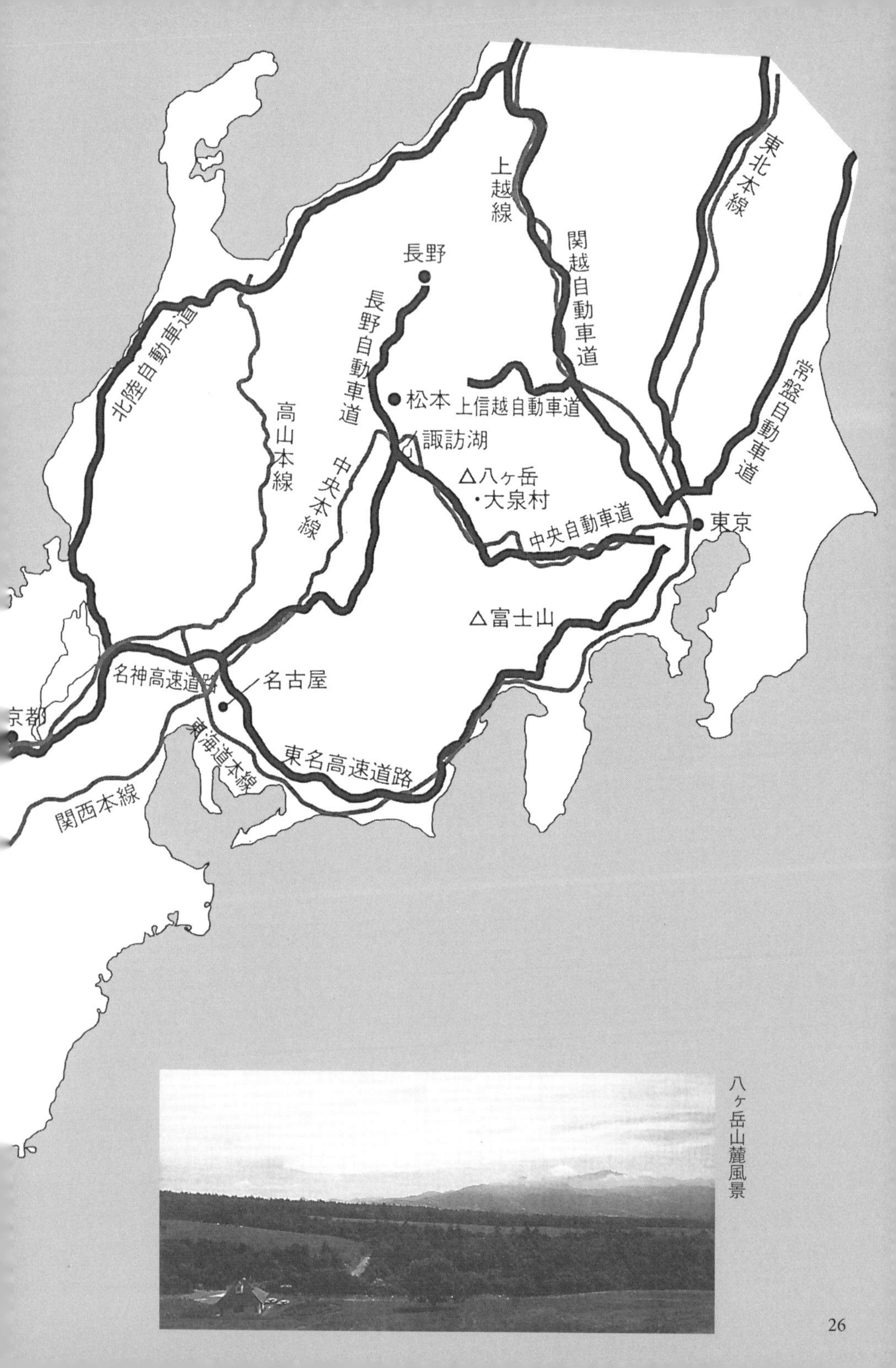
東北本線
上越線
関越自動車道
長野
長野自動車道
北陸自動車道
常磐自動車道
松本
上信越自動車道
高山本線
諏訪湖
中央本線
八ヶ岳
大泉村
東京
中央自動車道
富士山
名神高速道路
名古屋
京都
東海道本線
東名高速道路
関西本線

八ヶ岳山麓風景

友人の、そして僕の
未だ見ぬ孫たちへ。

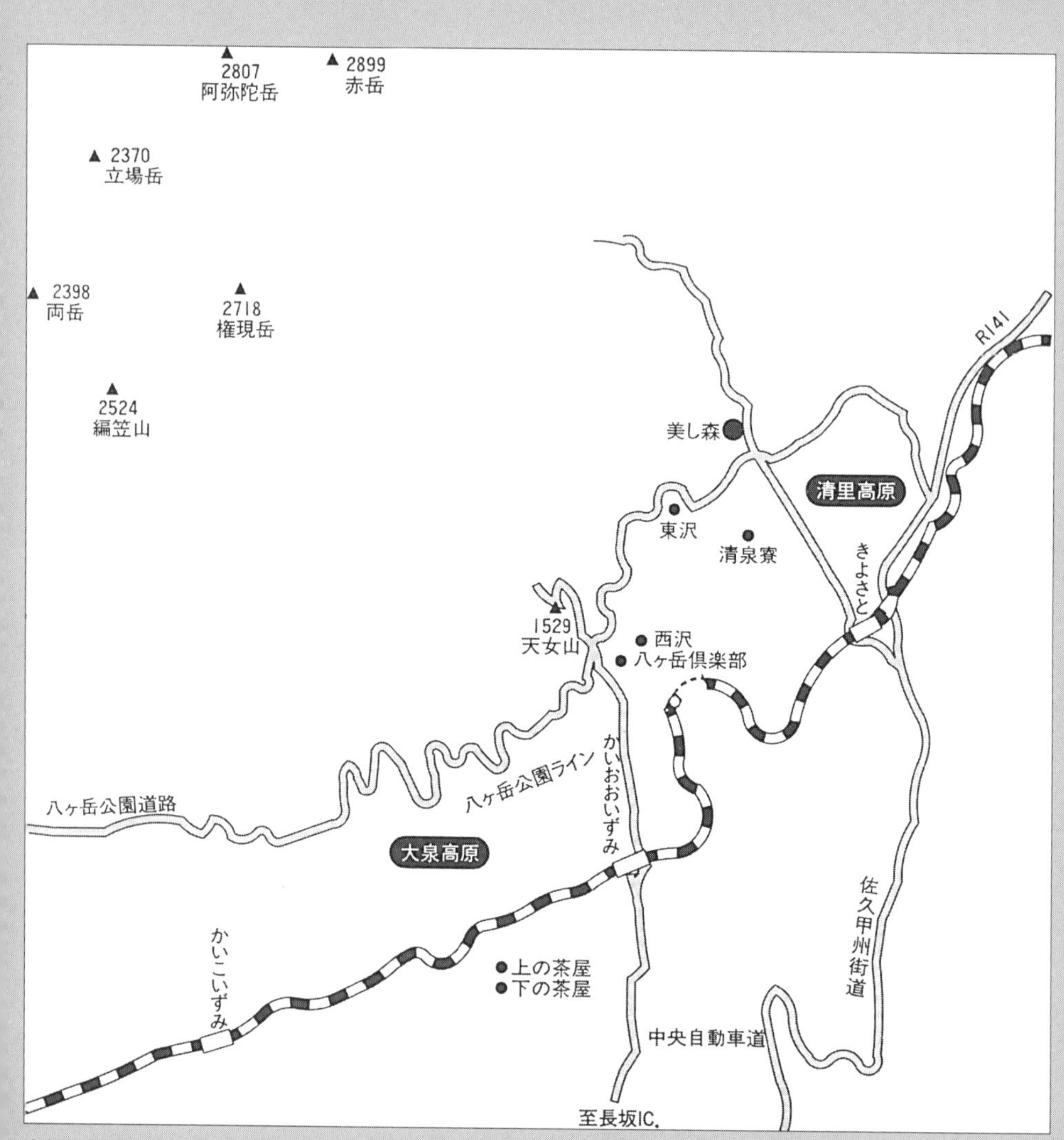

資料提供／大泉村役場

山梨県北巨摩郡大泉村「八ヶ岳倶楽部」
海抜1350m
北緯35度51分　東経138度23分
年間平均気温10.5度
年間降水量929mm
年間日照時間2071.4h
年間平均風速2.0m/s

【編集者注】「八ヶ岳倶楽部」現住所：山梨県北杜市大泉町西井出8240-2594

僕は今、八ヶ岳南麓の大泉村で暮らしています。

もう二〇年近くになります。

もちろん、俳優としての仕事はほとんどが東京なわけですから、ある意味では二重生活になるのかもしれません。でも、気持ちはすっかり八ヶ岳の住民です。

八ヶ岳では、林を造ったり、友人たちの家や庭を造ったりしています。荒れ果てた人工林を元の雑木林に戻してやったり、大石や古材で人間と自然が仲良くなれる風景を演出したりです。

それともう一つ、この本の書名に使った、「八ヶ岳倶楽部」というお店を、かみさんと息子たち、そして多数の若者たちと一緒に運営しています。

このギャラリーとレストランが合体した空間が、僕の八ヶ岳での極めて個人的な暮らしを、思いもかけない方向へ導いてくれようとしています。

わずか四年半の間に次から次へと、新しいきっかけが生まれています。

でも、僕の、かみさんの、息子たちの、若者たちの、そして友人たちの根っこの部分は、なんら変わることはありません。

都会からやって来た僕たちと、山の人々と、木々と、動物たちとの関わりをほんの少しだけまとめてみようと、こんな書名をつけました。

ようこそ、八ヶ岳倶楽部へ、心から歓迎します。

一九九四年四月

柳生博

目次

八ヶ岳倶楽部　森と暮らす、森に学ぶ

八ヶ岳山麓から富士山を眺める

第一章　森との出合い（あの夏からずっと）

一人旅の体験

ここ八ヶ岳の大泉村で暮らし始めて、一八年になります。

そのきっかけともなる、初めての八ヶ岳との出合いは、なんとまあ、今から四〇年以上も前、中学三年の夏にまで遡ります。

その夏、僕は初めての一人旅に出かけました。

そして、その時の様々な出合いや経験が、やがて僕に、八ヶ岳での暮らしを決意させていくことになるのです。それほど大きな、鮮烈な、大げさに言ってしまえば、それまで何不自由なく育ってきた平凡な一三歳の少年の人生観をも変えてしまうような、そんな衝撃的な旅だったのです。

そもそもこの一人旅は、柳生家に代々続く仕来りのためでした。「一三歳になったら、毛布と歯ブラシを持って一カ月の旅に出よ」——それはまあ、大人になるための、少々乱暴な掟だったのです。

さて、僕がこの旅の行き先を、八ヶ岳に決めたのは、とても単純な理由でした。

僕が生まれ育った、茨城県の霞ヶ浦という所は、ご存知のように関東平野のどまん中。一番背の高い筑波山でも、八八〇メートルしかありません。ですから、峨々たる山、というものに強く憧れていたのです。

日本の真ん真ん中に独立して連なる、美しい八ヶ岳連峰の南麓。それが、この人生の船出として、御先祖様が用意して下さったステージだったのです。

旅立ちの朝、どんな天気で、どんな格好をしていたのかは、遠い昔のことですからすっかり忘れてしまいました。

けれど、あの時、顔面蒼白の父親と、目にいっぱい涙をためた母親が、ふるえながら何か言っている横で、なぜかおじいちゃんだけが、ニコニコ笑っていたのはよく覚えています。

まあ、この時の状態は、それからおよそ三〇年後に、僕が全く同じ光景の名脇役——顔面蒼白の父となって、再現されることになったわけですけれどね。

　こうして始まった、初めての一人旅は、終始、興奮の連続でした。

　青息吐息のスイッチバック走法で坂を登る蒸気機関車の見事なまでの垂直なシートにも、今や、みやげ物屋さんで賑（にぎ）わっている、〝鉄道最高地点〟の小海（こうみ）線の窓から見た富士山も、それはもう、一人っきりの寂しさも忘れるほどの体験でした。

　けれど何より、山に入って行くにつれて、人間以外の生き物、特に木々の気配がどんどん濃厚になっていくことが、一番僕を興奮させていたのです。

　小さい頃から、しょっちゅう木を植えたり、草の始末をさせられていた僕は、父親やおじいちゃんに、植物は生きているというあまりに単純で、当たり前の事実を実感を込めて教えられてきました。

　例えば、草刈りをやらないで梅雨時を迎えると、ふと気がついた時には、庭は草に全部覆われてしまいます。枯れ枝にだって、あっという間に葉っぱが芽生えて、花が開いて――。そういうことから、動物以上に彼らは生き物なんだ、と子どもの頃から感じていました。

　ですから、そんな気配の中で、いつも見慣れている木が、八ヶ岳では全く大きさや姿形が違うことに感動し、憧れの木々の中を、おそらくこれが本来の姿なんだろうな、などと一人言をつぶやきながら、夢中で歩き回っていたのです。

　平野部にいると、畑の中でも、田んぼでも、鎮守様の森の中でも、どんな辺ぴな所へ行っても人の気配はします。

　それが、一歩ずつ足を進めると、その距離だけ、グラデーションのように、人と植物の気配が入れ替わっていくのです。

　まさしく、未知の体験でした。

　そして、運命の出合い。のちに僕を、この八ヶ岳に居つかせることになった最大の要因、西沢の原生林に、出合ってしまったのです。

西沢は、全く偶然に見つけた場所でした。色々な植物の気配に、ふらふらとさまよっているうちに辿り着いたにすぎません。しかし、そこで僕は、本当の凄い生き物たちに囲まれていることを、すぐに実感しました。

と、同時に、ある不思議な体験をしたのです。

僕は、リスほどではなく、カモシカよりはうんと小さく、そう、タヌキやテンほどの大きさに、すうっと小さくなっていったのです。それは、決して僕を惑わせたり、心配がらせたりするような体験ではなく、むしろ僕をとても落ち着いた気持ちにさせてくれるものでした。

なんかオカルトっぽいような話ですが、これは本当です。

多感な思春期の肩をいからせた自分が、この西沢の森の中では、すっと小さくなって、けれどもほどよい重みの、そう、生き物としての自分の重みを感じることができたのです。とてもバランスがとれて、非常に安定して地面に立っている。そんな感じです。

それ以来、例えば恋愛や進学、仕事など、自分で考えて決断しなければならない節目には、必ずここに来て、答えを出すようになっていました。

この植物の気配に満ちた山の中にいると、他に比較したり、検討したりする余分な要素が一切なくなった状態で、ひとつの生き物である僕として、何をやりたいか、どうしたらいいかを素直に考えることができたのです。

つまり、人間としての絶対評価ってやつが考えられる場所なのですね。

僕は俳優という仕事をしていますけれど、これって会社勤めの人とは違って、また逆に芸術家の人とも違って、面と向かってけなされることってまずないんです。特に、売れてきたりすると、褒められて、おだてられるばかりなのです。そうすると、やっぱりバランスが崩れてきます。

僕は、そういうやばい状態になると、その度にここに来て自分なりの正気を取り戻していました。けれど、

ここに来た次の年、昔懐かしい外便所を模して物置を造った。
子どもたちもすっかり逞(たくま)しくなり、山の中を自由に歩けるようになっていた頃

そんな状態を繰り返しているうちに、とうとう、その応急処置的な行為に、限界を感じ始めてしまったんです。

このままでは、自分も家族も、空中分散してしまう。そんな危機感に、突然襲われてしまった時がありました。

僕が俳優としてやっと認められたのは、三九歳の時。NHKの「連続テレビ小説」への出演でした。まあ、ずいぶん遅い開花時期でしたけれど、仕事も増えてお茶の間の人気者になりつつあった時期のことです。

その頃の僕は、実に傲慢(ごうまん)な考えを持ち始めていました。

それは、自信の裏返しでもあったのですけど、おきまりの俳優気質に染まっていき、私生活でも家族を僕の力で育(はぐく)んでやるという気持ちに陥っていったのです。

完全に自分のバランスを失っていました。育むことは、決して力づくでするようなことではないのに。

急な坂道の原生林の中を西沢まで。今も時々、一人で下りてみる

そして、山に来る度に、僕は家族を育むことに、自信をなくしていったのです。このまま東京での毎日を続けていたら、家族や夫婦の愛を育むこと、培っていくことができなくなってしまうと思いました。

八ヶ岳を目指す

そう気がついてからは簡単でした。精神生活の拠点を持とう。僕は、当然のことのように、ここ八ヶ岳を目指し、家族四人でボロ車に乗り込んだのです。虎の子の預金通帳を握りしめながら——。大泉村に土地を買いに行きました。

その頃の僕は、顔が売れ出したといっても、所詮（しょせん）は年をとった駆け出しの俳優。恥ずかしい話、年収は三五〇万そこそこのものでした。とてもゆとりのあるお金はありません。

地元の不動産屋に飛び込み、通帳に並んだ数字とにらめっこしながら、やっとのことで素敵な土地を探しあて、なんとか土地を買ったらもうお金はほとんど残っていませんでした。

そんな時、出会った一人の男〝秋さん〟。この人物とは、それから語り尽くせないほどの仕事と冒険を、この八ヶ岳でするわけですが、それはまた後でのお話。その秋山九一（くいち）さんを拝み倒して、建て替えるために壊す古い家の解体作業を手伝いに行き、瓦（かわら）や木材をもらってきて、小さな小さな家を建てたのです。

そして、小学校四年生と幼稚園に入ったばかりの息子たちとかみさんと一緒に、まるで何かに憑（つ）かれたように木を植えていきました。

僕は、僕がそう教えてもらったように、植物に関するさまざまなことを、子どもたちに教えたかったのです。もちろん、我が家では、あちこち出かけては、キャンプや山菜採りなんかを、まあ今でいうアウトドアライフをしていました。でも、それでは育んでいく、育まれていく、培っていく、そして積み重ねていくということはやはりできなかったのです。単に、自然のウオッチングになってしまう。

このことは、東京のマンションに帰って来る度、強迫観念のようにわだかまっていきました。その思いが、ようやくこの時から解消されたのです。

僕は、狂ったように木を植えて、木を切りました。木を切るということ——このことも、また後からのお話にさせて下さい。

そして、ごく自然にここ大泉村が住まいに、そして東京が仕事場になっていきました。家族とはもちろん、友だちとの大事な時間もすべて、山の中まで持っていきます。テレビの仕事も、今はなるべく山の中で考えるようにしています。

東京は、そうして考えたことや、集まってくる情報を処理していく場所になってしまっています。

植林された「カラマツ林」に、雑木が育たないように、人間という単一生物しかいない東京では、家族の愛や友情を育んでいくことは、もう僕にはできません。

今、僕は、八ヶ岳の主峰・赤岳のふところの中で、育まれている、という実感を強く感じています。それはあの夏、初めて西沢に入った時に体験した、あの感覚そのものなのです。ここでは、人間一人一人が、たくさんの生き物の中の一つでいられるのです。

実は僕、一人旅をするまで大人たちと会話をするということが、全くありませんでした。もちろん身内は別として。これはまあ当然と言えば当然で、一三歳の少年には、一人前の人間として大人に対応してもらった経験などなかったわけです。

ところが、ここでは違っていました。大泉村の駅で野宿していると、いろんな人が声をかけてきます。それは、その時代でももう大都会ではそんなになかった、見知らぬ人への好奇心だったのです。

僕が、生い立ちやなぜここにいるかなど、つまらない話をし始めても、皆、実に真剣に耳を傾けてくれました。

まるで、カモシカやキツネのような、興味津々の目で。

しかも、一三歳の僕の話を一生懸命聞いてくれただけではありません。動物の話や山菜の秘密、そして冬の寒い山の話などを、いつまでもいつまでも話し続けてくれたのです。

僕は、その年代にありがちな、大人を小バカにした少年でしたし、本を書くような人が教養のある人だと漠然と思っていました。だから、その時、なんてこの人たちは素敵に話を聞いてくれるんだろう、なんてこの人たちは教養があるんだろうと強く感じたのです。

バランスよく、常識の中で生きている人。つまり正気の人間だからこそ素敵であり、教養も備わっている。そういうことなのだなと痛感したのでした。

そして、そんな彼らは皆、この八ヶ岳の大きなふところの中で育まれてきたのです。

今も、永く東京で仕事をしていると、時折バランスを崩しかける時があります。そんな時は、まっ先にここに帰って、あの西沢の原生林の中に入って行きます。

そうすると、僕は少しずつ正気を取り戻していき、またすうっと小さくなって、本来の僕の姿になるのです。

それは、とても安定した、落ち着いた気持ちにさせてくれる重さ——。
実は、この重さこそ、魂の重さなのかもしれない、と思っています。
あの夏から、ずっと。

BREAK 1

薪(まき)ストーブ

僕は火を燃やすことが大好きで、よく外で焚(た)き火をします。

でも、家の中でも焚き火をしたいんですね。それで、僕は小さい頃からずっと、薪(まき)ストーブに憧れていたんです。あのパチパチっていう音も、匂いも、そして何とも柔らかい暖かさも、僕は大好きです。

じゃあ、暖炉はというと、暖まった空気が全部、煙突を抜けて出て行っちゃうから、実はとても寒い。

ですから、最近では北欧なんかでも一応、暖炉は作るのですが、まあ、日本でいう床の間みたいな感覚でしょうか。そのまま燃やすのではなくて、その中に薪ストーブを置くんですね。

大切な道具ですから、ちょっとはしゃいで赤いのを使ってます

薪ストーブといえば、例えばヨツールに代表されるように、北欧の物が世界一でした。極寒の中で育った彼らは、もう立派な芸術品です。

ところが今やアメリカの製品がそのクオリティーではNo.1です。アメリカではクリスマスになると、ほとんどの家で薪ストーブを焚きます。

それで、アメリカ中が煙だらけになってしまうので、政府は遂に厳しい排ガス規制に乗り出しました。

僕の家では3年前からアメリカ製のバーモントキャスティングという赤い薪ストーブを使っています。これは本当に燃焼効率がいいんです。

薪ストーブというのは、煙の熱を触媒を通して部屋を暖かくする訳ですから、これはとても大切なことです。人間をあっという間に幸せな気持ちにしてくれる薪ストーブ。こんなに工業技術の発達した日本でも、伝統と経験と心を必要とする本物の薪ストーブは作れません。ちょっと残念。

第二章　森と暮らす（八ヶ岳での僕たち）

左から長男・真吾、その妻・伊津子、僕、かみさんの加津子、次男宗助

山と都会の二重生活

八ヶ岳と東京の間を、時には一日二往復もする僕を見て、まわりの友人たちは仕事に疲れたら山へ逃げたくもなるよとか、東京の戦場へ戻るのは辛いだろうなどと、半ば同情するように言ってくれます。

ところが、全然違うのですね、これが。

確かに、年間四〇〇本以上のテレビの仕事をするというのは、もうメチャクチャなスケジュールで、くたくたになります。そんな時僕は、独自のストレス・クリーニング法で、疲れやストレスを洗い流すことにしているのです。

それは、とにかくひたすらに、大好きな山のことを考えること。あそこに生えてるヘビイチゴは赤くなったかな、草刈りしないとみんな大変だな、シモツケソウ咲いたかなというように、具体的にイメージしながら考えるのです。これで、疲れやストレスはある程度解消できます。そして、もうイメージだけでは追っつかなくなった時、山へ帰ってくるわけです。山へ着くと、小走りしながら、ジャケットとネクタイだけをはずして、そのまま上につなぎを着込んで、スコップを手に取るが早いか、次の瞬間には土をザクッとやっているのです。すると、もう大丈夫。疲れもストレスも土の奥深くへ埋まっていって、スッキリするのです。

そうして、次から次へと野良作業をしながら何を考えているかといえば、これがおかしなもので、仕事のことなのです。必死に草を刈ったり、木を植えたりしながら、頭の中はドラマやドキュメンタリーなんかの仕事のことでいっぱい。そうすると、今度は仕事がしたくてたまらなくなってくるわけです。山と都会の行き来は、僕にこんなに素敵な相乗効果を与えてくれているのです。だから、僕は山が大好きであり、都会が大好きであり続けられるのかもしれません。

この、ある意味での二重生活を上手にこなして行くにはちょっとしたコツがあります。まず、無理をしないこと。山の中で暮らすからといって、その日から急にすべてをウッディーライフにしちゃうというのは、都会でずっと暮らしてきた僕らにとっては無理があると思うのです。そうすると、山が嫌いになりかねない。そうじゃなくて、最初は都会から来ましたっていう匂いをぷんぷんさせていてもいいと思うのです。例えば家の外で、木のテーブルと椅子で朝食をとるって素敵なイメージです。でも夜露に濡れた木のテーブルや椅子って、実は気持ち悪いのです、座ると。それに丸太の椅子ってお尻が疲れるしね。

だったら、無理して木にしなくても、濡れても拭けば大丈夫なプラスチックにすればいいと思うのです。せっかくそういう素晴らしい道具があるのだから。

そうして、生活していくうちに、段々、どうしたら快適になるかということが分かってくるし、また逆に、山の冬というのは相当寒いのですが、その寒さをストーブの火が少しずつ溶かしていって、だんだん暖かい空気が満ちてくる、というエアコンでは味わえない快適さというものが見つかっていくものなのです。

山と都会、それぞれのいいところは、どっちにいてもいいものにかわりないのですから。

ところで最近、〝自然〟という言葉をよく目にしたり、聞いたりします。

皆がこれほど自然というものに関心を持ったのは、おそらく人類始まって以来、初めてのことじゃないかと思うのです。僕がやってるＮＨＫの『生きもの地球紀行』の視聴率が大河ドラマを上回ったりね。だけど、残念に思うのは、ほとんどの人間が自然との付き合い方を忘れてしまったってこと。

これまで人間は、快適な生活、便利な生活をひたすらに目指して、木を切ったり地面を改造したり、いろいろなことをしてきたわけです。それは僕、素晴らしい文明だと思うのです。ところが、人間の力が強くなり過ぎてからは、おかしくなってしまった。

例えば、ここは標高一〇〇〇メートルありますが、こんなに高い所にも田んぼはあるのです。でも、なにしろ高いですから、水が冷たい。それで、どうするかというと、山から流れてくる水を集めるための池を作って、そこで時間をかけて水を温めます。そして、温まった水を溜めておくために、その下にもうひとつ、温水溜め池を作るわけです。で、その下に田んぼが段々に広がっている、と。これ、すべて人間が作ったものです。じゃあ、自然破壊かというとそうではなくて、これは自然と共存する文明だと思うのです。日本の田んぼというのは、日本人の自然感、生き物感が一番素晴らしい形になったものですし、今では完全に自然の、それも身近な自然の一部になっていますから。

　自然というものが、全て人間に対して優しいわけではありません。大昔から世界中の人たちは、小さな力で自然と格闘してきたのですからね。そうして長い間に培ってきたものが、田んぼや小川、そして雑木林だと思うのです。それらはまさに、人間と自然が関わってきた姿の証してあり、人間にとって優しい自然でもあるのです。

　今、自然は触れちゃいけないもの、遠くから見るものになってしまっています。自然に入っていいのは、ごく限られたその道のプロ――例えば、山においては山菜採りのプロ、茸採りのプロなどと呼ばれる人だけになりつつあります。もちろん、これはルールを忘れてしまった、もっと大きくいえば自然との付き合い方を忘れてしまった人間の責任でもあります。山菜を採るにしても根こそぎ採ってしまっては、次の年、もう生えてこないのです。自然と付き合うためのルールはたった一つ。単純に、次の年を考えてやることだけ。そんな、ごく当然のルールさえも、人間は忘れてしまったようです。小さなルール違反が積もり積もった結果、人間は山から締め出しをくってしまいました。

　自然は見るだけ。触れちゃいけない。

だけど、僕は声を大にして言いたいのです。じゃあ、僕は何なんだ、僕だって生き物だ、自然の中の一部なんだって。

　今の人間は、確かに力を持ち過ぎてしまっています。だったら、コントロールすればいいのです。それには自然に対する教養、つまりルールを身につけることです。それは今がチャンス。自然に対して関心が高まっている今、実に色々なテレビ番組や本が自然のルールを教えてくれています。おじいちゃんや、ここ八ヶ岳の人々から学ぶことに比べたら少々、味気ない先生かもしれませんけどもね、彼らは。

八ヶ岳での暮らし

この八ヶ岳での生活の中で欠かせない道具のひとつに、暖房器具があります。

寒いのですよ、ここの冬は。それと梅雨時。梅雨の長い雨の時期も暖房が欲しくなります。だからここでは、一年のうち、七月の終わりから一〇月の半ばまでを除いた、およそ一〇カ月もの長い間、暖房がいるわけです。

僕の家では、薪ストーブを使っていますが、薪って買うと結構お金がかかるのです。でも僕は薪を買いません。木を切ってきて、薪割りをするのです――と、こう書くと、木を切るなんてとんでもないと思われる方もいるかもしれませんね。木を切るってことがこんなに悪い響きを持つようになったのはここ何年かでしょう。木は切るものなんですよ。江戸時代、あんな大きな都市・江戸のエネルギーを全部賄ってたのは、武蔵野の雑木林だったわけで、それを薪にしたり炭にしたりしていたんです。人間と自然の共存の第一歩なんですね、木を切るってことは。そして、木を切る行為は、木を育てるための手入れにもなるんです。

今、ここ八ヶ岳をはじめとする山梨県や長野県そして九州のあちこちなど、日本のほとんどの人工林は、手入れがされていない状態にあります。それは、まず下草――これは雑木のことですが。実は僕、この雑木が好きなので、切らずに根っこから掘って、僕の作っている雑木林に移植してやるのです――を切らないこと。そして間伐をしないということです。

ダメになってしまうのです。そんな手入れの悪い人工林ばかりです、今の日本は。こういった林業政策に

全く手入れのしてない人工林にチェンソー（電動ノコギリ）を持って入る。松は枯れ、雑木は瀕死の状態

ついてのお話は、またの機会にしたいと思います。

さて、そこで僕はそういう林の持ち主と仲良くなって、雑木を我が家の林に移植したり、間伐したりして手入れをしてあげるというわけです。そうすると持ち主は喜んでくれるし、僕は捨てられる運命の下草で大好きな雑木林が作れるだけではなく、間伐した木を薪にすることもできるのです。これってなかなかの有効利用だと思いませんか。

そういうわけで、僕は薪に不自由したことって、一度もないのです。

さて、こうして手に入れた木を薪にしていくわけですが、この薪割りの作業が実におもしろい。一度やると、絶対やみつきになります。なかには、ほんとに割れない木もあるわけです。節だらけで、一時間もその一本の木と格闘して、もうだましだまし割る、そういう場合もある。だけど、どんな木にも、そこしかないというスポット、ゴルフでいうスイートスポットみたいな、そういう所があるわけです。そこに斧（おの）が入った

今では草刈り機も、鎌と同じに自由自在だ。平らにみえても地面は全て表情が違う

りしようものなら、節だらけの手こずらされた木が、一発でスパーンって割れちゃう。もうそれは、すごい剛速球をパカーンと打って大ホームランを打っちゃったみたいな、まさにツボにはまるという感覚。その瞬間って何の力もいらないんですよね。これは本当にやってしまうとやみつき、夢中になります。だから、うちに遊びにくる仲間たちの子どもには、まずこれをやらせます。楽しいですから、もう一生懸命になって。自然との関わりの入り口にちょうどいい作業なんですね、これが。

この薪割りに、負けず劣らず楽しいのが、草刈りです。

またしても、草を刈ってしまうなんて、とんでもないと言われそうですが、草刈りをしなかったら、林の中へ入るなんてことは、一〇〇%できなくなります。

例えば、梅雨の真っ盛りに草刈りをしたとします。ところが一〇日も経つと、もうすっかり元の凄い状態に戻っているのです。それほど、この日本の植性とい

もう少しで草刈り機で切ってしまうところだったヒナ。巣から落ちたらしい。
木の上では親が心配そうにしている。あとは親にまかせるしかない

うのは、世界でも特に恵まれているわけです。

　草刈りは、早朝、朝食前にやることが肝心です。なぜなら夜露に濡れて、草がピーンと立っているから。その間に、しゅぱしゅぱに研いだ鎌で、シャーッ、シャーッって刈っていくわけです。汗だくになりながら一五分ぐらい刈る。すると鎌の切れ味が悪くなるので砥石でよく研いで、そしてまた刈ってとその繰り返し。かなり疲れる作業です。

　けれど、鎌で刈っていると、地面を覆い尽くした草の下に実はいろいろな可憐な草花たち、例えばスミレやマツムシソウなんかが生えていることが分かってくるのです。そういう草花たちが、草を刈ってやることで、グッと勢力を伸ばしてくるわけです。ここにはスミレがいる、あそこにはシモツケソウがいるっていうふうに、だんだん草花たちの居場所が分かってくる。そうすると、そういう草花たちを残しながら、草を刈っていけるわけ。これは楽しいですよ。なんだか、もう一歩、林と分かり合えたような、仲良くなれたような、

新緑、そして紅葉も素晴らしいコミネカエデ

そんな嬉しさを感じることができるのです。

そうやって、汗をいっぱいかいて、鎌を研ぎ研ぎ、夢中でやっていると、もうギブアップって感じでくたくたになってしまう。とそこへ、これが実にタイミングよくかみさんが声をかけてくれるのです。「ご飯ですよ」って。で、林を眺めて「まあ、きれいねぇ、素敵ねぇ」って、目いっぱい褒めてくれるわけです。これでいっぺんに疲れが吹き飛んじゃう。

僕と息子二人、男三人が、何かこう天下取っちゃったくらい誇らしくなって、やったぜ！っていう嬉しい気分でいっぱいになってしまうのです。男になれるというか。それで、辛いんだけどまたやりたくなってしまうのです。

でも、職業としてやるのは別として、一日中同じ作業を続けていると、どんな楽しい作業でも辛さだけが残ってしまって、もうその作業が嫌いになってしまうものです。だから、草刈りも薪割りも一日中はやらない。これ、楽しく作業するためのコツです。

ところで、うちの林の中には、僕が造った小川があるのだけど、今、水が見えないくらい、クレソンとワサビに占拠されています。

最初のうちは沢ガニを捕ってきて、唐揚げにして食べたのですが、それだけじゃということで、まずワサビを植えました。木や草と同じ要領で土に穴を掘って。ところがこれが大失敗。ワサビって川底の砂利の上に根を横にして植えないと、ひげ根しか伸びない。肝心の根っこが出来ないのです。以来、我が家ではもっぱらワサビの花や葉、茎を天ぷらにしたり、お浸しにして食べています。でも、これがおいしい。負け惜しみじゃなくて、本当においしいのです。また、一番早く春の訪れを教えてくれるのがこのワサビ。四月になってまだ新緑が芽吹かないうちに、突然ピューッて茎が伸びて、白い花が咲いて、うちの小川がまっ白な帯状になるんだな。

その次に植えたクレソン、これもお浸しにすると抜群です。以前、グルメ評論家の山本益博さんが来た時、あっという間にひとザル食べてっちゃいましたから。本当においしい。で、そう感じるのは人間だけじゃなくて、虫たちも同じなのです。クレソンは花が咲く頃になると、食べられなくなるんです。いっぱい虫もついてきますしね。そうすると、花が咲くまでの間は虫たちとの競争です。

朝早く起きて、虫より先に、パッパッパッパッって摘むの。ほかにもまだありますよ。秋になると今度は、クルミや山栗。これをリスと競争で拾うのです。朝早く起きて。特に前夜、風が強かったりした朝なんて、大変。リスもいっぱい拾いに来ますから。負けちゃおられんって感じです。

僕はこんなふうな一年間というものを一八回、繰り返してきました。

そのたびに素晴らしいと思うのは、木々や草花たち植物の再生力です。一〇月半ばにはいっせいに葉が散ってしまうのに、そのあとすぐに、もうそこから新しい命が始まっていくわけです。一月、二月という厳寒の中で、ほんの小さな葉芽や花芽が成長しているのです。そして三月、まだ地面は凍っているのに、木の幹のまわりだけは雪が溶けている。あったかいんですね。

そうして、春、夏、秋と、いつもと同じ。けれど永遠に続くひとつのサイクルで葉を茂らせ、花を咲かせ、実をつけ、紅葉し、そして散っていく。

僕は、豊かな山での生活を送るには、想像力が大切だと思うのです。例えば、一本の木。この木はあと何カ月かすると実がピンクになって、その時ちょうど毛虫が出てきて葉っぱを食っちゃうなあ、そうすると葉っぱがなくなって……というように。そういうことが全部想像できていくのです。だから素晴らしいし、楽しい。

草刈りも、何月になったらあの草花がここ一面に咲いて、ということを想像しながらやる。薪割りも、冬の風景をイメージしながら夏の暑いうちにやる。夏の間に、軒下にいっぱい薪が積まれているって、すごくリッチな気分でしょう。

去年はこうだった。じゃ今年はこういうふうにしてみようって、いろいろ工夫もできるわけです。するとますます楽しくなって、もっともっとヤル気が起こってくるものなのです。

ところが、そんな僕にも、何も手につかない時期があるのです。

それは、一年に二回、五月と一〇月にやって来ます。五月。東京では花見も終わって、新緑の頃です。その時ここでは、木々がいっせいに芽を吹くのです。もう、一本一本音を立てるように。そして、ワーッて空気が震える。それは本当に鳥肌ものです。特に自分の植えた木なんかだと葉脈の中を流れる水が、自分の血管みたく感じることがあったりするのです。

そして、一〇月。風が冷たくなるにつれて色を変えていく葉っぱが、今度はいっせいに落ちる時に向かっていく。それも凄いスピードで。けれども、それは滅んでいくことではなくて、新しい命が宿ること、つまり再生へのお祭りなのです。

この時期だけは、僕だけじゃなくて、鳥も昆虫も獣も、すごく騒がしくなって正気の沙汰じゃなくなる。まさに狂気の世界でワッショイ、ワッショイって。そんな時に仕事しろっていうほうが無理でしょう。だからぼくは、五月と一〇月だけは万障繰り合わせて、ずっと山の中にいるのです。

パブリックスペース

今から一八年前、僕はかみさんと長男の真吾、そして次男の宗助の四人で、この八ヶ岳の大泉村に居を構えました。

多くの友人たちが遊びに来て、野良仕事をして――これはうちに遊びに来たり、泊まる時のルールなのです。

そうするとみんな山に住みたくなるらしい。なかでもマンションに住んでいて、かつ小さい子どものいる友人たちは、これから先、コンクリートに囲まれた東京で子どもを育てていくことにすごい危機感を覚えるようです。それで、次から次へとここに、精神生活の拠点を持ち始めたのです。と同時に地元の友人もどんどん増えていきました。

我が家では、ここに来た次の年から、家を一緒に建ててくれた秋山さんや大工さんたちと、ごくささやかに正月の餅つき大会をやってきました。その餅つき大会が、年を重ねるごとに、どんどん人が増えて、気がついたら三〇〇人にも膨れあがっていたのです。

僕は小さい時から、徒党を組むことが嫌いでした。ずっと一匹狼でやってきたのです。芸能界では当然のようになっているお付きのマネージャーやお弟子さんも持ったことがありません。それが、あれよあれよという間に、僕とかみさんが祭り上げられるようになってきて、徒党の頭領になっていきそうだった。もちろん、年に一回、みんながワーッと集まるのって楽しいです。

でも、待てよ、ちょっと違うと。このままいったら、僕もかみさんも劣化してしまう。子どもたちは放っておいても、これから自分たちの道を歩いていけるからいいです。でも、僕とかみさんはこれから死に向かっていくわけです。僕たちの結婚当初からの合言葉って、光り輝いて死んで行きたいっていうことなのに、このままではヤバイ。たくさんの友だちに囲まれて、楽しい楽しいってやってるうちに、最も嫌いな〝ボス〟に僕がなっていて、もっと言えば、僕が知らない人は入ってきちゃダメっていう、そういうイヤな雰囲気が出来てしまっていたのです。

何か、自分たちが腐り始めていく、そんな思いがピークに達して虚ろになってきたのが、今から五年前です。それでパブリックな、開放的なスペースを造ったのです。それが、いまの「八ヶ岳倶楽部」という、ギャラリーとレストランを合体させたお店でした。このスペースを造るにあたっては、家族からも友人たちからも、大反対されました。なんで、今さら儲けなきゃなんないんだっていう誤解も受けました。

でも、あのままだったら、僕もかみさんも劣化してしまう、そんな危機感があったのです。だから、他の人たちはともかく、かみさんだけは説得しなくちゃいけないと。ちょうど受験を控えていた次男の宗助からは、「僕はどんなことがあっても、傍観者だから」ってキッパリ言われて、息子たちとはほぼ決別状態のまま、始まったわけです。

でも、始めてみたら、これが、すごい変化が起こってきたのです。

ここ八ヶ岳南麓には全国からいろいろな人が集まってきます。僕は仕事を通してたくさんの人たちに出会っているけど、ここでは今まででは想像もつかないような所から、想像もできないような人がやって来るのです。そして、そういった人たちとコミュニケーションがとれる。これって、それまでの僕のキャパシティーにはなかったことでした。そうして、いろいろなことをその人たちから学び、触発されていく。

この三年ぐらいの間に、僕もかみさんも、劇的に変わったのです。それこそ、赤ん坊の三年間っていうくらい、変わった、というより成長しました。

僕の力、僕の能力、僕のキャパシティー、ここは僕の所だってやってきた世界とは、全然違う。生き物として、男と女として、再生されたという感じ。とてもあっけらかんとなりました、性格が。二人とも、無理がなくなって、自分自身が光り輝いてきたのです。

そして、それは息子たちにも感じとれたようです。

僕は息子たちに、大学は四年で卒業するな、留学するなり遊ぶなりして、とにかく教養を身につけて、五年ないし六年かけて卒業してとお願いしているのですが、ある日、次男の宗助が僕のところに来て、留学したいと言い出したのです。留学先での悲惨なニュースがマスコミを賑わしていた頃でしたから、恐る恐るどこに行きたいのか聞いてみました。そしたら、「八ヶ岳倶楽部」だって。あの冷めてた、あの大反対していた宗助が、ですよ。

その時の僕とかみさんの気分は、まさにやったね！ってものでした。

いろいろな人とコミュニケーションをとることで、今まで気がつかなかったことを発見させられる。それが、人間の能力であり魅力なのだと思うのです。本当に素晴らしいことです。

僕らは今、その素晴らしさを実感しているのです。

ここに集まってくる人同士が、コミュニケーションをとりながら、お互いに触発し合って、そして、一人一人が気づかなかったことを、次々と発見していく。

それはやがて、メッセージとなって、もしかしたら全世界へ発信されていくかもしれない。そして、そこから文化が生まれていくかもしれません。

かつて、さまざまな人たちが集い、ミケランジェロやモーツァルトのような才能が発見されていった、サロンというスペースがありました。

もちろん今は時代が違いますから、それこそタニマチになりたくてもなれない。それに僕には人間の才能というのはよく分からないし、おそらく当の本人にも分からないと思う。

　何が、未開発の能力や魅力を触発するのか、それは人によって当然違うわけです。ただ、僕は、友人と会う時もかみさんと会う時も、いつも昨日とは違う自分でいたいと思う。せっかくお互いの魅力にひかれて、夫婦なり友だちなりになったのだから、その時点のまま止まったらつまらない人生になってしまうと思うのです。

　だから、触発される要素がたくさん集まって、いつも新しい何かを学び、発見していく、そんなミケランジェロの時代のサロンのようなステージを、僕は造りたい、そう思っているのです。

BREAK 2

ホテル

仕事柄、よくホテルに泊まります。今やどんな地方都市へ行っても、それは立派なホテルが立っています。

清潔なシーツと気持ちのいい応待はビジネスホテルクラスであっても、僕にとっては不便に感じることはほとんどありません。

格段の進歩を遂げた、かくなる日本のホテルたちなのですが、ひとつだけ不満に思うことがあります。

それはあのエアコン、クーラーです。人間は、日常生活のイメージの延長線上に快適さを求めてしまい、ホテルにも自宅のマンションのよりリッチな空間をイメージしてしまうのです。そうすると、そこには生き物の気配は全くなくなってしまいます。

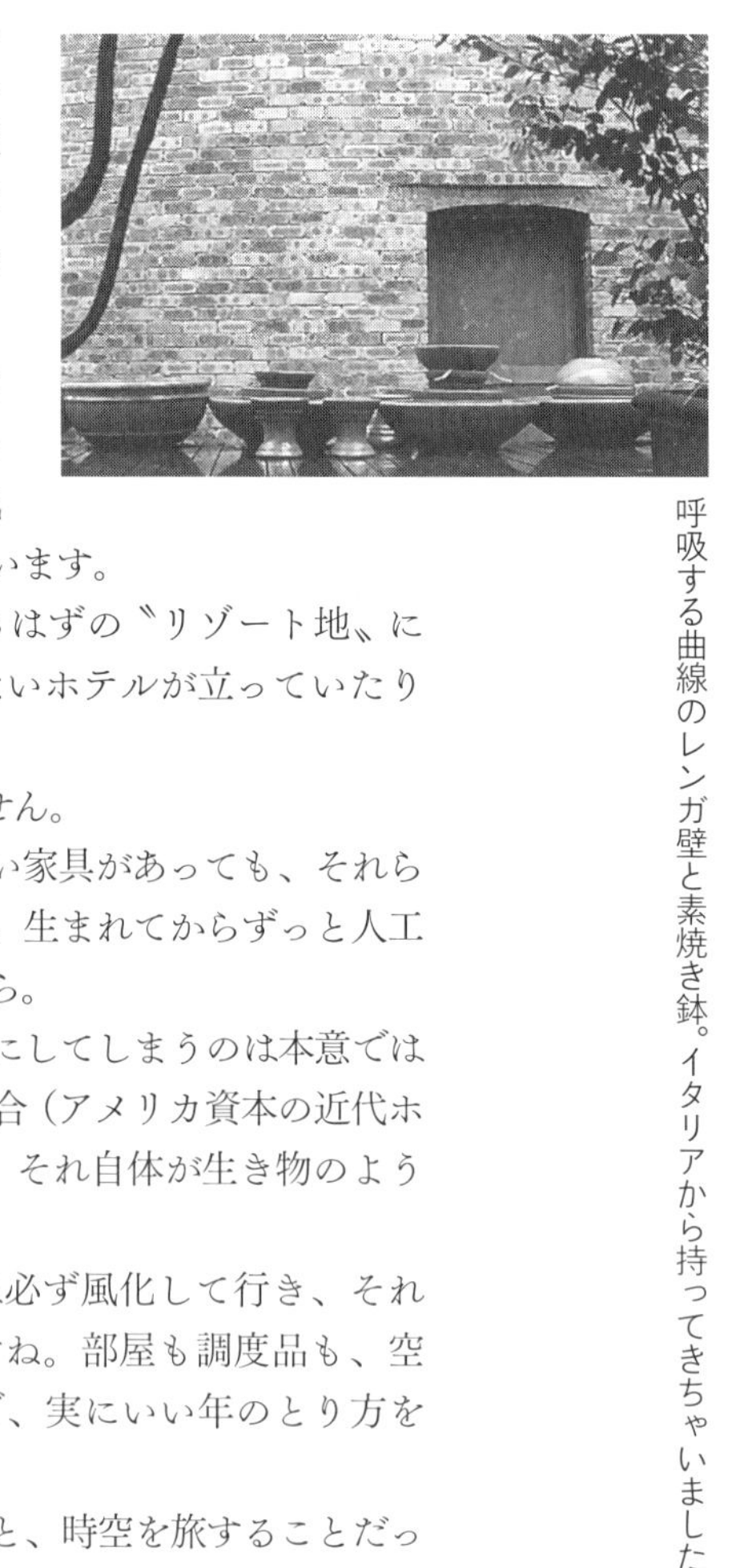

呼吸する曲線のレンガ壁と素焼き鉢。イタリアから持ってきちゃいました

自然の中に身を休めるはずの〝リゾート地〟にさえもそんな窓の開かないホテルが立っていたりします。

これって、良くありません。

どんな重厚な素晴らしい家具があっても、それらはほとんど仮死状態です。生まれてからずっと人工空調の中にいるのですから。

何でも外国を引き合いにしてしまうのは本意ではありませんが、欧州の場合（アメリカ資本の近代ホテルチェーンを除いて）、それ自体が生き物のような存在です。

年月とともに人工物は必ず風化して行き、それを美しいと感じるのですね。部屋も調度品も、空気をいっぱい吹き込んで、実にいい年のとり方をしています。

そんなホテルに出合うと、時空を旅することだってできるのです。

第三章　雑木林を造る

清泉寮前のポール・ラッシュ像

山に暮らす

八ヶ岳南麓、清里っていうと、今では日本中の誰もが知ってる人気の観光スポットになっています。

けれども、箱根とか別府とか、いわゆる日本古来の箱庭的美しさを持った観光地とは違って、実におおらかで、実にのっぺらぼうな風景なんですね。その大もとの部分を作ったのは、アメリカ人宣教師のポール・ラッシュという人でした。

一九四六年、彼は一人でこの清里にやって来ました。その当時の清里は、今では想像もつかないほどの辺境の地。しかも、標高一〇〇〇メートル以上ですから、農作物も育ちにくい。すると、自給自足もままならないわけです。

そこで彼は何をしたか。彼は農民たちを集めて、どうしたらここでの農業がうまくいくようになるか、どうしたら乳牛がもっと乳を出すようになるか、厳しい寒さに対してどうしていけばいいのか――ということを、科学を持ち込んで、一人一人に教えていき、農民たちと一緒になって開拓していったのです。

そして、彼は教えの場ともなる教会を、農民たちと力を合わせて造りました。そしてその教会こそ、現在、観光の目玉ともなっている清泉寮なのです。

僕は、彼がここでいろいろとやってこられたことの中でも、とりわけ大きかったと思うのは、教育するということだったと思います。

僕自身、ここへ来て何が楽しいかといえば、都会からやって来た友人たちや子どもたちに僕が身につけたもの――それは、僕のおじいちゃんから教わったものや、外国へ行って見聞きしながら学んだものなんかを、僕なりに教育してあげるということなのです。

教育っていうと、どうしても今の世の中、ある種、義務のような響きを持ってしまうけれど、そうじゃなくて、本当は学んだり、勉強したり、教えたりっていうことってすごく楽しいことだと思います。現に、この清里を開拓したポール・ラッシュが、僕らの先輩たちを教育してくれたおかげで、今の素晴らしい清里があるのですから。

僕らの先人たち、またそういう教養を持った人たちから、何かを学ぶ。時には、植物や動物たちから学ぶ。そうやって学んでいく楽しさに、実際に行動するという労働が伴うというのが、ポール・ラッシュから学んだことであり、僕のコンセプトにもなっているのです。

僕だけでなく、僕の家族、そして友人たち、皆の生活の根っこの部分に、ちゃんとポール・ラッシュという人がいるんですね。非常に崇拝しております。

さて、ポール・ラッシュが造ってくれた八ヶ岳南麓というステージに、僕は家を造り林を造りと、いろいろ造ってきました。

皆さんの中にも、山の中に家を造りたいと思っている方がいるのではないでしょうか。そんな方たちのために、僕なりのコツをお教えしましょう。

山の中に家を建てるということ、いわゆる別荘を持つという意味は最近ではかなり変わってきています。

ひと握りの上流階級の方々がステータスのために建てるというスタイルではなく、本当に若い普通の人たちが自分たちの暮らし、人生のために持つんですね。僕自身、ここに小さな土地を買った時はかけ出しの貧乏役者であったワケですし、今、僕の周りに、友人知人だけで四〇軒近くの家が建っていますけれど、特別お金持ちっていう方は見当たらないし、特別暇があるって人もいません。普通のサラリーマンがほとんどです。共通しているのは、ほとんどが小さい子どもがいるということです。

で、一〇〇パーセントに近い割合で、いい出したのは若いお母さんなのです。

大都会の中のマンションに住んでいて、夏はギンギンの冷房の中で子どもと添い寝していて、これはヤバイぞ、これは危ないぞって感じるそうです。生き物として非常に敏感なのですね、若いお母さんたちってのは。そして、ある種の危機感みたいなものから自分のご亭主を口説くんです。頑張ろうよと。ちょっと大変だけど二重生活しようよと。山に家を持つのは、経済的にそんなにぜいたくなことじゃありません。別荘分譲地じゃなく、地元の方から土地を譲ってもらって、そこへ凄く安い家を造ることです。美味しい物を五回食べるのを一回に我慢すれば、十分、山に家を持つことができます。

そうすると、今まで住んでいた、もう無間地獄のような、欲求不満のかたまりのような二ＤＫの住空間が、とても生き生きしてくるんだな。僕自身もそうでした。例えば夏、冬物の家財品は全部山へ持って来ちゃう、毎日使わない物も持って来ちゃう。そうすると広くなるんですね、二ＤＫが。窒息しそうな都会のあの住空間、そして生活、夫婦関係、子どもの教育、お金の使い方の悩みまでも面白いように解きほぐされていきます。そうすると、都会の素晴らしさ、面白さがよりエキサイティングになって、仕事にも身が入るというわけです。仕事にもがんばれます。まあ、これは副産物なわけですけれどもね。

さて、土地を手に入れたら、すぐに家を造らないで、そこにテントを張って何日か生活してみることです。

そうすると、太陽がどの辺りを通るのか、朝日はどの辺から見えて来るのか、どんな動物がいて、どんな木が生えていて、嵐の時はこんなふうになってということがいろいろ分かってくるのです。特にちょっと寒い所では、朝日より夕日の方がはるかに大事です。都会だと西日を遮りますよね。でも、山の中では夕方、西日をたっぷり受けて、夜の寒さに備えるってことが大事なのですね、生活をするためには。

そして、いよいよ設計図を引くわけですが、この時もなるべく建築家任せにしないことです。で、都会で図面を引かないで、現地で引くことが大事。できれば自分で。そしてできるだけ小さい家、テントに近いような小さな家をまず造ることです。必要になれば増築すればいいのですから。

けれども一番大切なのは、家を造るより先に庭を造った方がいいと言うことです。

それには、まず六畳間くらいの広場――僕はこれをテラスと呼んでいます――を造ります。おそらく林の中は蔓(つる)性の植物や草で地面が覆われているはずですから、広場にする分だけ植物を切り、草を刈ります。これで大丈夫。あとはそこにビニールシートでも敷いて、できるだけ長い時間を過ごしてみてください。そしてそこを中心にして、少しずつ手を入れていくわけです。林の中を自分たちが歩きやすいように、蔓性の植物を切って、根っこごと取っていくと木の幹がどんどん見えてきます。どういう木が生えているのかが、どんどん分かってきます。もし、お子さんがいるのだったら、ぜひ一緒にやって下さい。素晴らしく楽しい植物学の教室になりますから。最初は、少々荒っぽいことをやってみてもいいと思いますよ。

それで、例えば手に入れた土地が、松の人工林だったとします。人工林というのは、前にも書いた通り手入れが悪いです。雑木が生えてきて、松とグチャグチャになっている場合は、もうその松は木材になりませんから切ることです。そのためにはチェーンソーが必要になります。パワーのあるもの――僕はスティールというのを使っていますが、これは素晴らしい――を買わないと、逆に怪我(けが)をします。それと、チェーンソーの扱い方を、村の人たちにきっちりレクチャーしてもらってから使ってください。

こうして、人間の植えた木を切っていくと、その林のもともとの姿が見えてきます。僕は小さい時から、しょっちゅう、おじいちゃんに連れられて、山の中や林の中に入って作業を手伝ってきたこともあって、それこそ人が入れないような荒れに荒れた林のなかでも、スーッと入って行けちゃうんです。歩き回っていれば、ここの蔓を取り払ったら、スミレの軍団ができるなとか、ここはこういうふうに植性が変わるなっていうことが、かなり正確に分かるのです。でも、これは誰でも身につけられることです。図鑑片手に林の中を歩いて、観察して、そして実際に林に手を入れていく。そうやって、体験し、学習していくうちにだんだん身についていくものです。

こういう感覚って、きっとまだ生き物だった頃の人間が持っていた教養とか知恵とか、もっといえば、才能のようなものに近いものだと、僕は思います。

残念ながら、今、僕たちはそういう才能の大部分を失くしてしまっています。けれども、その代わりに今の僕たちには、先人たちが培ってきたサイエンス、科学する心という大変な財産があるのです。だから、それを決して武器にはしないで、大事に利用していきたいと思うんです。

右手にサイエンス、左手におとぎ話を持って、林の中で植物と関わっていく。これが、僕の庭造りの原点でもあるし、ぜひ皆さんにもそうあって頂けたらなと思っています。

雑木林

僕は、関東で生まれ育ったせいか、一番美しい風景をイメージする時って、どうしても雑木林が浮かんできます。海で育った人や砂漠に生まれた人たちはきっと違うでしょう。木々の間から漏れる木漏れ日の美しさといっても、砂漠に育った人にとっては、太陽っていうのはむしろ忌まわしき物であったりするわけですから。

雑木林の中で太陽が演出する素晴らしい風景というのが、僕にとっては原風景になっているのです。

現実に、今、僕は雑木林を造っているわけですが、雑木林にいるととても穏やかで、とても心地良くて、まさに人間が持っている美しい感情というものが増幅されていくのを実感できます。

けれど、今の日本には、ほとんど雑木林ってないのです。

今、日本にある多くの林は、人間が木材を作るために一番効率の良い、マツ林やカラマツ林、スギ林という、単一植物で形成された人工林です。まあ、売ってなんぼという経済の都合で作られた林ということです。これに対していろいろな木が生えている林、つまりパッと見た時に全体が一色というのが人工林、いろいろな色が混ざっているのが雑木林です。

作家や詩人の中には、一色のカラマツ林の美しさを書いている人もいるようですが、僕はあまり好かんのです。どっちかといえば、忌まわしい風景に映ってしまう。なぜなら、もともと林というのは、いろいろな植物が生えているものなのだから。

僕はカラマツって大好きな木です。だけどカラマツ林は好きじゃありません。そもそも、天然のカラマツは絶対に群生しない植物なのです。それは、マツもスギもヒノキも同じこと。どんな木も、同じ木同士がすぐ近くに住むことは、健やかに育つためには、ありえないことなのです。

それを逆手にとったのが、人工林。近くに生えさせることで、まっすぐな、でもヒョロヒョロの、実に画一的な木を造っていったのです。ま、こうすれば、柱やなんかには使いやすいですからね。でも、その結果、どうなったかというと、この単調な林には虫があまり来なくなりました。すると当然、林の中の川にも魚がいなくなりました。そして、地面の力がどんどん落ちていったのです。

本来ならば、いろいろな植物の葉っぱが落ちていって、そこにいろいろな虫や細菌や、生き物たちがやって来て、土に変えていくという非常に豊かな営みがなされていたのに。

ですから林を見た時に、その色が一色だったら、それは貧しい風景だと思ってください。山が濃い緑ってのは本当はちょっとヤバイぞってね。本当ならば、いろいろな色に彩られているはずだと。例えば芽吹きの時には、ミズナラの銀色の芽とか、カツラのピンクの新芽だとかいろいろな色が混ざり合っているのです。

じゃあ、京都の北山杉はどうか。よく見ると分かりますが、あそこは山全体が北山杉で埋め尽くされてはいません。これこそ、昔の人たちの教養なのですが、北山杉と北山杉との間の林には、ずっとベルトのように雑木が生えているのです。尾根や沢にもちゃんと雑木が生えている。そして、非常に手入れが行き届いています。だから素晴らしい風景ですし、山も健やかなのです。

雑木林とのかかわり

かつて、生き物であった頃の人間は、例えば木を切って、それを薪や炭にしたり、農作業の前には山菜を摘んで活力をつけたり、いろいろな動物を捕って食料なんかにしていました。そして、さらに今度は、山を切り開いて、凄い知恵を絞って田んぼを造り、畑を造り、小川を造ってきた。そうして造ってきた田んぼや畑のそばには、必ず雑木林があったのです。

なぜなら、雑木林に落ちている葉っぱが、虫やいろいろな生き物たちによって腐葉土に変えられるから。つまり、腐葉土は絶好の肥料になるわけです。

そういうふうにして自然の恵みを受けながら、でも恐れも感じながら付き合ってきた自然って、今でもありますよね。例えば、ここのすぐ近くに、釜無川といって富士川に通じる川があります。この川、実は凄い暴れ川で、毎年のように洪水に悩まされていた。で、その時にみんなで知恵を出してできたのが、武田信玄が築いたという信玄堤なのです。堤防を築いて、治水作業をして、全部人間が築いてきた。でも僕はこれも自然だと思うのです。

今、自然という語感からくるイメージって、手つかずの、人間の手の届かないものになってしまっている。それこそ、触っちゃダメ、見るだけっていう。でも、この感覚って、僕は本当は怖いと思います。もちろん、触っちゃダメという自然はあります。そういうところは人間を寄せつけませんから。僕らが入っていける自然というのは、大抵人間の手が入っています。

ところが、今の〝自然至上主義〟だと自然は全部自然に返して、人間は都会のコンクリートジャングルの中に住んでいればいいじゃないか、という世の中になってしまいます。もしそうなったら、どんなに寂しいか。寂しいなんてものじゃない、僕は死にたくなります。

僕らだって、自然の中の一部なのですから。生き物なのだから。

少なくとも僕らの住んでいる自然とはうまく折り合いをつけて、仲良く付き合っていきたいのです。そうしていかないと、これから生まれてくる子どもたちに対して、あまりにも無残なことになってしまう。だから、僕ら人間が住むエリアだけは、僕らが手入れをしていきたい。その代わり、たくさんの恵みをいただく。そうやって関わっていく姿の象徴が、今、僕は雑木林だと思うのです。

雑木林は人間が入れるように、人間の手が加えられた自然でした。その自然は人間にとって、それこそゆりかごのように優しい自然です。

僕は思うのです。昔からずっと、人間と植物が関わってきた雑木林こそ、人間と自然の一番仲の良い風景なのではないか、とね。だから僕は、これから生まれて来る子どもたちのためにも、はいはいできるような、時には小川の中に足をつけてパチャパチャやったり、沢ガニと遊んだりすることができるような、雑木林をどんどん造っていきたいのです。

僕の住んでいるここ八ヶ岳の大泉村も人工林がいっぱい。それを少しずつ、元々そうであったであろう海抜一〇〇〇メートルの雑木林に戻していっている訳ですが、未だ手のつけられない人工林からは薪をもらっています。本来、木材になるための人工林を育てるのに必ずしなければならない間伐をしてあげて、その木を頂くのです。人手がない山の持ち主の皆さんにとって願ったりの労働力なのですね。

では、具体的に間伐とは、どういうことをするのかというと、木がよく育つように適当な間隔に調節すること、つまり切っていくわけです。それにはまず、育ちの悪い木を切っていきます。そして、間隔を見ながら切っていくのですが、この間隔というのは一概に何メートルとはいえません。それは、木の育ち具合にもよるからです。だから、勘によるところも大きいです。それから枝うちをします。普通、木というのは、下から上に向かって枝を伸ばしていきますが、人工林の場合、枝をどんどん切っていくわけです。枝が伸び放題になると、林の中が混みすぎて、枯れ木や育ちの悪い細い木ができてしまいますから。だから人工林の木って、みんな一番てっぺんの葉っぱだけでお互い支え合っているのです。だから、一気に小さいうちからバーッと切っちゃうと、木が倒れたり曲がったりしちゃうのですよ。これは余談ですが、例えば、こうした人工林の中に家を建てるスペースだけ、また道路を一本ずーっと造ったとします。そうすると周りの木はみんな、家や道路の上に倒れ込んで来ちゃいます。なぜかって、みんな上で支え合ってきたからです。というように、全体のスケールを考えながら、イメージしながら、間伐していくわけです。

草刈りは面白い

僕の家にはテラスがありますが、テラス周りの雑木林だけは僕が草刈りをします。ここだけは誰にもさせません。この林の中の草刈りっていうのは、ほとんど戦いで、草刈り鎌でずーっと刈っていって、さあ終わったっていってふり返ると、もう元通りになっているのです。凄いですよ。

でも、テラスの周りの林って、やっぱり入りたい。もし、草刈りをしなかったら林の中へは一歩も入れません。だから草を刈ります。

草刈りはだいたい年に五回くらい。梅雨が始まる前、梅雨時、梅雨が明けた時、真夏、そしてもう成長が止まった秋口の頃です。

草刈りの楽しみは、自分で大事にしてる草を残せるってこと。これは結構テクニックがいりますけどね。でも草刈りが終わった時、絨毯（じゅうたん）のような林床に、僕の好きな草たちがパッ、パッて咲いている風景は、本当に美しいのです。

林の中で草刈りをすると、いろいろなことが起こります。

僕が最初ここを草刈りしてびっくりしたのは、林中、

我が家のテラスのど真中にはクルミの木が大きな顔をしている

野スミレの絨毯(じゅうたん)になったこと。それで、これは面白いと思って、何度も何度もやるうちに、ますますスミレが広がっていったのです。

後で、学者の先生にスミレの習性を教えてもらって分かったのですが、普通の花は、花が開いたあと種ができて、その種で増えていくんですが、スミレは根っこでどんどん増えていくんです。あの可憐な花は徒花(あだばな)なのですね。それで、自分より背丈の高い草がなくなった時に増える。だから草刈りをすればするほど、ますます勢力を伸ばすわけです。でも、そのうち自分があまりにも勢力を伸ばしすぎて、葉っぱが多くなりすぎると、だんだんスミレ自身が惨めになってくるみたいなんです。そんな時は、葉っぱを切ってやって、もう一回草刈りをしてみると、また元気になってくる。

ところがある日、突然スミレがいなくなってしまったのです。これもスミレの習性なんだそうですけど、転々と自分の群生地を移動していくんですね。本当に不思議な植物です。

そういう面白いことが、草刈りをすることによって、体験できるわけです。だから、今僕は、草刈りを何回やったら、どんな植物が勢力を伸ばしてくるかっていうのを定点観測しています。テラス周りの林は、僕だけに許されたサンクチュアリになりつつあるのです。

植林した木は五〇〇〇本

最初、僕ら家族がここに来た頃は、うちの林も荒れに荒れていました。半分以上の木は枯れていたし、蔓性の植物は伸び放題。

それで、とにかく枯れ木や蔓性の植物を切っていったんです。それは大変ハードな作業でしたが、僕も息子たちも楽しんでやりました。地面も見えるようになって、林の中を歩くこともできるようになりました。でも、なんだか貧相なんですね。

例えば、林の西側にコミネカエデがあれば、カエデ越しの素晴らしい夕日の風景が広がるだろうなとか、ここにカツラの木があったら朝日でキラキラして美しいだろうなとかっていうふうに、どんどんイメージが湧いていって。そうしたら、もう欲しくて欲しくてしょうがない。

それで、息子たちと木を植えていったわけです。で、その木はどうやって手に入れるかというと、手入れの悪い山の持ち主と交渉して、手入れをしてあげる代わりに下草の雑木をもらったり、お菓子とか一升瓶をさげて、この木とこの木とこの木を掘って持っていってもいいですかって。だいたい、ああ、持っていってくれって言われますけどね。

そんなふうにして、植林した木は今では、もう五〇〇〇本以上です。最初の頃は、僕もまだここでの仲間が少なくて、ほとんど秋山さんとでやっていました。〝秋さん〟は、この地での家造りを手伝ってくれた地元の工務店の社長です。もちろん小さな二人の息子たちとかみさんも一緒でしたけど、力になりませんよね。だから頑張れー、頑張れーって、声だけはあいつら大きいからね。

で、僕も秋さんも昼間は仕事で忙しい。それで、植林作業はもっぱら夜にやってたんです。当然、暗いですから、炭鉱の中で使うようなライト付きのヘルメットみたいなものがいるわけですよ。だけど持っていないから、僕なりに考えて作ったのが、自転車用のライトをバンダナに結びつけたもの。これを頭にまいて、秋さんと出かけていくわけです。そうやって、たぶん三〇〇〇本近くは、夜、植林したんじゃないかと思います。

夜の作業っていうのは、とにかく昼間ではなんでもないことでも、けっこう苦労しちゃうのです。アオハダという、ちょっと擦(こす)ると木肌が緑色になる木があるのですが、このアオハダをもらいに行った時なんかもそうでした。

例のように、秋さんと一緒に行ったのですが、もう夜中で、しかも雨が降っていたんです。だけど、その日しか時間がない。どうしても欲しいっていうことで、雨の中出かけました。で、まず、木の周りを掘ったんです。もちろん、これが昼間ならせーので倒せば、十分倒れる木です。でも、何しろ夜ですから、せーので倒すわけにはいかない。真っ暗闇の中です。で、掘りました。ところが、雨のせいで、地面に吸い付いちゃっているものですから、どうやっても倒れないんです。それで、どうしようかって考えていたら、さすがに秋さん、元ガキ大将だけのことはあります。スルスルって木のてっぺんまで登って、上で揺らしたんです。なるほどと思いました。下から見ると、まるで熊が木を揺らしているようでおかしかったですけど。で、僕も下から一生懸命揺らしたんです。上と下で力を合わせて。どのくらいたったのか覚えてないんですが、夢中になって揺らしてる僕の耳に雨のザーッという音に混じって、異様な音が聞こえてくるんです。それも、木のてっぺんから。

で、僕はとっさに、秋さんに向かって、〝どうしたー〟って叫んだんです。でも、上からは〝ゲェー、ゲェー〟っていう声がかすかに聞こえてくるだけ。雨はどんどんひどくなるし、とにかく、早く木を倒さなくてはと思って揺らした瞬間、バリバリバリっていって、やっと土から離れて倒れてくれたのです。で、秋さんはっていうと、もうひざまづいて、ゲェーゲェーやってる。どうしたって聞いたら「木の上で船酔いしちゃったよ」って。もう、おかしかったですよ。それでも楽しくて朝まで酒盛りして、次の日、東京で仕事して、それでまた夜には山に入っていました。あの頃、いつ寝てたんだろう。秋さんとは本当に数え切れないほどの冒険をしました。夜の山、たくさんの危険な経験もしましたけれど、彼と一緒ならば平気でした。真っ暗の山の中を木の形や岩の場所を手がかりにどんどん進んでいく。八ヶ岳は幼い頃からの遊び場のようなところです。ところが一度、計算外のピンチに陥ったことがありました。

あれは、うちのすぐ近くの知り合いの林の中に、とても鮮やかに紅葉をする、僕の大好きなコミネカエデをもらいに行った時のことです。

この時は、僕と秋さんに、秋さんの会社の若い衆も一緒でしたが、やはり雨の夜でした。それで、またいつものように三人で木の周りを掘り始めて、なんとか掘り出せたんです。が、雨の時と、乾いている時というのは、木の重さが倍くらい違ってくるのです。大人が三人いるけど、とてもじゃないけど重くて動かせない。で、ちょうどジープに乗って来てたので、ジープを乗り入れて、後ろの席に無理やり根っこを入れたんです。それで、すぐ後ろを僕が担いで、その後を秋さんが担いで、そのまた後をまだ小学生くらいだった息子たちが担いで、ジープに先導されながらずーっと持ってきたわけです。途中、ゼーゼー言いながら、ゲェーゲェーやりながら。それでも車は走っているし、夜中だし、雨だしということで、とにかく夢中になって、車について走ったのです。どのくらい走ったでしょうか、家に着いた途端、僕と秋さんはぶっ倒れたんです。原因不明の瀕死（ひんし）状態で、息ができない。単に走ってパワーを使い過ぎたっていうのとは全然違いました。俺たち死ぬのかな、と本気で思いましたから。

でも、こんな状態にありながらも、なぜか頭の中で思っているのは、今夜中にコミネカエデを植えてやらないと枯れてしまう、ということだったのです。まさか、自分たちが死にそうだっていう時にそんなことと思われるかもしれませんが、事実なんです。

それでも、二人とも瀕死の状態ですから、とてもじゃないけど立ち上げられない。でも、モーローとした頭で考えついたのが、木のてっぺんに麻のロープを結びつけて、そのロープをかみさんと子どもたちに引っ張らせながら、せーので立ち上げること。ところが、何とか立ち上げたものの、コミネカエデは木が細いですから、登ってロープをとることができない。で、結局、ロープが腐って下に落ちてくるまで、そのままにすることにしました。そして、あれから八年。ついこの間、やっとそのロープが落ちたのです。

コミネカエデは今も元気です。秋には、山火事かと思うくらいの見事な紅葉を見せてくれていますからね。

そうそう、僕と秋さんが瀕死状態になった原因ですが、僕と秋さん、車の排気口の真後ろにいたんですね。つまり、排気ガスをずーっと吸いながら走って来たわけです。ほんと二人して、どれだけ吐いたことか。僕ら木を植えたあと、いつも一杯やるんですが、あの時だけです、乾杯しなかったのは。

さて、そんなふうに、僕と秋さんの毎夜の植林を見て育った長男の真吾は、大学の農学部へ進学しました。定評のある大学の農学部です。様々な農作業を実体験で教えてくれる素晴らしい授業でした。もう、毎日が楽しくてしかたありませんでした。彼の憧れの大学だったのですから。ところがある日、涙を浮かべて帰ってきたことがありました。どうしたって聞いても何もしゃべらない。で、夜、お酒飲みながら聞きただしたところ「悲しかったんだ」といって話し出しました。その日、林学の実習をしに演習林に行ったそうです。たいした説明もなく、「この木を皆で切りなさい」。それは、一抱えもある、かなり太い木だったそうです。

僕と息子が大好きなハウチワカエデだったのです。

日本の大学の農学部で学ぶ林学というのは、林業の学問なんですね。役に立つ木、スギやヒノキやカラマツの林を営むためのテクニックなのです。一抱えのハウチワカエデを倒木して、一メーター間隔でヒノキの苗木を植える。それがこの学問の第一歩なのです。切ない学問だね。林というものはこういうふうに成り立って、こういうふうに素晴らしいということを学びたかったのに。

僕たちのやっている雑木林を作るための植林は、生産性こそないけれど、極めて科学的で、しかもロマンチックな林学実習だぞと叫びたかった夜でした。

小川を作る

僕が住んでいる大泉村は、海抜一〇〇〇メートルで、ちょうど三〇〇〇メートルぐらいの山に降った雪が伏流水として出て来る所で、まさに名前の通り至る所、泉だらけの村なのです。うちの林もまったくその

葉が茂る真夏は移植に適した時期ではない。でも、やむを得ない場合には、機械の力を借りて、大きく土を抉りとる。しかし、その使い方を誤まると、その時から僕たちは自然の暴君になってしまうのだ

二人の息子たちは、山で仕事をする相棒としては世界一に成長した（長男・真吾と）

通りだったんですが、僕はどうしてもその林の一番奥に家を造りたかったんです。なぜなら、そこは少し高台になっていて朝日も夕日も素晴らしいし、なにより林の植物たちが見渡せるのが魅力でした。ところが、高台になっているにもかかわらず、やっぱりここも泉なのです。いや、もうそれは泉なんていう生やさしいものではなくて、膝はおろか股まで入っちゃうようなグチャグチャの湿地。それでも、なんとかしてそこに

自分で造った小川のほとりにワサビとクレソンを植えた

家を造りたかったんです。

それで、村の長老にどうしたらいいかということを聞きに行きました。そうしたら、かつてここで畑を造る時にやった方法を教えてくれたのです。

それはこうです。

畑、この場合は家ですが、家を造りたい所に、深さ一メートル半ぐらい掘って水の道を造ります。その水の道は放射線状に、つまり扇形になるように五本掘って、五本の先が一カ所に集まるようにします。

そして、この五本の水道の中に、それぞれマツの木を入れます。その時に使うのは直径二〇~三〇センチの丸太のマツで、まず下に二本並べて、その上の中央に一本のせた状態、つまり三角形を形作って入れるのです。そして入れたら、また土を元に戻して埋めます。そうすると、周辺の水が全部、その水道に集まって、流れていくんです。

マツという木は、水に濡れたり乾いたりというのを繰り返しているとすぐ腐ってしまうのですが、いつも

同じ状態で水に浸しておくと半永久的に腐らないそうです。そういえば、江戸城、今の皇居のお堀の基礎は、全部マツを使っているんですね。

では、実際どうなったか。これは本当に凄いことですが、今まで股ぐらまで入っちゃうような湿地が、水道を造ったところだけ、カラッとしてきたのです。そして、本当に地面が固まってしまったんです。

一カ所に水が集まった所からは泉が湧き出していますから、そこから小川を造っていけるわけです。ちょうど家の前のテラスの真下が源流になっているのです。マツの水道のおかげで、いまだに、泉にはこんこんと美しい水が湧いています。前にお話ししたクレソンとワサビが元気に、川を覆い尽くしている、あの小川です。

友人の庭に炉とテラスを造った。主よりお先に一服。これは制作者の特権なのだ

ベランダとテラス

ベランダとテラスの正しい区別の仕方って、僕はよく分かりません。

けれど、僕自身の中には、はっきりした区別があるんです。僕の中では、ベランダは建物の一部で、テラスというのは建物と庭の間、どちらかというと庭に近い所、だと思っているのです。

これ、間違えていたらごめんなさい。

おそらく、ほとんどの人はベランダのほうが馴染みがあると思うし、この辺りの別荘なんか見ても必ずベランダが付いています。

でも僕は、ベランダよりもテラスを造ることをお勧めしたいのです。

例えば、朝。このいい空気の中で小鳥のさえずりを聞きながら、朝食をとるとします。そこがベランダだとしたら、空気は同じなんだけど全くの外ではない。それは、やはり建物の一部であるし、柵で囲まれている。すると、隔離されているんですね。

ところが、テラスなら、もうすぐ下が地面、限りなく地面に近いわけです。ということは、すぐ前の生き物たち、鳥たちと隔離されない同じフィールドのことあそこにいるっていう、すごく近い感覚でいられるんです。

もし、今、林の中に家をお持ちの方は、ベランダの手摺りを取り払って、そこにご自分で階段を造ってみてください。そして、その階段の先にもう一つ、限りなく地面に近い、地面の上に、自分たちでテラスを造ってみてほしいですね。

どんなふうでも構いません。ただ、地面そのままだと、雨が降った時グチャグチャしますから、ヨーロッパなんかでよく使われているレンガや石を敷いてみるといいですね。僕は、大好きな枕木を使っていますけど。で、枕木のすぐ下は土、地面なのです。ただ一つ困っちゃうのは、テラスでお茶を飲んだりしてても落ちつかないこと。すぐ地面だから草や木が気になっちゃって、すぐ野良作業を始めてしまうことなのです。

花を植える

僕は、林を造り、テラスを造り、庭を造ってきたわけだけど、そこに植えてきた花ってほとんど山野草なんです。

花を植える場合、店に行って買って来て植えるという方法もありますが、もっと楽しいのは自分で種を蒔いて育てることです。

例えば、僕もかみさんも、マツムシソウが大好きなんです。それで、マツムシソウの咲いている所へ行って、種をいただいてくるんです。いいですか、種ですよ。間違っても根っこごと取って来てはいけません。

いただいてきた種、これは一輪か二輪の花の種だけで十分です。これで相当の量のマツムシソウが作れますから。で、その種をまくわけですが、その前に例えば、マツムシソウの咲いている所へ行って、その場所を観察したり、図鑑を見たりして、どういう環境が育ちやすいかを知ることです。ちょっと水捌(は)けがよくって、日当たりのいい所の林が開けた場所。そう、そんな所に咲いているはずです。

そして、自分の庭の中だったら、あそこがいいという場所を決めて草を刈ったり、いい環境を作ってあげるのです。で、そこに苗床を作って種をまきます。そうすると必ず芽が出ます、ただしマツムシソウは二年草ですから、植えた年には咲きません。次の年に咲きます。これが楽しいんです。自分で種から育てたマツムシソウが、図鑑で見た通りにちゃんと二年目に咲く。手をかけた分だけ、嬉(うれ)しさも倍増しますよ。

それに、自分で調べながら、実際に体験しながら育てていくと、その植物の性質とか、在り方とか、植性とか、生態系とか、とにかくいろいろなことが分かってきます。

すると、庭造りがどんどん楽しくなっていくんです。最近、僕はだんだん余裕が出てきたせいか、友人の家の庭を造ってあげるという、新たな喜びを発見したわけです。

で、その時、必ずその家の林の縁に花壇を造ってあげるんです。例えば、斜面のところなんかにロックガーデンを造ってあげるんだけど、石と石との間隔をちょっと広げて、そこにいい土を入れてあげるんです。そういうポケットみたいなところを、いくつか作っておくんですね。

そうすると、皆、好きな花を植えるんです。それで、何年か前に造った庭で、ちょっとびっくりしたことがあったのです。

僕は、ある友人の庭をかなり格調の高いロックガーデンのつもりで造ったんです。それで、しばらくたって、どんな様子か見に行ったんです。僕のイメージの中では、少なくとも僕だったら、山野草で埋まっているはずだったのですが、なんとそこには子どもたちの植えたチューリップが咲いていたんです。

でも、泣けるほど嬉しかった。

雑木林と、僕が造ったテラスに、あれほどチューリップが似合うんだってことを、その友人の子どもたちが僕に教えてくれたんだから。

枕木の使いみち

枕木っていうのは、ご存じのように、鉄道のレールの下に敷いてある木のことです。

今は、どんどんコンクリート製のものに替わりつつありますから、木の枕木が貴重品になってきてちょっと寂しいのですが、僕は庭を造ったり、テラスを造ったりする時に使う素材の中では、この枕木が一番好きなのです。

これは、JRの人に聞いた話ですが、枕木は、油——コールタールのようなものだと思うのですが——の入った大きな四角い鍋で煮るのだそうです。ですから、真芯まで油が染みていて、非常に丈夫な、風雪に耐え得る素材なのです。我が家では、きっと家が壊れてもテラスだけは朽ちることはないでしょうね。

さて鉄道の線路は、まず砕石を敷いてその上に枕木を置いて、それからその上にレールを敷くわけですね。そして、その上を重い列車が走っていく。そうやって何十年もの長い間、重さに耐えてきた枕木の裏を見ると、表面に石のへっこみがあるんです。そのへっこみが実にいい感じなのです。

それを実感できる一番の使いみちとしてお勧めしたいのが、林の中の道です。

林の中は、大勢の人にワーッと歩かれてしまうと、林床、つまり土が硬くなってしまって、植性が変わったり、林が駄目になってしまいます。けれども、林の中に入って歩きたいですから、人の歩く道を造ってあげます。その時に、大活躍するのが枕木です。

道の造り方はいたって簡単。枕木を一本、ないしは二本、ちょっと豪華にやるんだったら三本ずつをレールのように敷いていくだけです。また、枕木は長さが二メートル一〇センチありますから、半分に切って横に並べて、道を作っていくのもかなり豪華ですね。ちょっとした坂も階段の様になって歩きやすい。

それで、枕木を敷く時には間をあけながら敷いてください。当然、枕木自体、曲がったりくねったりしているので、ちょうどいい目地ができます。そうすると、その目地から草が生えてくるのです。少し灰色がかったような、枯れた感覚の枕木の道の間から、鮮やかな緑の目地ができてくる風景、それは、美しいものです。枕木の油はもうすでに風化していますから、心配はありません。本当に草とよく馴染みます。

そして、何より肝心なことは、枕木は必ず、例の石のへっこみのある方を上にして敷くことです。あの微妙なでこぼこが、実に足触りがいいのです。足にも手にも馴染む。裸足で歩くと、またこれが気持ちいいのです。

さてさて、道が造れたら、次は少々難しいテラスに挑戦してみてください。

テラスを造る時に、一番やっかいな問題は枕木を水平に敷くということです。道ならば、その土地なりに、例えば上り坂であっても、下り坂であっても、曲がりくねっていても、そのまま作ればいいのですが、テラスとなると話は別。どんな傾斜地にあっても、テラスだけは水平にありたいと思うのです。これは、人間の安定感というか、バランスの問題です。

そこで、必要となってくるのが水平器です。これは道具屋さんや荒物屋さんに行けば買えますし、値段も安いです。どうして必要かというと、林の中は街の中と違って、水平垂直の目印になる物、例えば家の屋根は水平、柱は垂直ですね。そういった物が、なかなか見当たらないわけです。

さて、テラスの敷き方です。僕は最初、地面を水平にして、そこへ枕木をずっと敷いていきました。なかなかうまくいきました。ところが、その年の冬、思いがけないことが起こりました。霜柱でバラバラになっ

雨に濡れた枕木の木口は、格別に美しい

我が家の枕木のテラスは、林と一体化している

こんな幾何学的なデザインも枕木が素材ならとても優しい

枕木の間から芽吹ぶいた草がとても美しい枕木の道

てしまったのです。都会では考えられない寒さのなせる業でした。それで、下に石を敷いたり、いろいろ考えてやってみたんですが、どれもいまいちうまくいかない。で、いろいろやっているうちに、すごくいい方法を見つけたのです。

それは、下にレールを敷いてやることです。どういうレールかというと、枕木のレールです。枕木の長さは二メートル一〇センチありますから、二メートル一〇の間隔で真芯から真芯にレールを敷きます。それで水平をとるわけです。そして、その上に枕木をずっと敷いていくんです。例えば四メートルぐらいのテラスを作りたい場合、もう一本繋ぐわけですが、それは枕木のレールの上で繋いでいけばいいのです。で、その時にできれば少しずつ、出っぱりへっこみをつけながら、井桁に組みます。そして、一本一本に釘を打つんです。この釘は、いわゆる鉄筋コンクリートの鉄筋を使うといいです。枕木の厚さがだいたい一〇センチで、その下にレールになっている枕木がありますから二〇センチになりますね。ですから鉄筋棒を一五～二〇センチに切ります。で、枕木にドリルで穴をあけて、そこへ鉄筋を大きなハンマーを使って打ち込むのです。すると霜柱が立とうが何をしようが、びくともしません。これで快適なテラスが造れます。

そしてもう一つ。これは、我ながらグッドアイデアだと思っていますが、ちょっとした区切りにも枕木は最適です。

例えば、日本庭園だったら、庭の内垣ってありますよね。僕は、竹で編んだ光悦垣って好きなんです。凄い芸術作品だと思いますし。それで、あんな感じで庭の中に花や彫刻を掛けられる、ちょっとした区切り、壁のようなものがあればいいなあと思っていたのです。

そこで、僕は枕木を立ててみたんです。

まず、一本立てます。地盤は皆さんなりに工夫して止めてください。で、枕木に二～三カ所ドリルで穴をあけて、鉄筋を打ち込みます。そして次の一本にも同じ箇所に穴をあけて、一本めの枕木と鉄筋で繋ぎます。そうやって、自分が作りたい幅に合った本数を、鉄筋で繋いで行けばいいのです。高さは、大人がちょっと背伸びすれば、向こうが見えるくらいがいいですね。僕の場合は身長一・七五メートルですから、一・六〇メートルくらいに造りました。

それで、できあがってみると、これがなかなかいい感じで、今では皆に愛されています。息子なんかは、ハンギングバスケットを下げて、そこに花を飾ったりしていますし。日本庭園にはちょっと似合わないかもしれませんが、林の中ではなかなか素敵なものなのです。

時には、横の物を縦にしてみるのもいいものです。

最後にもう一つ。これは僕が枕木を使って造った物の中で、特に好きなものです。

人生の大先輩で素晴らしいお医者さんの森川先生という方がいます。森川先生はご夫婦で八ヶ岳に住んでいらして、先生のお宅には見事な林があります。お二人ともその林が大好きなのですが、七〇歳を過ぎた頃から、特に奥様が足場の悪い所を歩くことが怖くなってしまったんです。先生のお宅の林へ入っていくには、家との間を流れている小川へ一旦(たん)下りて、そしてまた小川から上がらなければならないのです。でも、林の中を散歩したいと思う気持ちは、いつも持っていらして。そんな時、実にタイミング良く、素晴らしい枕木が何本か手に入ったのです。それは、おそらくポイント部分に使われていたものだと思うのですが、幅広で長さが五メートルくらいありました。それで、僕はさっそく、先生のお宅のテラスから小川をまたいで林に入る橋を造ったのです。これで、奥様も家からスムーズに林を散歩できるなと。

僕はあまり優しい男ではないんですけど、あの時だけは、とても優しい気持ちでいる自分にほっと微笑みました。あれは、素敵で立派な枕木を譲ってくれた、ＪＲの人に大感謝です。

古電柱の再使用

枕木と同じく、どんどんコンクリート製に替わっているのが木の電柱です。これは電力会社に聞けば、どこかで分けてもらえます。ただ、運ぶのが大変ですけど。

木の電柱は、芯（しん）まで防腐剤が入っていますから腐りません。そして丈夫です。古いとはいえ、これも素材としては抜群です。

僕は電柱を使って、野良作業の道具小屋を造りました。必要な道具は、チェーンソーと鉄筋。

少々、荒っぽくやっても大丈夫です。で、柱も梁（はり）も棟（むね）もすべて古電柱で造って、例によって鉄筋棒を叩き込んで留めていくわけです。そして、垂木と板を買ってきて屋根を造ります。その上に防水の紙を貼って、できあがりです。僕はもうちょっと凝って、さらにその上からヒノキの皮を貼って、上から半分に割った竹で押さえるように打ちつけます。

小屋造りで肝心なことは、柱も梁も棟も、すべて古電柱を使うということ。そうすると、柱に釘を打ちつけていろんな道具を下げたり、梁にはロープなんかを下げたり、かなり荒っぽく使えるんです。これって、林の中に似合うと思いませんか。

この道具小屋よりももっと傑作だなと思っているのが、古電柱を使った柵。もっとも、山の中で自分の土地に柵をすることほど愚かなことはありません。ところがやむにやまれぬ事情もあったりする訳です。

僕がこの八ヶ岳で暮らすようになって間もない頃のある朝、前夜遅くに東京での仕事を終えて山に入った僕は、ずいぶん寝坊をしてしまいました。高く昇った太陽の光を感じながらカーテンを開けると、突然拍手が起こり十数名の人が口々に、「柳生だ！　柳生博だ」……。これはショックでした。

だって、そこは我が家の庭先なのですから。俳優として少し世間様に認められた代償としては、僕にとってはあまりにヘビーな事件でした。そんなことが度々続き、とうとう入り口に門を造る羽目になってしまったのです。

これはとても忌まわしい事実ですが、この門もそろそろ取り壊そうかと思っています。なぜなら、今ではこういった珍客の皆さんも、八ヶ岳倶楽部の方へ訪ねてきて下さるからです。八ヶ岳倶楽部は極めてパブリックなスペースですからあらゆる訪問者を歓迎します。

話が少しそれてしまいましたが、柵です。

友人が庭に柵を造りたいのだけれど、という相談を持ちかけてきたのです。気乗りしないで話を聞いてみると、なるほど彼の家は道路に面して車通りが多い。しかも子どもは腕白盛り。いつ、無謀なタヌキのように車のエジキになってしまうか心配だとのこと。それならばと考えたのが、ちょっと太めの電柱を寝かせて少しだけ浮かせた垣根なのです。

まるで老木が天寿を全うして横たわり、アスファルトの道から子どもたちを守っているように僕には見える。我ながら傑作なのです。今では雑草や草花が周りを覆い、とてもいい感じで同化しています。枕木も古電柱も、人間が造った文明の廃棄物なんだけれど、こんなふうに自然に返してやるのって、いいなと思ったりするのです。

石で炉を造る

山での一番重い罪は、山火事です。

一八年前、僕らがここへ来た最初の頃、僕は家を造ったり、庭を造ったりして出たゴミを、林の中で燃やしたのです。もちろん、大きな穴を掘って、その中でです。そうしたら、地元のおじいちゃんたちから物凄く叱られたんです。山火事になるだろうって。

つまり、ここの山の中の土は、都会の土とは全く違うのです。これは穴を掘ってみると分かりますが、この土はそのほとんどが腐葉土です。山というのは、極端にいってしまえば、岩と腐葉土。岩盤の上にほんの僅かな土があって、その上に土化しているのが腐った落葉です。しかも寒い土地ですから、葉っぱが腐りにくい。そうすると大量の水を使って完全に消したつもりでも、地下を火が走っていく。思わぬ所で、燃え出してしまうのだそうです。火を燃やしたその場所だけでは止まらないのが、山火事の恐ろしいところなんです。

実は、ここでも四〇年ほど前、そんな山火事が起こったことがあるそうです。

けれども、野良作業をすれば必ずゴミは出ます。そこで、考えついたのが石の炉です。つまり、すり鉢状に大きく穴を掘って、その周りを石を囲んでしまうというもの。まあ、大きなお茶碗の中で火を燃やすというわけです。で、お年寄りに話したら、それはいい、お前さん頭がいいってね。

それで、まず深さ一メートル五〇センチくらいのすり鉢状の穴を掘って、一番底に、基礎になる石を置きます。石は、河原やその辺にある石を拾ってくればいいです。そして、その基石から石を組み合わせながらタイルのように積み上げていきます。僕は最初、凝りに凝ってきれいに組み合わせて造ったんです。でも、どうも燃えが悪い。で、考えたら、空気の入る隙間がないことに気づいたわけです。それからは、だんだんノウハウも分かってきて、今ではとても燃えのいい炉を造ることができるようになりました。コツは、少々、荒っぽく造ることです。要するに、ちょっと大ぶりの石を使って、石と石との間に隙間ができるようにすればいいのです。

若い友人たちが、周りに家を建てるようになると、かつて僕が村のお年寄りに叱られたように、山の火の恐ろしさを教えてあげるのですが、うまく自分たちでは出来ません。

それで、僕が友人たちにも大石の炉を造ってあげるようになって——もう二〇個くらい造ってきたんですが。何が大事なのかなと、考えてみたんです。

それは、僕が炉を造る時は、特別な時だということなのです。例えば、ある友だちの炉を造ることになったとします。当然、僕はその友だちのことをよく知っています。でも、奥さんや子どもたちとは会ったことがない。そうしたら、まず奥さんを紹介してもらいます。で、一緒に飲みます。

その次に、子どもたちと会います。で、おじいちゃんやおばあちゃんに会います。さらに、お兄さんや弟さん、というように、できるだけたくさんの人たちに会うようにしています。それはもう、その家中と友だちになるまで一緒に食べたり、飲んだり、話したり、遊んだりしてとにかく会います。

そうして、やっと炉造りにとりかかるのです。その家の人たちのことをイメージしながら。子どもたちの「柳生さん、遊びましょ」っていう弾んだ声を、イメージの中で聞きながら、ほんの二〜三日間で造っていくんです。

そして、完成したら、火入れ式をやります。それは必ず夕方。空が大きい八ヶ岳では、夕方のトワイライトタイムってのが長いんです。一応、製作者の僕が、最初に火をつけるのですが、その瞬間というのは、まさに祈りなのです。で、火が燃える。すると、子どもたちの「キャー、燃えたー」っていう嬉しそうな声を皮切りに、奥さんは料理やお酒なんかを運んで、せわしなく動くわけです。で、おばあちゃんは、子どもたちに負けないくらい若やいだ声で喜んでくれて。で、当の友だちは、そういう家族をにたにた見ている。それをまた僕が目をうるうるさせて、皆を見ている。こんな幸せでいいのかな、バチが当たらないかなっていうくらい幸せな時なのです。そして、本当に不思議なのですが、こうやって造った炉は、どれも燃えがよくて、しかも灰の出が少ないんです。

さて、この大石で造る炉っていうのは、実は大古の昔からあったものなのですね。以前、縁があって日本最古の神社と言われる奈良県の大神(おおみわ)神社へお参りに行ったのです。そこは御山全体が御神体になっていまして、御禁足なのですが、伝手(つて)があり、案内していただいて登らせて頂きました。もちろん身を清めましてね。そうすると、何か見慣れた風景が次から次へと出てくるんです。

　それは、どういうことかというと、大きな岩がもともとあったのと違う形で置いてあるんです。大昔、神神がここで遊んだり、お祭りをしたり、お祈りをした跡があるわけです。

　ここは山ですから、石を動かすのは簡単なんです。斜面を利用して、押したり、掘ったり。きっとテコを利用して動かして。で、ここに座って、ここで火を燃やして、酒盛りをしてたなっていうざわめきの感じがあるんですね。そうか、みんなやっていたんだって思ったら、もう嬉しくて嬉しくてしかたなかったです。

　この神山に登った後しばらくして、今度は仕事で尖石遺跡に行きました。

　ちょうどこの八ヶ岳の真裏、蓼科の方にある縄文人の遺跡です。実はここにストーンサークルがあるんですが、これは今の学説によると惜別のパーティーの場だったらしいのです。

　つまり、地球の温度変化で、この標高一〇〇〇メートルの所には住めなくなってしまって、今まで暮らしてきた集落を捨てて、下界に移動しなければならなくなってしまったんですね。そして、弥生時代に入っていったわけですけど。その時のお別れのパーティーの跡だというのです。

　僕が造っている石の炉というのは、誰が見たって、にやにやしちゃうような、はしゃいじゃうような、そんな家族のお祭りの広場です。でも、同じように円形に石を使っている、尖石遺跡のストーンサークルには、僕は何とも悲しい、切ないものを感じました。

　古代人が石を使って、何かを表現している、造っている、と。それは非常に必要に迫られた物であると同時に、何か祈りみたいな物が必ずそこにあるような気がするのです。

　もちろん、神山の神々が遊んだあの磐座も、まさにそうだと思うのです。きっとそこでいろいな祈りがあったのでしょう。

　石を動かす、ということは遊びのようですけど、実は人間が生きていく上での精神的な営みであったわけです。

人間の歴史をはるかに上回る昔から、ずっと残ってきた石。人間と石との歴史は、地球の歴史の中では短いものかもしれません。けれど、祈りの場、お祭りの場、パーティーの場、惜別の場っていう、いろいろなステージを造る時、人間は石を使ってきたのです。やはり石なのです。石と長い間格闘していると、植物や動物とは違った別の生き物って感じがします。何かとっても精霊とか、物の怪とかいった気配を感じるんですね。石彫をやっている友人も、石を彫るとそこから、わっと湧き出てくるものを感じるなんて言っています。

石と仲良くなるってことはとても簡単なことです。他の生き物と接する時と同じように、いつも真剣であればいい。初めて僕が炉を造った時、例の秋山さんに力を貸してもらったんだけど、その時ひどく叱られたことがあります。一緒に石を動かしている時に、僕が笑いながらちょっと力を抜いた時がありました。そうしたら、ばかやろうって怒られた。石を扱う時、笑ったり力を抜いたら怪我して死ぬって言うんです。石を扱う時は、出来るだけ体に石を密着させるんです。腕力に自信のある人が、石を扱うと怖い訳です。体で石を支えないで、手の力で持ち上げようとしますからね。

地面と石とその隙間に人間が入って、石の気配を体中で受け止めなければなりません。

あとは、ほんの少しの知恵があればいい訳です。僕は当然のことながら、ユンボの力を借りたりするのですが、大昔の人々は斜面とテコを利用して何トンもある大石を一人で動かしたりしたのでしょう。それは非常に科学的なことなんだけれども、それが超能力と映ったり、神と映ったりしたのだと思います。

こうやって造り上げる大石の炉には、実はとても不思議な力があります。火を燃やして、おいしいお酒なんか飲んでふと気づくと皆、子どもの頃の話をしているのです。

特におじいちゃんやおばあちゃんはそうです。僕にとっては火を燃やすという事は特別の事ではなくなりました。森に入って野良仕事をすれば必ず炉でゴミを燃やします。お客さんが来る時も火を燃やしておもてなしします。でも、そんな事を何年も、いや何十年もすることのなかった都会の人々は、この大石の炉で火を燃やすと、きまって昔日の事を思い出すのです。

我が家にある一番古い炉。もう縄文時代からそこにあったんじゃないかと思われる姿をしています。あんなに火を燃やしていたのに今では草で覆われ、もう苔(こけ)すら生やしています。

ところが、毎日のようにゴミを燃やしている現役の炉でさえ、その目地から草や、時には小さな花さえ顔を出すのです。それは、自然の備え持つ素晴らしい力なのですけれども、僕には石の生み出す生命力の存在が、どうしても感じられるのです。

皆の記憶を昔日に遡(さかのぼ)らせるのも、単なる懐しさのせいだけではないと思ったりするのです。

野良作業をすると必ずでる枯れ枝や草。どんなに湿っていてもこの炉ならよく燃える

これが第1号作品。古代人の遺跡のようである

大家族にはフラットな
テラスの真ん中に。
これなら子どもが
走り回っても、
足の悪い御老人でも大丈夫

老夫婦のためにはこぢんまりとした、
扱いやすい炉を造った。
毎日使っても、目地からは草が生えてくる

林との接点に造った炉、
あと2〜3年で美しくなじむのだ

BREAK 3

山口百恵とバロック

聴く人の感情が行間に入って行けるってのがいい。素晴らしい

僕は山の中ではほとんど音楽を聴きません。なぜなら、ここには小川のせせらぎや、鳥の声、風の音といった素晴らしい音がいっぱいあるからです。

それで音楽はもっぱら東京と八ヶ岳とを移動する車の中で聴いています。この移動の2時間というのは、僕にとっては気持ちを切り替えるためのインターバルでもあって、とても大切な時間なのです。ですから、その時聴く音楽も次第に絞られてきて、今はバロックだと、アルビノーニのアダージョ。これを聴いていると、僕は嬉しくても悲しくても、なぜか涙が出てきちゃう。なんとも官能的で、それでいて重くない。

まるで小川のせせらぎのように、サラサラ流れていく。けれども日の当たり具合、雨の降り具合によって水の流れが変わっていくように、アルビノーニのアダージョも、同じ旋律を奏でているのに、僕の心の状態によって微妙に違って聴こえる。

そして山口百恵さん。実は僕、現役時代の彼女にはあまり興味なかったんです。ところが、コマーシャル撮影でカナダに行った時、スタッフのウォークマンで聴いた彼女の「イミテーションゴールド」は衝撃的でした。バロックと同じくらい官能的で、ドラマチックで。それでいて僕らの感情を移入する隙間(すきま)がいっぱいあって。向こうからは何も強要してこない、ある種、無表情でサラサラ流れていく。

支配しない音楽——。これがバロックと山口百恵の共通点。

第四章　森の仲間たち

山に家を建てる

ここ八ヶ岳にはたくさんの友人たちがいます。地元で知り合った人々、そして僕のプライベートな仲間たち。そうです、僕の仕事の舞台であるテレビ界の人々はほとんど周りにいません。これには決して深い意味があるわけではなく、番組の打ち合わせをこっちでやるケースはよくありますし、彼らがプライベートな時間に訪ねて来てくれることも度々です。

そんな八ヶ岳での人間関係の中、僕はとてもラフな気分で毎日を過ごしているのです。

さて、これまでのお話にも登場してきた秋山九一さんという人物がいます。草や木が大好きだったとはいえ、都会からやってきた僕と家族がこうやって山の中で暮らしてこれたのも、彼が本当に色々なことを教えてくれたからです。彼は、僕が今までに出会ったことのないタイプの人間でした。いや、もう何十年も前、一緒に遊んだことのある、ガキ大将がそのまま大きくなったような男です。知恵があって、体力があって男気がある。

彼とならどんなことでもできる自信が僕にはありますし、きっと彼も同じじゃないかと思います。彼との出会いは一九七六年、ここに土地を買ったまさにその日でした。

念願の土地を買うことができた僕たち家族は、ロープを張ったり、木をながめたり、最初に造りたいテラスの位置を話したりと大はしゃぎでした。そんなところに近所に仕事に来ていた〝秋さん〟が通りかかったのです。

あれこれ話をしていると、彼の仕事は工務店だというではありませんか。そこでここに家を建てたいんだがと相談しました。三〇〇万円の予算で。一九七六年といっても、山の中へ三〇〇万円で家を建てるのはどう考えても無理な話。でもお金はもう全くない。で、秋さんが出してくれたアイデアは、取り壊す寸前の地元の造り酒屋の古い家が、立派な材を使っているからまだ十分利用できるので、その廃材で建てようということでした。家を建てる間、建築現場の様子が気になって仕方ありません。朝、職人さんがやってくるずっと前から、現場に行ってゴミひろいをやったり、あれこれながめながら過ごしていました。東京で仕事のない日は、ほとんど毎日です。そのうち秋さんも僕の事を変な奴だなと思ったのか、鉋(かんな)かけを手伝わせてくれたりして、徐々に色々な話をするようになったのです。

　そんな家造りの作業をしながらも、僕は周りの木々を見てはあれこれ感動しています。「いやあーこの木は凄(すご)い、素晴らしい」なんて、独り言をいっていると、秋さんが「そんな木は山に行きゃいくらでも生えてる」と言うわけです。どこにあるのと聞くと、「あそこの山を何百メートルぐらい入って大きな岩の上手にある」と、まあこと細かく教えてくれるのです。彼は、八ヶ岳で生まれ育ち、ここらの山のどこにどんな木が生えているかなんて、当然のごとく知っているのです。僕はもう大興奮です。なんなんだこの男はって感じでした。

　ところが、彼はその名前や、植性は知らない。当然です。知ってたって何の役にもたちゃしない。ところが僕が、木の生え具合で山の高度が分かったりとか、木の名前にまつわる色々な謂(いわ)れなどを、酒の肴に喋(しゃべ)ると本当に面白そうに聞いてくれる。つまり、僕は知識はあったけど山での経験は浅い、秋さんは木の名前なんて知らないけど山のことは何でも知っているという具合に、お互いにないものを持っていたということです。そして二人とも好奇心は旺盛。気の合わない訳はありません。

　僕が八ヶ岳で暮らすようになると、ほとんど毎晩のように酒を飲んでは話をし、夜な夜な山へ木をとりに行っていたのです。この時の話は前に書いたコミネカエデとアオハダの事件以外にも、それこそ山のようにあります。でも、これは僕と秋さんだけの秘密の話。ここでは申し訳ないけれど内緒です。

　さて、秋山さんには僕ばかりではなく、二人の息子

秋山九一さん。ガキ大将がそのまま大人になった様な秋さん

たちも鍛えられました。上の真吾が小学四年生、下の宗助はまだ幼稚園です。二人とも東京育ちの都会っ子、秋山さんが山へ遊びに行こうと言っても、僕の足にしがみついて離れないような子どもたちでした。ところが、茨の中にたくさんかくれているノウサギを、空き缶をたたいて追いだしてつかまえたり、ミズキの木の上にターザン小屋を丸太で造って、おまけにその上からそろって立ち小便をしたりと、思えば秋山さんが子どものころにやっていたに違いない山での遊びを教えてもらううちに、親ゆずりの野生の本能が目覚めて行った次第です。

秋山さんとは、やがて僕の周りに住みだす友人たちの家造りも一緒にしていくことになります。家を造るのってとても楽しい、しかも山の中に。しかも低予算で。当事者の友人の意見もそこそこに、ここはあそこのクリの木を生かした建て方をしたいねとか、ここのカエデは紅葉が素晴しいから思いきって大きな窓にしようとか、それは楽しい遊びを何十回とさせて頂きました。

ふるさとの温かさ

さて、そんな我々二人におもちゃにされた家を建てた仲間の一人が、大野基樹くんです。

彼とは仕事を通じての知り合いでした。ファッション業界の最先端で活躍していた彼の遊び場は、もっぱら深夜の六本木、西麻布。それが僕について何度もこちらに来ているうちに、ついに土地を買い、その何年後かに家を建てたのです。

それは彼が三六歳の時、子どもは三歳。きっと八ヶ岳の自然に魅せられて子どものために決断したのかなと思ったら、どうやらお目当ては焚火(たきび)を囲んでの酒だったらしいのです。

休日のゴルフより本物の〝草刈り〟が、六本木のアナグラで飲むより、炉の端でやる酒の方がずっと楽しい――。そんな動機だったのですが、まあ、それもとても美しい切っ掛けではないですか。

大野基樹くん。この撮影のためにミラノから八ヶ岳に帰ってきてくれた

実は、今、彼は仕事の関係でイタリアのミラノに住んでいます。ちょっと車を走らせればスイスの山々や地中海に行くことができる素晴らしい環境に居を構えながらも、夏の長期休暇には必ず八ヶ岳に帰ってきます。景色やのんびりとバカンスを楽しむのなら、ずっと素晴らしいヨーロッパのリゾート地を目の前にしながら。

しかも、日本に帰国するというより、どうやら、〝八ヶ岳に帰る〟という感覚でいるようなのです。

それは、ここ八ヶ岳の大泉村という村がイタリアの田舎にとても似ているということに理由がありました。

つまり、リゾート地にありがちな地元の人々からの疎外感がなく、遠慮なく心からのんびりできるというのです。

リゾート地、観光地に行くと、東京から来た僕たちはお客様で、もちろん経済的効果の存在も事実なのですが、どうも心からリラックスできません。

ここ大泉村は、近年、特に開発が進んできたものの、土地の人々はとても地に足のついた考え方をしています。

だから、ある意味ではよそ者の僕たちがこうやって暮らし、酒を飲んでいたりしても、心の底からの安心感があるというのです。

そんな話を大野くんとしていて、ふと思ったことがあります。それは、田舎を持たない都会人が本当にリラックスできる場所、つまり、ふるさとの温かさがここにはあるのだなと言うことです。だから、ここを僕たちはこんなにも愛することができるのでしょう。

戦国武将の歴史の跡、小さな神社、古代の遺跡、どれもこれも観光名所にはなっていませんが、土地の人たちが守り続けた誇らしげな先人の足跡に、ふるさとの尊厳を感じさせてくれるのです。そして全ては、素晴しい自然に育(はぐ)くまれています。

さて、ここが本当のふるさとで、住みなれた都会からUターンしてきたのが藤森さんご夫婦です。

藤森正保さんは、日本の高度成長を支えた鉄鋼会社のエリートサラリーマンでした。

「私はお国のために尽くしてきた」と自信を持って言いきられる、真っすぐな杉の大木のような方です。

六五歳でリタイア、ふるさとであったこの八ヶ岳南麓に家を建てられました。荒れ果てた松林の中に、ちょうど家を建てるスペースだけ切り開いて。それが、ちょ

藤森正保さんご夫妻。「こうやって手を握るのは新婚旅行以来」と照れる

うど我が家のお隣だったのです。

こういった家の建て方をすると、上でお互い支え合っていたヒョロヒョロの松が、やがて家の方に倒れてきます。そこで僕の所に相談にみえたのです。それからです、数十本の、どうしようもない枯れ木を切り、倒木を整理し、枕木のテラスと大石の炉を造ってさしあげました。

「私は戦争中は国のために、戦後は会社のために人生を捧げてきました。それを悔いてはいませんし、誇りに思っています。けれども、人を動かす立場の時より、この炉の周りに孫や会社の後輩たちが集まってきてくれるのを見ている今、全く価値感の違う喜びを見つけた気がします」。そう語られる藤森さんを男として、とても尊敬させて頂いています。

ここにきて始めるようになられたという短歌——〟星清くまたたく夜半に妻と出て大き石炉に榾(ほだ)くぶるなり——なんて優しい、そして僕にとってはとても嬉しい言葉です。

さて、八ヶ岳倶楽部を始めてから知り合いになった仲間の中に、足立英二さんと奥様の高子さんがいます。足立さんは甲府でお医者さんをされています。二四時間、急患もあり、ストレスも大変なお仕事です。そんなにお忙しい毎日の中、週末には必ず顔を見せて下さいます。必ず奥様とご一緒に。

この足立さんが、「八ヶ岳倶楽部に来る人々は、皆いい人を演じている」とおっしゃいます。

足立英二さんご夫妻。八ヶ岳で子どもを産む事を決意した長男夫婦もすっかりお世話になって、感謝

いい夫婦、いい恋人、いい親子。演じるという言葉が正しいかどうかは分かりません。

でも、きっとそれは、この大自然の魅力がその人の持っている本来の姿や魅力を引き出してくれるということでしょう。

だから、より相手の事が理解でき、好きになってしまうのです。

八ヶ岳倶楽部という店は、そのステージにしかすぎません。

普段あまり会話のないご夫婦が、コーヒー一杯で何時間もお話を楽しまれたり、暴走族風のカップルが、実は素直でピュアな若者であったりするのは、僕やスタッフが名演出家だというわけではないのです。

たくさんの〝森の仲間〟

他にも、書ききれないほどたくさんの〝森の仲間〟がいるわけですが、最後にどうしても紹介しておきたいのが、横浜伊勢山皇大神宮の宮司である龍山庸道さんです。

横浜の象徴であるこの大きな神社の長の彼を、僕は親しみを込めて〝グージ〟と呼びます。これには訳があります。

実は彼は、僕の長男の妻の父親。つまり、最近できた極めて近い親類というわけです。

とても楽しく、素敵で、僕の持つ宮司さんのイメージを打ち破ってくれた〝グージ〟です。

彼は八ヶ岳に来ると、まるで子どものようになります。

嬉しくてたまらないらしく、じっと座っていることがありません。林の中を歩いていたかと思うと、しゃがみこんでなにやら草を押し分けていたり、世間話をしていても気もそぞろという感じで、キョロキョロあちこち見回しています。ノスタルジックに、童心に戻ってはしゃいでいるわけではありません。新しく〝大きな子どもが誕生した〟、そんな感じです。

なぜなら、毎日、同じ所を歩いていても、毎日、表情が違うので嬉しくて仕方ないという訳です。

全くその通り。

僕もそんな体験をここ一八年間、毎日してきました。

彼が八ヶ岳に来るようになって何度目かのある日のこと、僕は新しく造った大石の炉を見せました。

その時彼は、「祭場だね」と言ってくれたのです。「まほろば」という言葉も使ってくれました。人間と人間、そして人間と自然が仲良くなれる場所という意味です。

その時から、本来なら互いに気を使い合わなくてはならない通俗的な関係を越えて、僕と彼はお互いの事が分かり合える友人になった気がします。

ある時、彼がこんな話をしてくれました。

九州の友人の所へ遊びに行った時のことだそうです。ゴルフに行こうという事になりました。それは素敵なゴルフ場で、――僕自身は、全くゴルフをやりません。以前はのめり込むようにやっていました。でも、ある事を思ってパタリとやめてしまったのです。そのお話はまたいつか――横浜の近くでは、お目にかかれないような素晴らしいコースでした。

その何番目かのホール、グリーンの手前に凄い杉の木立ちがあったのです。

ああ、あそこにも神がおいでになる。神に向かってゴルフボールを打っちゃっていいのかな、と彼はその時思いました。

笑い話の中に、真実があります。

龍山庸道さん。「八ヶ岳倶楽部」の表札の文字は龍山さんが彫った

餌をあげるのは実や虫のない冬だけ。ほんのお手伝いなのです。
食料が豊富にある時は自然のままに。(上)カワラヒワ(下)リス

自然に対する〝おそれ〟、それは〝恐れ〟でもあるし、畏敬（いけい）という自然への〝驚き〟の意味でもあるのです。

もっといえば、人間は自然の奥底には決して足を踏み入れてはいけないということでしょう。

厳しい自然に対峙するには、人間は自然と喧嘩しなければいけません。そこに宿る神々と争わなくてはなりません。

日頃より「宮司とは神と人間の間に入る人間」と語る、彼らしい考え方だと思います。

それが神なのかどうか、知る力は僕にはありませんが、明らかに人間にはあり得ない存在感が、ものいわぬ木々や石にはあります。

彼らに対して、愛（め）でる心というより、敬う気持ちが大きく湧いてくる瞬間って、何度でも経験していますから。

鳥とカモシカとの付き合い

僕が八ヶ岳で一番忙しくなるのは、木々が芽を吹き始める間際の、四月から五月初旬にかけての時期です。

なぜなら、この時期は凍っていた土も溶け、木の根っこも動き出す寸前で、木を移植するのに適している時だからです。そんな訳で、四月に入ると僕はスコップ片手にせっせと土を掘り、木を植える日々を過ごすのです。

ところが、そんなある日、まるで僕が森の中に入っていくのを待ち構えていたように、次々といろいろな鳥たちが寄ってくるではありませんか。よく、お伽話（とぎばなし）の中でお坊さんや牧師さんが外を歩くと、鳥や小動物が寄ってくるという描写が出てきますが、まさにそれと同じ風景が目の前にあったのです。

僕の足元のほんの二メートル先を、アカハラがチョンチョンと歩き、頭のすぐ上ではヤマガラがチュッチュクさえずる。そうすると、コガラたちがうるさいくらいに鳴き始めて、アカゲラは見事な羽を広げて見せてくれる。ほかにも、シジュウカラやゴジュウカラ、エナガたちが周りに寄って来ました。

その日を境に、僕が外へ出て、野良仕事や山仕事をするたびに、すぐそばでずっと付き合ってくれるようになったのです。僕は、もう有頂天になって、すっかりお伽話の中のとても素敵なおじさんになったような気分でした。

けれども、どうして突然寄って来るようになったのか、やはり不思議です。

そこで、鳥の身になって考えてみたんです。四月というのは、鳥たちにとってどういう時期なんだろうと。それで、はっと気づいたのです。四、五月というのは、彼らの子育ての時期なんですね。つまり、これまでは穀物や植物の種などの餌（えさ）で一応満足していたのでしょうけど、この時期にはそういう物ではなくて、生きた餌である〝虫〟が欲しくなるのです。

当然、彼らも彼らなりに生き餌を探すために、森の中に入っていきます。そして、スコップを持った僕を見かけるようになった。何をしているのかはよく分からないけど、見ているとスコップで土を掘り返した所から〝虫〟が出てくるではないかと。これは、鳥たちもさぞかし驚いたことでしょうね。

だから、僕がスコップを持ち出すと、あ、餌があるぞということが少しずつ分かってきたという訳なんです。

でもね、理由はどうあれ、鳥たちが周りに集まってくれるというのは、本当に嬉しいことです。僕と鳥たちとの付き合いは、今もしっかり進行中です。

さて、森の中では、ほかにもいろいろな仲間たちと知り合えますが、彼との出合いも衝撃的でした。

一〇年位前の早春の頃、確か四月のことでした。僕は、ひどく荒れ果てたある人工林で、枯れた木を一本また一本と、一人でひたすらに切っていました。そのうち疲れ果てた僕は、切った木を枕にして横になりました。

どのくらい経（た）ったのか、いつの間にか眠っていた僕は、なんとも異様な鼻息で目が覚めたのです。そして、ふと横を見た瞬間、僕の目に大きな真っ黒い獣の顔がとび込んできたではありませんか。びっくりしました。息もつけないくらいに。八ヶ岳には熊はいないのですが。僕は咄嗟に熊だと思いました。

それで、これは動いちゃいけないと思って、そっと薄目を開けて様子を窺ったのです。するとそこには、黒い毛で覆われたカモシカが立っていたのです。僕はとりあえずホッとして、それから言葉を出さなくちゃと思ったんです。で、「おい、元気かい。おまえ何て名前だ。俺は柳生っていうんだ」って、同じトーンでぼしょぼしょしゃべったのです。カモシカの目をあまり見ないように、脅かさないように。動物と話をする時は、決して大声で話したり、抑揚をつけてしゃべってはいけません。淡々と、切々と語らなければなりません。するとカモシカは、じーっと僕の言葉を聞いているんです。そして、一メートルないしは二メートルの間隔で、僕の周りをグルグル回りながら、匂いを嗅いだりして。五分位そうしていました。それから、見て見て、という感じで、その辺りを飛び跳ねたり、僕が切って積み上げた丸太の上に、足をかけたりして見せてくれたんです。それは、まるで僕に対してフレンドリーな気持ちを伝えているようでした。

それ以来、僕が一人で作業する時に、時々遊びに来るようになったんです。僕は勝手に奴のことを〝かもちゃん〟と呼んでまして、で、合うと「かもちゃん、おはよう」って小さい声で話しかけるんです。すると、カモシカは声は出せないので、下手な口笛のようなシーッシーという音を出して返事をしてくれるんです。カモちゃんとの付き合いも、もうずいぶん長いものになりました。

ところで、八ヶ岳南麓には天然記念物にもなっているヤマネがたくさんいます。ヤマネは鼠ぐらいの大きさで、リスのようなふさふさのしっぽを持った可愛らしい小動物です。実はこのヤマネも僕の友だち。なにしろ、同じ屋根の下で一緒に暮らしたほどですから。

今は若者たちの家になっている「下の茶屋」で生活をしていた頃、家の中にヤマネが巣を作ったんです。

「下の茶屋」は古材を使って建てましたから、やたら隙間だらけで、人間以外の生き物たちにも住みやすい家だったようです。ヤマネが台所の辺りをチョロチョロ走っている光景を見ている時なんて、ああ一緒に暮らせているんだな、とつくづく幸せを感じました。一度、寝室の押し入れに巣を作っちゃった時は、僕の布団を占領されて、しばらく寒い思いをしましたけどね。

僕が自然の中で暮らす事を一番初めに容認してくれたのはリスたちです。臆病なくせに実はとても大胆で、家のすぐ前に最初に巣を作ったのは彼らでした。ヤマネの巣が鳥の巣のように可愛いのに対して、リスの巣っていうのは本当に荒っぽいんです。枯れ枝を集めただけのようなグチャグチャの巣で、ほんとにこれが巣なのというくらいへたくそで、思わず笑ってしまいます。僕は朝、テラスでコーヒーを飲むのですが、そうすると、必ずリスたちが枝と枝を飛び回って、サーカスを見せてくれるんです。

その演技はというと、細い枝を使って空中ブランコのように跳んだり、ポーンとジャンプをしたり、そして、毎朝同じ所で、同じようにこけて落っこちて。まあ、本人としては落っこちてるつもりはないんでしょうけどね。そして、ズルズルと落ちるように下がって、下の枝にピタッと着地をするという、ほとんど毎朝、同じプログラムでやってくれます。これが実におかしいのですが、みんななかなかの演技派で、いつまでも見飽きることがありません。このほかにも、森の中にはいろいろな友だちがいます。この先、どんな出合いが待っているのか、考えただけで僕の胸はワクワクしてしまうのです。

森の作家たち

愛媛でコマーシャルのロケをした時のことです。ロケの場所だった内子町は古い建物が多く残る風情のある町で、ちょっとした観光地になっていました。その日はとても寒かったのですが、放送が夏の予定だったので、僕は半袖シャツに白いズボンだったんです。それであまりの寒さに、ちよっとタンマって言って、近くの喫茶店に入ったわけです。その喫茶店には、観光地らしくお土産物がいっぱい置いてあったんですが、その中に、埃（ほこり）にまみれた木の玩具を見つけたのです。それは、いわゆる観光地にありがちなお土産とは違っていました。とても可愛くて、まさに誇り高くて。それでお店の人に聞いてみたら、もう一年前から置いているけど、売れ残っちゃって困るって言うんです。で、僕は在庫も含めて全部買い求めました。いろんな動物の形をした木のおもちゃは、ちょうど大きい紙袋二つ分でした。そして、徳島さんというその作家の名前と連絡先を聞いて、さっそく夜、宿から電話をしたんです。俳優をやってる柳生博という者だけど、あなたの作品がとても気に入ったので、ぜひ八ヶ岳倶楽部で展示してみたいと。そしたら、徳島さん、けらけら笑いながら、ふざけないで下さいよ、誰あんたって、最初は全く信用してくれなくて。それでも、どうにか本当だって分かってもらって、会う約束をしたんです。といっても、僕は次の日、東京に戻らなければならなかったんで、松山空港まで来てもらって。そこで、彼の作品を撮った写真を見せてもらったんですが、素晴らしい作品がいっぱいあるんです。それは優しげではなくて、本当の意味の優しさを形にするところいうふうになるのかな、という物でした。

それから間もなく、お土産物店やデパートで眠っていた在庫が山のように送られてきました。

そして、八ヶ岳倶楽部に展示するや否や、あっという間に売り切れてしまったのです。嬉しかったです。いまだに彼の作品は、倶楽部の中でもみんなに愛されている作品の一つです。僕も生まれ来る孫に彼の作ったおもちゃを触らせて、舐（な）めさせて育てようと思っています。

彫刻家の田原さんと初めて出会ったのは、ある大手デパートの展覧会場でした。

僕はかみさんと一緒によく展覧会に行くんですけど、気に入った作品があったら必ず買って帰るんです。僕らは評論家じゃないですから、本当に気に入ったと

田原さんの作品を八ヶ岳倶楽部の裏の林においてみた。
ぬめっとした感覚が妙になじむのだ

いう気持ちをどういう形で表現するかというと、それは買うことだと思うんですね。それはお金がない時でもそうで、いわばうちのルールのようなものです。

　そんな訳で田原さんの作品を一度で気に入った僕らは、その時は小品を買ったんですが、ちょうど東京の家を新築したばかりだったので、広間に置く大きなテーブルを作ってくれるように頼もうということになりました。ちょっと失礼だと思ったんですけど、無理やりうちに来てもらって、見積もりを出してもらって。で、まあ僕らの常識から考えるととても高いものでしたけど、彼のことが好きになっていましたから、じゃあ作って下さいと。それから貯金をして、借金をして。そして運び込まれた作品は、なんとも素晴らしいんです。薄い天板の下の足の部分が、まさに木の塊なんです。それも非常になめまかしい。セクシーな曲線でね。それで、この曲線は何をイメージしたんですかって聞いたら、彼はとぼけた顔をして、かみさんのお尻を触るとこういう曲線なんですよって。それ以来、僕は彼

どこに置いても、何を飾っても似合う和田さんの花器。
全てを受け入れてしまうところに作者の人柄がにじみ出る

のかみさんに会うと、お尻ばっかり見ています。今では、彼の一家も八ヶ岳の住民になってしまいました。

　僕はこの田原さんにしても、彫刻家が大好きで。何が好きかって彫刻家のデッサンが好きなんです。中でも和田さんのデッサンが大好きで、作品を依頼する時も、本当に差し出がましいんですけど、いろいろ口出しをするんです。そうすると、僕の想像以上に素敵なものをデッサンして見せてくれます。僕はそのデッサンが見たくて、つい口出しをしちゃうんですけどね。

　和田さんは鉄を得意とする彫刻家で、あの硬い鉄を何ともやわらかく、勢いよく、清々(すがすが)しく作り上げる技術を持っているんです。鉄というのは熱してもアッという間に冷めていきますから、せーので、ぶわーっと一気に作っちゃうんですね。ですから性格的にも、鉄を得意としてる人は短気なところがあります。

　これとは対照的なのが、銅を得意とする作家です。山口さんは和田さんと一緒にグループ展をやっていた人で、実は二人ともその時に知り合った作家でした。山口さんは実に銅を毅然としたものに作り上げる人で、格調高い作品を作るんです。銅というのはなかなか冷めないんで、山口さんの仕事を見ていると、いつまでもいつまでも作っているという印象が強いんです。だから性格的にも、しつこくて我慢強いところがあるんですね。

その典型的な銅作家が河合くんでしょう。河合くんも、ある展覧会で知り合って、大好きになった人ですけど、この人も、ほんとにいつもグチュグチュ考えて、グチュグチュ話して、いつもグチュグチュしているんです。何か悪口言っているようですけど、これは彼に対して僕の最大級の賛辞です。彼の作品は、まさにいつまでたっても完成しないという感じなんです。やり過ぎるんですね。でも、僕は彼の作品のあの猥雑(わいざつ)さが好きです。芸術家はみんな、非の打ち所のない作品というのを目指すのかもしれないけど、僕は河合くんには、いつまでたっても穴だらけの、完成途上の、これ以上いじるとますます駄目になるよというような、子どもが粘土遊びをしているような、そんなほっとするような作品を作り続けて欲しいのです。

彼の作品に合うと、冷たい金属の銅が体温を持っているように感じます。だから思わず触りたくなるし、撫(な)でたくなるんです。

僕は彫刻家のアトリエに行くたびに、僕よりもはるかにパワフルな、マグマみたいな物を感じます。そして、自分の軽薄さというか、浅はかさを反省しています。

僕は、彼らの手伝いというほどのことは出来ないけど、彼らと作っている現場にいるだけで、物凄(すご)いパワーをもらえるんです。そして、そのパワーに触発されて、勇気づけられて、自分の仕事場に帰って行くのです。

森の若者たち

今思うと、八ヶ岳倶楽部のエポックは、うちの次男坊の宗助にここを任せた時だったのかもしれません。

あの時から、八ヶ岳倶楽部の空気感が物凄く変わりましたから。それは、宗助たち働いているスタッフが醸し出していく空気感と同じで、毎日毎日、どんどん変化しているのです。

例えば、宗助とは幼稚園時代からの友だちのあっちゃん。無二の親友である彼には、幾度となく助けられているようです。いくら小さい店とはいっても、たくさんの方がおいでになるし、たくさんの彫刻家の作品も置いてあるし、大変な所で彼らは働いています。

そんな中で、彼らの変化というのは、本当に光輝くようなものがあります。昨日のあっちゃんと今日はまるで違いますし、明日のあっちゃんもまるで違う。みんな、泣き泣き感動しながら毎日やっている。毎日が夢中なんです。

そして、彼らスタッフは毎日のようにゴミを燃やしたり、焚き火をするんですが、なぜか二人は子ども時代——お年寄りがそうだという話は前にふれましたが、同じ少年時代を過ごした彼らもやっぱり同じです——の話になるんですね。そうすると、なんだか幼稚園の子どもたちがあそこで働いているような、そんな感じがして。仕事でくたくたになって、でも焚き火を囲んで、人生を語り、倶楽部を語り、自分の恋を語り——。そこへはもう、僕なんかは立ち入り出来ません。

今の八ヶ岳倶楽部は、まさに彼らと同じです。今年の倶楽部は去年とまるで違います。きっと来年は、また違った八ヶ岳倶楽部になっているのでしょう。

さて、ここに来る若い子たちは、本当にユニークな子が多いんですけど、かおりちゃんという女の子も、今までに出会ったことのない変な子です。とてもクレバーで、自由で。ああ日本にもこういう豊かな娘が生まれつつあるんだということを感じる子です。

そのかおりちゃんが、ある日、ベラという二〇歳のオーストラリアの女の子を連れてきました。

ここには二日間しかいられなかったんですが、もちろん店の手伝いをさせたり、いろんな野良仕事をやってもらいました。彼女はこの後、京都と奈良に行く予定になっていたので、じゃあ、今度はメルボルンで会おうねといって別れたのです。

ところが、それから二日して、突然、ベラから電話がかかってきたんです。今からバスで八ヶ岳に行きますって。びっくりしました。日本へ初めて来た娘さんが、しかも日本語もあまり上手じゃない子が、東京から二時間半もかかる八ヶ岳までバスで来るというのです。

それで、とにかく停留所まで迎えに行ったんです。そうしたら泣きじゃくりながらベラが抱き付いてきたのです。僕は心配になって、どうしたのか聞きました。するとベラは「恋しかった、八ヶ岳倶楽部が恋しかったの」って言うんです。僕らがめったに使うことのない、恋しいという言葉を、青い目の娘さんが涙いっぱいためて言うんです。

これには僕も目がうるみました。それからしばらくの間、倶楽部のスタッフとして働いて、帰っていきました。いつか必ずメルボルンで会う約束をして。

ところで、今までに何十回となく聞かれたことがあります。八ヶ岳倶楽部で働く若者たち、コーヒーを入れたり野良仕事をしたり、花を植えたり。そんな彼らを見て僕の俳優の養成所のお弟子さんたちですかって。実に不思議でした。もちろんそんな子は一人だっていません。ふと考えてみたら、きっと、彼らが一つのステージの上で、生き生きと楽しく働いているからなのでしょうね。一人一人が個性的ですから、もしかして俳優さんの卵かしらとか、そういう風に思われたのかもしれません。初めは違いますよって凄く声高に答えていた僕ですが、何か最近ではとても嬉しくなりました。だって彼らがそのくらい魅力的に見えている訳なのですから。

若者たちが日一日と変化していくように、そのステージである八ヶ岳倶楽部においでになるお客さん同士の繫(つな)がりも、どんどん深く、広く、変化しています。

ここには、どこかで知ってわざわざいらっしゃる方もいれば、観光の途中で偶然にもフラリとやって来た方もいます。

そんな種々雑多な人たちが、何度かここに来るうち

守屋玲子　中村勝美　清洲裕雄　小沢芳

次男の宗助　中村郁子　中村敦志　小林陽介

●八ヶ岳倶楽部で働く若者たちが、僕と八ヶ岳にメッセージをくれました

①小林陽介(27)
フリーターの自分にとって、肉親以外に唯一社会的存在価値を認めてくれる所がココです。

柳生さんにはピュアであることがとても強く、正々堂々としていることを教えてもらいました。

②中村敦志(20)
芸能人というより、僕にとっては幼なじみの友人のちょっとキザなおやじさん。お酒に酔うと、いつも気分がよさそう。

③中村郁子(23)
柳生さんは怖い人。怒られるのが怖いんじゃなくて、嫌われたらイヤだから怖い。
八ヶ岳はとても時間がゆったりと流れる所です。

④小沢芳(24)
大学を卒業してからというもの、語学の勉強をしながら東京と八ヶ岳と半々。南アルプスの夕暮れをぼんやり見ていると切ない気持ちにもなります。

⑤清洲裕雄(33)
柳生さんはとても頑固な思想を持った人。
八ヶ岳倶楽部と、森と、家族、赤の他人の我々も育てようとする欲張りな人でもある。

⑥中村勝美(20)
嫌なことがあったり、つらい事があると必ず来たくなる。
裏の林を見てると、なんか心が落ちついてきます。

⑦守屋玲子(18)
私の住んでいる韮崎からたった45分。でも毎日家から見ていた八ヶ岳とは別。とてもでっかくて、ゆったりしてホントに不思議な思いがします。

に、当然ながらスタッフやほかのお客さんと顔馴染みになっていくわけです。そうすると、お互いがおずおずと恥ずかしそうに名刺を出して、私、実はこういう仕事をしてるんですとか、こういうことをしてるんですと、お客さん同士のコミュニケーションが自然発生していくんですね。

そして、ちょうど五年目に入った今、このパブリックスペースの中で思わぬことが起こってきています。

例えば、科学者の方、芸術家の方、マスコミの方、そして、農業をやっていらっしゃる方、林業をやっていらっしゃる方たちが、僕が号令をかける訳でも、僕が座長をやる訳でもないのに、サロンのような、ロビーのようなこの場所で不思議な出会いをして、友情が芽生え、仕事も生まれています。

これは、非常に面白いですよ。

最初は僕が造った林であり、僕が造った建物なんだけど、今はもう勝手に林がそこに存在していて、勝手に倶楽部が生き物のごとく息づいている。それぐらいお客さん同士が、とっても美しい形、いい風景でいるんですね。

そんな状況の中で、僕が、かみさんやここへ来るお客さんに褒められるのは、ここでの僕の居住まいなんです。

お客さんたちがみんなそれぞれ、お茶を飲んだり、花を愛でたり、彫刻家と話をしたりしていると、はるか遠くの雑木林の中に僕が長靴履いて、手には剪定バサミとノコギリを持って林の中をうろうろしている。それが、みんなにとっては一つ、ほっとするような感じなのかもしれません。それが、ここでの僕の存在なわけです。

まあ、お客さん同士で、ないしはスタッフとお客さんが話をしている時に、僕が入っていくとその輪を乱すようなそういう感じもあって、やや寂しい思いをしないでもないんですが、でもそれって、最高に幸せなのです。

八ヶ岳倶楽部　森と暮らす、森に学ぶ

BREAK 4

お相撲

僕が唯一我がままになるのは、相撲放送の時です。この時ばかりは、どんなに楽しい野良作業をしていても、どんな大事な仕事をしていても、「すいません」って言って、相撲放送を見ちゃう。それぐらい好きなんです。

これは先祖代々の血筋とでもいいましょうか。実はうちのご先祖の何人かは相撲で身上を潰しているんです。

もっと凄いのはもう百年以上前ですが、本当に力士になっちゃった人もいたんです。当然ながら、僕も物心ついた時には祖父に連れられて、国技館にいましたけどね。

お相撲さんといえば手形。これは息子たちと小川に橋をかけた時のイタズラ

でも僕はひいきの力士っていないんです。あの何ものにも属さないお相撲さんの存在が好きなんですね。

僕の息子ぐらいの年なのに、なぜか会うと僕より年上に見えてしまう。

非常に老成してるんです。それでいて、非常にうぶで。

だから話していても、僕の魂にダイレクトに響いてくる。あんなに凄い体をしていながら、実に繊細な神経とガラスのような心臓。彼らって、スポーツ選手とは全く違う、祈りを捧げる神官のように思います。

そういえば、もうずいぶん前、今の二子山親方が現役だった頃、北の湖を破って優勝した大勝負があったんです。

その時、僕は車を走らせていたんですが、貴ノ花優勝って聞いた瞬間、なぜか涙が出てきて止まらなくて、とてもじゃないけど運転できなくて。

おかげで、大渋滞を起こしちゃったんです。あの時、僕の後ろを走っていた車の方々、本当にごめんなさい。

第五章　森の教養学

子どもたちには伝えたいことがたくさんある

〈ハナイカダ〉
なんとも不思議な植物だ。葉っぱの中に花が咲き、実がなる。最初は虫の卵かと思ってしまった

〈ヤマアジサイ〉
これの群落は素晴らしく、美しい。アジサイの中でも特に品性豊かな淑女です

〈キイチゴ〉
僕の行動範囲のいたる所に植えて楽しんでいる。ふと摘んで食べるのが楽しみなのだ

〈フシグロセンノウ〉
このオレンジ色は日本の美学。野草園には似合わない。むさくるしい真夏の濃緑の中に、凜(りん)と咲くのがふさわしい

〈ヤマボウシ〉
紅葉のアメ色が鮮やか。実は真っ赤で色っぽい。その前に咲く花はとても地味なのにね

〈ニゲラ〉
鉢植えのスターになれる西洋美人。
背が高くて、スマートで

〈ホタルブクロ〉
子どもたちが最初に名前を覚える野草がこれ。いくつでもお伽話が語られそうな存在だ

〈グミ〉
野良仕事の時、つい手を伸ばす。
いつも懐かしい味がする

まず、草木の名前を知る

森や自然と親しむには、どうしたらいいか。

僕はきれいだな、素敵だなと思えば、それでいいと思っています。けれどももっと素敵なことを見つけようと思ったら、誰かから教わったり、自分で学んだりして、もっといろいろなことを知っていくこと。そうすると、もっともっと楽しくなります。あの木きれいだなと思ったら、何という木なのかを聞く、調べる。そうして、少しずつ木や草の名前が分かってくると、知らずに何気なく見ていた風景が、ぐんと身近に感じられるのです。そして、親しみが湧いてくる。それは楽しいことです。

そうすると、もっともっと知りたくなる。もっともっと学びたくなる。そして、どんどん楽しくなっていくんです。

例えば、ヘビイチゴ。名前だけ聞くとなんだかとんでもない毒がありそうに思えますが、これをひとたび焼酎に漬けると、あっという間に万能薬に変身してしまうのです。

まだ僕らがここへ来た当初、息子が歯痛で悩まされた時、地元の方から頂いた焼酎漬けにしたヘビイチゴを、痛む歯に噛(か)ませたんです。それで、しばらくたつと、嘘みたいにスーッと痛みが治まっちゃった。

こんなこともありました。息子の唇の端が荒れて爛(ただ)れてきたんです。そうしたら近所のおばあちゃんが、クルミの木の枝を折って、焚(た)き火にくべたんです。これは折りたての生木でなくてはいけません。焚き火の端の方にそっとおいて火が回るのを待つこと数分。するとそこからジュウジュウ、汁が出てくる。その汁を〝治れ、治れ〟って、おまじないしながら唇に塗ったら、本当に次の日には治ってた。

そういう話は、数えあげたらキリがないですけど、やっぱり近くにお医者さんがいない山村では、皆、いざという時のために、いろいろな知恵を持っていたんですね。

お腹をこわした時はこの木、薪にするにはこの木、お祭りごとの時に使うのはこの木というように、植物一本一本が、人間の生活に近かったんですね。僕はこういうことが、「教養」だと思うのです。

親から子へ、子から孫へ

僕に学ぶことの楽しさを教えてくれたのは、おじいちゃんでした。

まだ小さい頃から、木の名前や性質、扱い方、植え方、手入れの仕方なんかを、ずいぶん教えてもらいました。それで素地はできました。でも、そのうちにおじいちゃんから教わるだけではもうひとつ物足らなくなってくるのです。それで、本を読む。実は僕、活字人間で、本を読むことが大好きなんです。で、本を読み続けて疲れてくると、今度は植物図鑑をながめる。そうやって名前を覚えていくことから自然との接点は始まります。

今、僕は子どもたちに、植物の名前を一つずつ教えています。おじいちゃんから教わったように。子どもたちっていうのは、僕の家の近くに住んでいる友人たちの子どもたちとか、八ヶ岳倶楽部に遊びに来た子どもたちなんですけど、ほとんど、幼稚園に入るか入らないかぐらいの年齢から小学校低学年くらいの子たち。この頃の子どもの頭っていうのは、本当に素晴らしい。どんどん覚えちゃいます。で、どんどん聞いてきます。時々、僕にも分からない花があると——僕は子どもと一緒に林へ入る時、いつも図鑑を持参していくのですが——その場で子どもたちと一緒に図鑑を引いて調べるんです。嘘は教えられません。そうすると喜ぶんですよ、子どもたち。そんなふうにして、名前や性質なんかを教えてあげるんです。

子どもたちには、どんなに面倒くさい時でも、きちんと向き合ってあげなければいけません。特に物を教えてあげる時には、必ずです。もの知りの大人のふりより、真剣な態度に子どもたちは尊敬のまなざしを向けてくれます。

僕が中学二年の時、初めてここに降り立った時、村の人々がそうしてくれたように。

さて、カマツカという木は、パチッとした小さな花を咲かせたあと、実を結んで真っ赤に熟します。そして見事なオレンジ色に紅葉するという美しい木です。では、なぜカマツカという名前かというと、草刈りの鎌やハンマーの柄(つか)、柄(え)の部分にこの木を使っていたからなんですね。カマツカの木は非常に硬いんですが、とてもしなり具合がいいんです。植物の名前には学術的なそれの他に、実に楽しいネーミングがいろいろあります。このカマツカの場合もこの地方だけで二通りの俗名があります。

それが、〝牛殺し〟と〝嫁殺し〟っていう、恐ろしい名前なんです。なぜ、牛殺しかというと、カマツカの木でひっぱたいて、牛を殺すわけではなくて、この木の細い枝で牛の鼻輪を作ったから。もう一つの嫁殺し。この名前は、信州の佐久市あたりを中心に呼ばれているようですが、信州というのは山国です。だから、飢饉なんかがけっこうあった。で、お腹を空かせた大食らいの嫁が、真っ赤に熟したおいしそうな実を見て、食べる。するとお腹をくだして死ぬと。ちょっと悲惨なものがありますが、けれどそういう時代があったということを、植物を通して感じとれたりするわけです。それだけ、植物が人間に近かったんですね。

こんなふうに、植物のことを勉強すればするほど、いろいろなことが分かってくる。と同時に、分からないことがもっともっと出てくる。どこまでも深いんです。だから、僕は少しずつ、少しずつ学んでいく。そして、死ぬ間際になった時には、より一生懸命学びたい。そんな人生を送りたいと思います。

僕にいろんなことを教えてくれたおじいちゃんは、最後まで僕に教え、そして僕からも学びながら、天寿をまっとうしました。僕の父も、亡くなる寸前まで、農学部に通ってた僕の長男の真吾から、大学で学んできたことを一生懸命聞いていました。

もうあと何日、という体の状態になっていながら、

「どんなこと勉強してきた」「先生どんなこと教えてくれた」って聞くんだな。

そこには僕の入る余地はなかった。可愛い孫との会話を楽しむというより、それは、父の生き様そのものだった気がしてなりません。

そして、僕もいよいよおじいちゃんです。真吾に子どもが生まれます。

僕は、おじいちゃんが、父が教えてきたように、僕の孫に教えようと思います。それは、生き物たちがどんなに素敵なのかってこと。だから、ますます、一生懸命勉強します。

そして僕の孫や友人たちの孫にも教えて。それも「おじいちゃん、それ去年聞いたよ。おじいちゃん三年前にも聞いたよ。おじいちゃん五年前にも聞いたよ。おじいちゃん一〇年前にも聞いたよ」っていうくらい、しつこく、しつこく教えたい。それで、二〇年くらいたって、僕が知らない植物のことを孫が学んでいたら、僕が孫から教えてもらって。そうやってこれからの人生を送っていきたいのです。

高齢化社会の問題が叫ばれていますけれど、僕も含めてこれからはおじいちゃん、おばあちゃんの時代だと思います。

やっぱり父親というものは、なかなか経済という座標軸から離れられません。切ないもんだ。父親という存在は。

その座標軸からちょっと外れた、おじいちゃん、おばあちゃんの出番なのですね。

自然のルールを知る、守る

さて、自然と接するのに必要な「教養」には、そんな知識を得るということの他にルールを知り、守るということがあります。

例えば、山菜。山菜というのはもともと、田植えなどの農作業が始まる前に、さあ精をつけようということで食べられていたもので、そこにはある種、儀式のような要素があったんです。だから、最近のグルメ感覚とは違って、野山から精をいただくということだったわけです。今、アウトドアライフがブームになっていて、山菜の人気も高まっています。それは大変いいことだと思うのですが、採り方のルールを知らない。全部根こそぎ採っちゃうんです。そんなことをしたら、もう生えてきません。そうやって、次々に壊滅状態にしてしまう。

僕のうちの庭にあるタラの芽も、去年、一昨年、ほとんど壊滅状態になってしまいました。どうしてかというと、グルメ雑誌に〝タラの芽は、人に採られる前に採ってこい〟という記事が載ったらしく、それを読んだ人がわざわざ鎌をもってきて、まだ一センチにも満たないほどの芽を、茎の部分からみんな切っちゃったのです。それも、僕の目の前でです。

「何してるんだ君たちは」。

「何か悪いことしてますか」。

「悪いことって、これタラの芽だよ」。

「ええ知っていますよ。だから、これ持って帰ってバケツに入れておくと、一週間ぐらいで食えるんです」。

「そう、食えるけど、この木はどうなるんだよ」。

「どうなるんですか？」。

さすがにこの時は、ちょっと叱ったのですが、なぜ叱られているのかが分からない。当人としては、雑誌の記事に従ってやっただけのことですから。

でも、そうやって出たばかりの小さな芽を茎から切られたら、タラの木は枯れます。タラの木は中が空洞で、鎌で切られたらもう絶命です。

タラの芽を採るのは大きくなってからで、それまで待つのがルールなんです。大きくなって、本当にいい味が出てくる。大きくなった芽には棘（とげ）が出てきて、摘むのにも大変。それを、上手にポキリと指で折って天ぷらにする。そうすると、あら不思議。あの棘がなんともいえない歯ざわりとなり、それはそれは美味なのです。堅い蕾（つぼみ）のうちは苦みが強すぎるのです。それがおいしいという人もいますが、それは自然のルールを無視した人間本位の嗜好です。

ほんの数年、使わないだけで植物に覆われた井戸。
かくも日本の植性は素晴らしい

今、山菜採りというのは、一つのゲームになってきています。それは本当に恐ろしいことであり、なんとも教養のない自然との付き合い方だと思います。

「山菜を採るな」なんてことは、僕は言いません。けれども、今日食べる分だけにしてほしい。隣近所、親戚中に配るような採り方だけはしないでほしいのです。

僕はいろいろなことを、いろいろな物の立場で考えられることこそ、「教養」だと思います。それは、人であり、動物や植物であり、海や川であり、土であり、そういう物の身になって考えられるように勉強しなくちゃいけないなと思うのです。

例えばこの八ヶ岳では、土はとても貴重なものです。それは、野良作業や山で作業をしているとよく分かります。それはなぜか。僕が生まれ育った関東平野というのは、掘っても掘っても土です。ところが、ここの山は、深くて一メートル、浅い所では五〇センチくらいしか土がないんです。その下は岩盤や粘土質の岩です。土というのは、噴火して出てきた溶岩が土になったわけではなくて、落ち葉やいろいろな生き物たちが命をまっとうして土になっていくのです。つまり、土は生き物なんです。

そういうことを知れば、土の身になって考えることだってできる。それが「教養」だと思うんです、僕は。これはきっと大学へ行って地質学を学んだだけでは身につかないでしょう。

自分で土を掘って木を植えて初めて、その知識が「教養」となります。

ここで、日本の「植性」についてのお話をしたいと思います。

日本はおそらく地球上にある文明エリアで、最も恵まれた「植性」を持った地域に違いありません。

日本の国土の七〇パーセントは森だといいます。

例えば、アメリカのロサンゼルス。おそらく行かれた方も多いと思いますが、ロサンゼルスは砂漠なんですね。砂漠の上に都市が作られたわけです。ですから、街路樹一本一本に、スプリンクラーが付けられているのです。あそこの風土には、水を蓄えておくという樹木にとって最も重要な能力が哀しいかな、ありません。日本では考えられないことですが。

世界の中でも、豊かな美しい森がある国として知られているカナダ。メイプルリーフが紅葉の時期のカナダの森は、見事な美しさを見せてくれます。けれどもそのカナダでさえ、紅葉している木というのは五〜六種類にすぎないのです。

これが日本なら、僕の林の中でも何十色とあります。同じように、新緑の色も何十色とあるのです。それが、その時期、日によって色が微妙に変わっていくわけです。僕は何とも複雑な、何とも繊細な日本の植物たちって、とてもセクシーだと思います。

では、ヨーロッパはどうでしょう。森の都と呼ばれるドイツには、黒い森と呼ばれるシュバルツバルトがあります。

森はかつて、ドイツ全体を覆っていました。ヨーロッパ全てがそうでした。そして、その深くて暗い森は、魔女や不気味な物が住んでいるという、ヨーロッパ独特の伝説を数多く生んでいきました。そのため、ある時人間たちは、その深い森をどんどん征伐していったのです。ドイツの深い森もどんどん切られていきました。そして、ふと気づいた時には、ドイツの国土のわずか一五パーセントしか残っていなかったのです。

それで、これは大変だということになって、今度は、人間が木を植え始めたのです。けれど、人間が植える木というのは、やはり多種多様ではなくて、結局、役に立つ木、つまり針葉樹になってしまう。それで、黒い森と呼ばれるようになったわけです。

今、ドイツの森は、やっと全国土の三〇パーセントにまでなりましたが、僕は、この森、あまり美しいとは思わないんです。

確かに森の中は素晴らしくデザインされています。とてもいい場所に駐車場がありますし、次の駐車場までの道は、本当に森と親しくなれるように造られてい

〈シロバナキキョウ〉
透明感があって気品のある華奢なイメージなのに、実はとても丈夫

〈コアジサイ〉
ああ、いとしのコアジサイ。銀色の花もいいが、木々の間にスポットライトを浴びたように見える、黄色くなった葉っぱもたまらない

る。例えば、僕が行ったのは、ちょうどキイチゴの季節だったのですが、道に沿ってキイチゴがいっぱい生えているわけです。それで、森の中を散策する人たちは歩きながら、いい空気を吸いながら、たまにキイチゴをつまみながら楽しんでいるのです。道そのものが、素敵に演出されているのです。

　けれども、いまいち恐れを感じさせてくれない。なぜか奥行きが、深みが感じられないのです。魑魅魍魎（ちみもうりょう）というか、得体の知れないパワーが蠢（うごめ）いているような感じってのはありません。それはどうしてかというと、この森は完全に人間を主人公にして作られているからです。決して、人間と森と関わり合いながら造ってきたものではないからなのです。

　ここで挙げた例は、北半球のいわゆる文明国の森ばかりですが、その中でも日本というのは、氷河期に氷に覆われなかったということもあってとても豊かな、特殊な植性を持っています。それは、新緑や紅葉の色の数を見ても分かるように、本当に複雑多岐にわたっているのです。コンクリートとビルだらけの東京であっても、路肩のわずかな隙間から雑草が芽吹いているのを見たことがありませんか。もし人間が誰もいなくなって、何もしないでいたら、きっと五年ぐらいで様々な草がコンクリートを覆い、一〇〇年もたったら森になってしまうでしょう。それほどの力強さを持っています。四季に恵まれたこの気候が豊かな国土を造り、植物たちにとって居心地の良い世界を提供しているのでしょう。

　だから、学んでも学んでも、完全にマスターするなんてことはあり得ないんです。それほど深いものなのです、日本の植物は。

虫の習性を知る

僕ら家族が八ヶ岳へ来た時、僕はかみさんにたった一つだけお願いをしました。

　それは、子どもの前でヘビやケムシやミミズを見ても、絶対に「キャー」と言わないでくれということでした。

うちのかみさんは、三代続いた江戸っ子で、本当の都会っ子です。だから当然のごとく、ヘビやケムシやミミズなんかが大嫌いなわけです。それで、若い娘の時は、いちいちキャーって大騒ぎをしていたのです。でも、子どもを連れて山へ来たわけですから、それだけはやめてほしいと。なぜなら、子どもたちに偏った先入観を与えてしまうからです。例えば、ケムシがいたとします。それを見て、お母さんが反射的に「キャー」と言ったとします。すると、ケムシがどういう虫なのか全く知らない子どもには、お母さんが嫌がるものとして残ってしまう。そしてこの子もお母さんと同じように、やがてケムシを見るたびに「キャー」と言うようになってしまうのです。僕は、これはよくないと思うんです。もちろん誰にでも好き嫌いはあります。けれども、先入観だけで、好き嫌いが決まってしまうのは、子どもたちにとってかわいそうなことです。親は親、子は子なのですから。

それで、うちのかみさんは、泣く泣く我慢してくれました。辛かったでしょうけど。でもそのおかげで、うちの子どもたちは、ヘビもケムシもミミズもクモも大好きです。

その代わり、危険か危険じゃないか、どうやったら危険か、ということはきっちり教えなければいけません。

例えば、うちの周りにはハチがいっぱいいます。その中で特に危険なのは、スズメバチとクマバチです。これは下手をしたら小さい子どもなら、刺され所が悪かったら死に至ることもあるのですから。

彼らが出てくるのは、六月の末ぐらいです。でも、よっぽどハチに対して悪さをしなければ、刺してくることはありません。

危険なのは、夏から秋に向かう時期です。つまり、この時期は彼らが子育てをするのです。けれども、この時期でも、こっちが敵意を持ってその巣に何かやった時でなければ、ひどい目には遭いません。ただ、偶然、そういう所に出くわしちゃったら、それは大変です。

ですから、そうならないためにもよく観察しておくことが大切なのです。それは、彼らがどの辺を行動範囲にしているのか、どの辺に巣を作るのか、どういうことをしたら彼らは怒るのか、ということです。それを知るには、かなり危険な経験が必要となる訳ですが、彼らの習性や性格が分かってくると、それは楽しくなるのです。そうすると彼らのことも好きになります。何ともあの攻撃的なフォルムは勇壮で美しく、初夏には彼らの飛び回る姿をついつい目で追ってしまいます。

マムシもそうです。幸いなことに、僕らの住んでいるあたりや西沢の林にも、お年寄りたちに聞く限り、未だかつて見たことがないと言われるので、多分いないのでしょう。この周辺でいるのは、西沢の少し上流の東沢です。

マムシもスズメバチと一緒で、マムシの方から人間に向かってくることはまずありません。ですから、この辺はマムシがいるということが分かっていたら、そこを通る時は長靴を履いていけばいいのです。それでもしマムシに出合ったら、遠巻きにして通ればいいわけです。

もっとも、この貴重なマムシを秋(山)さんなんかは、そこらにある二又の枝を折ってそっと首根っこを押さえて生け捕りにしてしまいます。それを水の入った一升瓶の中に泳がせること一〇日間。脱糞させて、餓死状態にして身を清めてから焼酎に入れてマムシ酒の出来上がり。傷にも虫刺されにも、おまけに風邪にも効く万能薬となってしまいます。我が家にも一〇年来使用しているマムシ酒がありますが、不思議なことにその原型はそのまま、腐ることもなく見事にトグロを巻いています。これは捕まえる時に全く傷をつけていない名人技のおかげ。猛毒のマムシがなぜ薬になっちゃうのかはよく分かりませんが、毒をもって毒を制すっていうことなのでしょうか。

山には一番小さくて、頑固なやつがいます。

それは、ブヨです。山に来ると、必ず刺されます。刺された時はちょっと痒(かゆ)いなと思う程度です。それがしばらくすると、見る見るうちに腫(は)れてくるのです。それもかわいそうなほど腫れます。美しい女性のカモシカの足も、いっぺんにゾウの足になってしまいます。

最初は、誰でもブヨの洗礼を受けるのです。むしろ、それがどうしても我慢できない人は、山へは来ない方がいいかもしれません。けれども、山の中で、自然の中で生活しているうちに、免疫ができてくるんです。そうすれば大丈夫です。

免疫ができる、つまり抗体ができるというのは生き物として、とても強くなっていく証で、それは人間もきっと本来、虫刺されぐらいどうってことないくらいのものは持っていたに違いありません。人間は、知恵という無限の能力を伸ばして進歩してきた代わりに、本来進化していくはずの未知のパワーを封じ込めてしまったのかもしれません。

だから、核爆弾なんかの兵器ではなくて、もしかしたら抗体がなくなって、免疫がなくなって人間は滅んでいくのかもしれないとこの頃、僕は思っているのです。

僕の友人の中に、ウルシの木を見ただけでかぶれてしまう人がいます。

これも仕方ないです、そういう体質なのですから。実は、僕も最初かぶれました。でも今はかぶれません。これも免疫のおかげです。でも、ウルシって実にきれいです。ここでいうと、一〇月の初旬、まだほかの木々が青々としている時に、突然、林の中にオレンジ色の火を灯してくれるのがウルシなのです。

オレンジ色の花といえば、僕はフシグロセンノウという花が大好きでして。鮮やかなオレンジ色というのは、まさに日本の色だと思います。例えば、歌舞伎の幕。鮮やかなフシグロセンノウの色からきていると僕は確信して疑わないのです。

ちょっと横道にそれてしまいましたけど、ウルシです。ウルシの木は、林縁に生えてきます。つまり、林を切り開いて道を造ったとすると、その道と林のはざまに生えてくる木なのです。だから道からすぐ見える訳です。

中でもキツタウルシは松の木なんかにグルグルに絡

んでいて、松の幹が実に美しくオレンジ色に染まる。やがてツリバナが紅葉し、コマユミのサーモンピンク色がふわぁっと出てきて、秋の序章が始まるのです。

車で走っていたり散歩していて、最初に僕が秋を見つけるのが、このウルシなのです。僕はこのウルシの木も大好きです。だから、かぶれてしまう人には悪いけど、どうか憎まないでほしいのです。避けて通るのは大いにけっこう。でも、あの木、大嫌いとは思わないでください。

さて、山でのもう一つの嫌われ者がミミズです。人間、特に女性にとって生理的に好きになれない姿であることは確かでしょう。でも、植物たちと関わってくると、ミミズも可愛いと思えるようになるのです。いや、これは無理強いはしませんが。

僕はここで林を造って、まだ一八年しかたちませんが、最近とてもいい状態になってきたのです。実はこのあたりは昔洪水があって、その時一度すべて流されて、土砂に埋まった所なんです。だからここに来た当初は、非常に貧しい地面でした。その証拠にここはハンノキがとても多いのです。ハンノキというのは、根っこにある菌を出す場所があって、その菌が土を作っていく。だから貧しい土地にはまず、ハンノキが生えるわけです。

土が豊かにならなければ、虫も来ません。ミミズも来てくれませんでした。僕は、豊かになれ、いい土になれって応援しながら、いろんなことをやってきたのです。でも、わずか一八年でまだまだとも思っていました。

ところが、つい最近、木を植えようとスコップを使ったらミミズがいたんです。まさか、こんな早くと思いました。でもいたんです。土を掘ったら、そこからミミズが出るわ出るわ。自然の回復力は、僕たちが思ってるより実はずっと強くて、その証言者のミミズたちが可愛くてしょうがないのです。

美しいチョウチョのお話

日本の国蝶が、オオムラサキというチョウチョだということ、ご存じですか。

それはそれは美しいチョウチョです。実はこのオオムラサキの里が、この大泉村よりもう少し麓の隣町の長坂町です。

この長坂町で、僕は毎年、夏休みの初め、町の人たちや地元の小学生たちとともに、どうしようもなく荒れて、壊滅的な状態になってしまったマツ林に入って、役に立たないマツを切って、そこへエノキを植えています。もちろん、その時は、大人たちが子どもたちに木の植え方やいろいろなことを教える場でもあるわけです。

それで、なぜエノキを植えるかというと、オオムラサキは、エノキにしか卵を産まないからなのです。で、エノキを植えながら、子どもたちに言うんです。今はまだ分からないかもしれないけど、君たちが大人になったら、恋をするんだ。すると、どうしても二人きりになりたい。その時にここへ来て、好きな人にこの木は私が植えた木なの、俺が植えた木なんだって。ほら見て、チョウチョの卵がいっぱい付いてるでしょ、これはオオムラサキっていうのよって語ってごらん、きっと恋の勝利者になるぞ、君たちは。君たちのデートスポットを作ろうってね。そうすると、子どもたちの目が、ほんとにキラキラするんです。

訳は、よく分かっていないかもしれない。でも、その頃には多分エノキは直径が五、六センチになっている。もしかしたら一五センチぐらいになっているかもしれません。あそこはとても土がいいから。

そのエノキにオオムラサキが卵を産んで、クヌギやナラの樹液を吸って育っていく。

そんなことを一瞬に夢想して、子どもたちは初めておぼろげなる未来に興奮する経験をするのです。

では、なぜオオムラサキはエノキにしか卵を産まないのか。それは、チョウチョに聞いてください。僕にも、学者さんにもそれは分からないことなのです。つまり、学問をはるかに超えた凄い世界なのです。オオムラサキはエノキにしか卵を産まないんだということを知ることが、物凄い教養だということです。なぜかということは僕も、学者も知らない。それはこれからどんなに学問をしても、きっと誰も知ることができないでしょう。

だから、生き物なのです。僕はそう教えたい。その時、初めて子どもたちは襟を正すと思うんです。生き物って凄いんだという畏（おそ）れ、そして自分に対する畏れ。自分も生き物なんだという。なんでも、そんなに簡単に分かってしまっては面白くない。オオムラサキがエノキにしか卵を産まないという、ほんとうのことは絶対分からないと思う。分かってたまるかって、僕は同じ生き物として言いたい。

いろいろなものがあるのです。そしていろいろなものが関係し合って、絡まりあって、もっと複雑な、もっと訳の分からない、だけど素敵でもあり、畏れも感じる――そういうふうにして、人間も生きていきたい、と思います。

森は本当にたくさんのことを教えてくれる。僕自身、果てしなく勉強を続けて行きたい

〈シモツケソウ〉
僕が林の中に庭を造る時の名脇役が彼女。石の目地にとっても似合うんだな

〈オオバノギボシ〉
年齢とともに大株になる。実は葉の存在感が凄いのだ

〈サギソウ〉
性格をよく知ってやらないとすぐヘソを曲げるわがまま娘

〈オカトラノオ〉
野草園に植えると物凄く増える

〈アスチルベ〉
野草園を造った時、この花が混じると、とても調和がよくなる

〈ハタザオキキョウ〉
自然にあっても、庭に植えても、生け花にしても、この紫は美しい

〈キョウカノコ〉
シモツケソウと間違えそうなピンクの宝石。草の間に咲いている

BREAK 5 酒

好きなんですね、お酒が。飲まない日はないって言い切れるくらい。

それで最近ふと感じたんですけど、なぜか東京で飲むお酒は水割りで、山ではワインと日本酒なんです。

これはやはり空気感なのかな。例えば、空調がギンギンに効いた所や仕事の話が縦横に乱れ飛ぶ中で、ワインや日本酒を飲みたいとは思わないんです。だって、ワインも日本酒も物凄く生き物だから。

駆け出しの頃、色紙に〝酒なくてなんの己が芝居かな〟なんて書いていました

例えば、ワイン。僕はワインを作っている人をたくさん知っていますが、ブドウを摘み取って、それを醸造していくその過程、どれ一つとっても彼らはまさに生き物と付き合っている。僕はそこに祈りみたいなものを凄く感じるんです。

だから、クーラーがギンギンに効いた東京のビルの中で飲むのは、とても失礼です。

ところで、僕が今まで飲んだお酒で一番美味しかったのは、うちの長男が今のお嫁さんの家に結婚の許しを得に行った時に飲んだ酒です。家でじーっと返事の電話を待って、やっとOKだっていう連絡が入った時は、かみさんと次男と三人で、ドンペリを飲んで爆発しました。でもお酒を飲めない人は、こんな時どうするんだろう。そう思うと僕はお酒が好きだということに幸せを感じます。

だから、僕は人を一色にする劣悪な禁酒法が最も嫌いです。日本は懐の深い国だからそんなことは絶体にないけれど、もし間違えて禁酒法が出来たら、僕は命を賭けて闘うな。以上。

第六章　森での出来事

イースター島の巨石

一九七六年四月二九日、僕ら家族は、居をこの八ヶ岳の大泉村に構えるためにやって来ました。なけなしの貯金をはたいて、念願の土地を手に入れた時の嬉しさといったら、日本中のお父さんたちには皆うなずいて頂けると思います。

さっそくその日のうちにそこへ縄を張ってもらい、晴れて僕らの土地となったわけです。そうこうしているうちに、いつの間にか、すぐ近くで造成工事をやってた人たちが、何人か集まって来ました。その頃、僕もちょうど世の中へ出始めていましたから、僕の顔を知っていてくれた人がその中にも何人かいて、「あ、俳優の柳生博じゃないか」って声を掛けてくれたのです。それで、「ここ買いましたので宜しくお願いします」という感じで、ご挨拶をして。結局七〜八人くらい集まって来たと思います。その中の一人に、この辺りの森を管理している、笹本さんというおじいちゃんがいたのです。その笹本さんが、あんまりよく分からない田舎の言葉で、なにやらぶつぶつ言ってるんです。「とにかく、この石は立てなきゃいかん。この石はここで寝てちゃ可哀想だ」って。それで、どういうことですかと聞いてみたら、僕の買った土地のすぐそばに一級河川の甲川が流れているのですが、その河原でいつも山仕事をしたあと、ここで弁当を食べているらしいんです。その時、いつも笹本さんが座る、定位置のような石が、その問題の石という訳です。これが、見たところ一メートルたらずの、何の変哲もない石で、本当にこれですかと聞き返したくなるような石なのです。

けれども、笹本さん、しみじみとこれはいい顔してるんだって言いながら、石の周りを掘り出しました。そして、全容があらわになったその石を改めて見てみると、なんと三メートルはありそうな巨石、そしてなるほどいい顔をしてるんです。そう、まるでイースター島の巨石・モアイのようでした。笹本さんに興奮して話すと、なんだそれはとさっぱり感心してくれません。

さて、掘り出された石は、笹本さんの「どう、みんな

これがその巨石。ほんの18年たっただけでもう何百年も前からそこにあったようだ

でやるか」の提案で、引き起こすことになりました。とはいってもなにしろ巨石ですから、皆、工事現場からクレーン車は持ってくるわ、ユンボは持ってくるわの大騒動です。そんな中、僕ら家族はただ黙って、その成り行きを見守るのみでした。凄かったですよ。クレーン車で持ち上げるとそのお尻があがっちゃって、するとそのまた上をユンボで押さえて。お祭り騒ぎでした。

ハッと気づくと、ほんの数時間前に手にいれたばかりの、しかもまだ家も庭も何も造っていない僕らの土地に、僕が「じゃあ、ここへ立ててください」とも何ともお願いしていない場所に、なんとその巨石が堂々と立てられているではありませんか！　僕が一生懸命働いて買った土地なのに、勝手にやられてたまるか。でも勝手にやってる訳です。

しかも、お清めだとか言って、さっさと日本酒を買ってきてお酒をかけて、「これでいい、これでいい」などと言いながら、勝手に酒盛りを始めちゃったんです、僕の土地で。その挙句に「おまえさんも飲みなよ」って。そう言われて、ああどうもってお酒を貰う僕も僕なんですけど。

考えてみると、東京にいた時は、だいたい僕が号令をかけて、それで物事が始まって成り立っていったわけです。ところが、ここへ来たら、主である僕ら家族は置き去りにされて、勝手にやられちゃうんですね。こりゃあ、迷惑な話ですけど、僕はそれがとても嬉しかったのです。ああ、こうしてここでの暮らしが始まるんだな、という非常に印象深い出来事でした。

この記念すべき初イベント以来、この巨石は僕ら家族にとって、八ヶ岳との出合いと始まりの記念碑になっています。

餅つき大会

巨石が立ち、テラスができ、庭を造り、そして、巨石の一件で知り合った秋さんや、地元の宮大工さんたちと家を造り、完成したのがその年の秋口でした。そのお祝いに皆で流し素麺をやっている時、これから何かやろうやということで始まったのが、正月三日の餅つき大会でした。

もちろん、流し素麺も餅つき大会も、巨石の時と同様に、僕が言い出したことではありませんでした。いつものように、何かが完成したあとの酒盛りで、盛り上がりついでに、じゃあここでやろう、そうしようと勝手に進行していった我が家でのイベントなのです。

だから、というわけではありませんが、例えば餅つき大会をやろうと決まったら、もうその場で、俺が臼を持ってくる、じゃ俺は杵を持ってくるというように、その場で役割が分担されてしまうのです。ですから、僕が何をするということは本当になくて、ただ場所を提供しているという感じでした。

初めての餅つき大会は、僕の家族と秋さんと職人さんたち、合わせて一〇人ぐらいのこじんまりしたお祭りでした。そのうち、職人さんたちも家族を連れてきてくれるようになって二〇人、三〇人と年を追うごとに賑やかになっていきました。

こうして、地元での仲間もどんどん増えていったのです。その中の一人が、大工の棟梁の小沢さん。これがまたお盛んで、毎年子どもが生まれるんです。で、またこれが生まれたよって連れて来てくれて。それで一三年間もやっていると、最初の子はどれだっけなんて言うと、「はいはい」って声変わりした子が寄ってきたりしてとても楽しいのです。

そうやって家族がどんどん成長していく、そういう、何とも満ち満ちた幸せというのがある訳です。けれども、そうこうしているうちに、どんどん人が増えてきて、三〇〇人もの人たちが集まるようになってしまった。行政の長なんていう人たちも、ご挨拶に来るようになる。そうなると、皆が主役だったはずの餅つき大会から、そんな皆が隅の方に行ってしまって、いつの間にか僕が主役の餅つき大会に変わってしまうんです。もうそこには、底抜けの明るさはありません。そして、やめることを決意したのです。

その日、皆が帰った後、もともとの創立メンバーみたいな人たちが残って、焚き火を囲みながら飲みました。それが一四年間続いた餅つき大会のエンディングでした。あの頃はよかったよなって、泣きながら、僕も秋さんも小沢棟梁も飲みました。その中に、とても素敵なペンキ屋さんの浅利さんもいました。彼はホウトウ作りの達人で、毎年、粉を練って延ばすところから始めて、カボチャの入ったおいしいホウトウを楽しんで作ってくれていました。彼はまたすごい飲んべえでもありました。猛烈な愛すべき酔っぱらいで、それがもとで若くして亡くなりました。それは、この餅つき大会をやめた、次の年のことだったのです。思い出すと、今でもほんとに切なくなってしまいます。

初日の出

八ヶ岳で暮らすようになると、たくさんの〝行事〟が出来ます。東京で暮らしていると、お正月やお盆でさえも襟を正したイベントって少なくなっていますよね。年の始めの極めてプライベートな、そして一番大切なイベントが息子たちと三人の初日の出参りです。

初日の出は、僕の家からも木の間隠れに見ることはできるのですが、歩いてすぐの所に素晴らしいロケーションが広がっているのです。それは甲斐大泉駅のすぐ近く。ちょうど真後ろにあたる真北に八ヶ岳の主峰・赤岳が、南側から南西にかけては僕が大好きな甲斐駒ヶ岳がある南アルプス。運が良ければ、真西に北アルプスが見えたり、東南には富士山が見えます。

そして太陽が出る東には、〝座る団十郎〟と呼ばれる名山の金峰山がそびえているのです。この山々に囲まれた中で見る初日の出というのは、海で見るそれとは印象が違います。海の方は、生まれたての太陽なのですが、金峰山のすぐそばから出て来る太陽は成長しているんです。だから光が強くて、物凄い衝撃を受けるわけです。元旦のちょうど朝七時頃、マイナス一〇度の中で縮こまって待っています。光がふわぁーと山の向こうに湧き出てきたかと思ったら突然ピカーっと初日の出。僕たちはコートの前を開けて下着だけになって思いっきり呼吸をします。そして二礼、二拍手、一礼。その時祈る言葉は、毎年一緒、「家内安全、今年も宜しくお願いします」です。と、その頃家では、かみさんが家の中を暖めて、雑煮を作って僕らの帰りを待っているわけです。

そして、おとそ代わりのワインを飲みながら、皆一人ずつ立って今年の抱負を語っていく。すると、なぜか不思議なことにそれが実現するのです。これ、初日の出の光を浴びているおかげかもしれませんね。こうして、僕の家では新しい年が始まっていきます。

ビートルズのコンサート

うちの子どもたちが通っていたちいさな学習塾の主宰者で、子どもたちが大変尊敬している下田先生という人がいます。下田先生は、教育を血肉で考えている非常に初々しい男で、僕も子どもたち同様に彼の魅力に取りつかれています。そんな彼が、ちょうど、八ヶ岳倶楽部という人がいます。

うスペースを造って半年ぐらいたった頃でした。

僕は、それまで塾の先生としての下田先生しか知らなかったんですが、実は大変なアーチストだったんです。彼はあの頑固なイギリス人から、イギリスの宝でもあるビートルズの歌を歌うことを、あなたならいいよと認められている数少ない外国人の一人。

一度、東京で会って飲んだ時、彼が「ヘイ・ジュード」を歌ってくれたんですが、これがいいのですね、なんとも。で、話を聞いてみると、メンバーの中の滝沢さんという人がかなり精神的に参っている。でも素晴らしいコンサートを開いてやれば治るって言うのです。僕にはその意味がよく分からなかったんですが、子どもたちも大乗り気になっていたので、じゃあ勝手にやりなさいと。

そして一二月八日、ジョン・レノンの一〇回目の命日に、ちょっと早めのクリスマスコンサートが始まりました。

店の中は、口コミで集まったお客さんで超満員でした。そして、そのお客さんの数に負けないくらいアルバイトの子たちもいて、厨房の中にまでぎっしりなんです。そこにいる全員が歌と演奏に合わせて、手を叩いたり、足踏みしたり、口ずさんだりして、非常に響き合っている。

それは、一種の宗教的な儀式のようでした。そう、縄文時代よりもっと古いぐらいの。人が集まった時に、ある時、ある場所を経て、非常に呼応する瞬間ってありますよね。そういうものが響き合って、そこへ一つの妙(たえ)なる物が表出される。その時、偶然ビートルズというのが真ん中にいたわけです。

そして、エンディング。ラストはアコースティックギターでジョン・レノンの『イマジン』。もう最高潮に達して、プレイヤーも観客も泣きながら一体になってやっている、それは凄いです。で、僕が何度目かのアンコールを制して、やっと終わったんです。それから、皆で片付け始めたら、滝沢君が壁に向かって、壁に触れて拝んでいるんです。ふと見ると、下田君も、メンバーみんなも壁に向かって拝むというか祈っている。僕は声をか

最初は息子たちの友だちの為に準備にしていた薪割り用の薪。
今では、遊びに来る僕の友だちのレジャー用に用意している

けることもできず、何か見てはいけないものを見てしまったような気分でした。この風景も凄かったです。

後日、下田君と滝沢君に会う機会があったので、思いきって何をしていたのか聞いてみたんです。そうしたら、とにかく皆、特に精神的に参っていた滝沢君が、嬉しくて嬉しくて仕方なくて、演奏するにつれてどんどん力が湧いてきたっていうのです。それでみんなして、ありがとうっていう気持ちを込めて、壁に向かって祈っていたというわけなんですね。彼らは毎年コンサートをやってくれますが、終わった後は必ず壁に触れていきます。もう五回、その光景を見ていますが、やはりその祈りの時だけは、声をかけることはできません。

このコンサートも、餅つき大会のようにやれる所まではやってみようと思っています。

おかげさまで今では毎回、日本全国から応募の手紙を頂きます。でも、小さな八ヶ岳倶楽部にはがんばって六〇人のキャパシティーしかないのです。といっても大きなホールに何百人も集まって頂こうとは思いま

せん。十分に思いの伝わる、きよしこの夜にするために、この大きさはちょうどいいのです。

だから、メンバーとお客さんたちと僕らのために、潔さを大切にして続けていきたいと思います。で、ふと見るとその潔さが、擦り切れた紙ヤスリみたいになっちゃった時、このコンサートの終了のベルが鳴る時でしょう。

そうそう、彼らのバンド名は、メンバーそれぞれの頭文字をとったＴＡＳＴＹです。彼らは一流の腕を持っていますが、それぞれ仕事も持っています。ですからプロではありません。彼らはいわば、潔い偉大なるアマチュアなのです。

下の茶屋と上の茶屋

これは皆さん体験されていると思いますが、子どもも中学、高校生くらいになると、親と一緒にいたくなくなってくるものです。うちの息子たちもそうでした。

あれは長男の真吾が中学生の時のこと。僕が山へ来ない日を聞いてきたんです。それで、どうするのかと思ったら、僕のいない日に合わせて友だちを連れてくるようになったんです。で、僕が来ると皆、帰っちゃうと言う。これはショックでしたね。ショックでもあり、この野郎、俺のうちをなんだと思ってるんだという憤りでもあり。それで、ルールを作ったんです。分かった。何人泊まってもいい。その代わり、必ず労働をしなさい。そして来たときよりもきれいにして帰りなさい。この二つだけは守りなさいと。まあ、労働に関しては、薪割りや草刈りが中心なんですが。いきなりやりなさいと言っても、所詮、まだ中学生ですからうまく出来ないわけです。それで、労働をさせるための下準備といいますか、薪割りしやすい大きさに木をカットしたり、草刈り機の整備をしたりといった作業が僕にとって大きな負担になってしまったのですけれどね。

ところが、そのうち次男の宗助も友だちを連れて来るようになって、僕が泊まれないような状態になってしまった。子どもたちに占拠されちゃったんです。それでと、もう一軒造ったのが、現在の我が家です。

うちでは修学院離宮をまねて、現我が家のことを「上(かみ)の茶屋」、最初に造った、元我が家を「下(しも)の茶屋」と呼んでいるのですが、下の茶屋はこの時以来、完全に子どもたちの家になってしまったわけです。そんなある日、僕は親として非常に恥ずかしい思いをしたのです。

それは長男が大学へ入った頃のことでした。ふと下の茶屋の中を見たら、女の子と男の子が雑魚寝をしていたのです。僕は真っ青になって「ばかものー、出て来ーい」って怒鳴ったんです。で「おまえら何考えてんだ」って怒りました。そうしたら子どもたち、「おじさんは何を考えてるんですか。おじさんってスケベ」って。

これは、僕らの世代の人は皆そうだと思うんですが、若い男と女が暗がりにいるってことはとても淫靡(いんび)なこと、という感覚になってしまうんですね。今の若者たちは、ぼくらが青春期を送っていた時代とは違って、とても豊かな時代に生きています。男と女の関係やつき合い方を見ても、とてもきれいでスマートです。僕たちは貧しいです。

ですから、この時僕は、非常に恥ずかしかった。そんな目で子どもたちを見た自分が。それで、僕は皆の前で平謝りに謝りました。でもこの時は、信用を回復するまで大変でした。

いま、僕はほとんど下の茶屋へは行きません。上の茶屋から、ああ電気がついたとか、あっ寝たなとか感じるだけです。

でも、下の茶屋の明かりを見ている時って、僕とかみさんにとっては、まさにハッピネス・イズ、なんです。あの明かりの中に僕らが入って行っちゃいけないような素晴らしい、満ち満ちた若者たちの時というのを感じるのです。僕らが育ってきたのとはまた違う何かを。

ある時は、遊びに来た僕の若いゲストが泊まったり、近くに家を建てる友人が住み着いたり、下の茶屋の卒業生はいっぱいです。外国の友人も好んであの古材で造った家に泊まります。何か新しい物が、今育まれてるなという、そういうことを感じさせてくれる若者小屋なのです。

恋の始まりと終わり

ここには、本当にたくさんの若者たちがやって来ますが、なぜか皆、同じようなことを言います。

ここは、リトマス試験紙のような所なのだそうです。

つまり、ここに来ると、自分も、恋してる相手も、お互いにとてもよく見えるというのです。キャンパスでは響き合っていた恋心が、ここへ来て一日、二日経つと、あっという間に響かなくなる。その逆に、キャンパスでは響かなくても、ここへ来た途端どんどん共鳴して響き合っていったり。そういう場所なのです。

ですから現実に、たくさんの恋人たちがここで生まれて、成就して、結婚した子もたくさんいます。それは素敵なことなのですが、もっと素敵だと思ったのは、恋の終わりをここで決意したカップルがいたことなのです。

この八ヶ岳倶楽部のスタッフにフランス人形のように美しい女の子がいるんですが、ある日その子から突然電話がかかってきて、恋人を連れてアルバイトに行ってもいいですかって言うんです。もちろんOKしました。そして、二人でやって来たのですが、この恋人というのがまさにキャンパスのスターで、素晴らしい男なんです。仕事もできるし、礼儀も正しい。

僕もかみさんも、息子たちも、これ以上の似合いのカップルはいないねって、話していたんです。

それから一週間くらいして、また、その女の子から電話がかかって来て、やっぱり別れましたって言うんです。ずっとお付き合いをしてきて、何かいろいろあったのでしょう。それで、さあどうしようかという時に、二人で山で決断を下そうと。そういうことだったらしいのです。そして、そのステージが八ヶ岳倶楽部だったのです。

僕は、自分にも、そして相手にも、正直になって、決断を下した二人がとても素敵だと思いました。きっと彼らは、それぞれがまた素晴らしい恋をして、そしてまた八ヶ岳へ来て、やっぱりこの人と結婚しようって、素直に決断していくのでしょう。

ここは、恋をする二人の心が、本当に正直になれる、そんな場所なのです。

結婚披露宴

恋をすること。これは何も若者たちの専売特許ではありません。

僕はうちのテラスで、大人のカップルが若者のように初々しく、幸せになっていく姿を三回も見ているのですから。

最初に、このテラスで披露宴を催したのは、男性が相手の女性の父親より年上というカップルでした。二人の恋は、女性の両親をはじめ、二人の友人たちからも反対されていたものでした。

そんな状況の中、二人は大切に恋を育(はぐく)んできたのです。そして、ここでやっぱり結婚しようと決意しました。ここで決意したからには、放っておくことはできません。

そこで、僕は二人のご両親、親戚、友人たちを林の中に呼んで、どうぞ二人が決意した結婚を承認してくださいという思いを込めたパーティーを開いたのです。

当日は、前夜の大雨が嘘のように晴れ渡った素晴らしい日でした。なんとか来てくれることを約束してくれた女性のご両親は、予想通り冗談じゃないという様子でした。けれども、友人たちみんなに祝福されている二人の姿を見て、ようやく安心したのでしょう。かたくなだったお父さんがずいぶん酔って、大はしゃぎしながら帰っていかれたのです。それはそれは嬉しい風景でした。僕よりも一年だけ早く、東京からここ八ヶ岳に移り住んだカレー屋のM・AさんとIちゃんのお話です。

××××××

次の披露宴は、僕がテレビの仕事をやっている上で非常に尊敬している男で、当時四〇歳を少し回ったT・

「上の茶屋」のクルミの木の下でパーティーをやったカレー屋のM・AさんとIちゃん

八ヶ岳倶楽部のテラスで披露宴を開催。
このT・Y君のおかげでガラスの屋根をつけることになった

M君とNちゃん。

実は、僕も周りの人間も、そして彼の親さえも、きっと彼は結婚しないいんだろうなと思っていたのです。そういう雰囲気なんですね。

ところが、その彼が突然ここへやって来て、結婚することになったので、仲人をお願いしますって言うんですよ。もちろん、断りました。僕らよりもっとふさわしい仲人がいるはずだから。その代わり、ほかのことならなんでもやるからって。そして、ここで披露宴をやることになったのです。

やはり、若い時の結婚式と違って、四〇代ともなるとどうしても仕事関係の人たちをお呼びしなければなりませんから。それで、彼らはまず東京で、彼の恩師である東大の教授の仲人でごく普通の結婚披露宴をやり、その後、ここでもう一度、呼べなかった、でも呼びたかった友人たちとパーティーを開くことにしたのです。

そして当日。不思議なことにこの日も前夜大雨が降ったのですが、朝にはカラリと晴れて、やはり素晴らしい日になりました。そして、あんなに鳥たちが集まった日も初めてでした。

彼は、自然科学者で生き物や地球、宇宙を相手に仕事をしているわけですが、集まった友人たちも自然が大好きで、生き物に詳しい人たちばかりだったんです。だから、自然の中や、鳥たちとすぐに馴染んじゃうわけです。大きなクルミの木の枝には、ヤマガラやシジュウカラ、ゴジュウカラが集まって、いつもはリスみたいに地面をチョンチョンって飛び歩くアカハラが十何羽と草陰からこっちを見ているわけです。鳥たちも知ってるんですね、今ここにいるのがどんな人たちかって。雨に洗われた素晴らしい林の光の中で、鳥たちの声をBGMに、友人たちに囲まれた二人は幸せすぎるくらい、幸せそうでした。それは彼の両親にしても同じで、「この子がね」なんて言いながら泣いたりして。なんとも素敵な光景でした。

その彼も、今や二児の父親です。そして、四〇男の彼とはあまりにも不似合いな、ピチピチギャルだった奥さんも、今や立派な肝っ玉母さんです。

××××××

さて、三組目です。T・Y君がいつ頃から八ヶ岳倶楽部へ来始めたのかは、定かではありません。

彼はその時すでに四〇歳のバリバリのエリートサラリーマンでした。毎日、朝早くから夜中まで仕事をして、くたくたになっているはずなのに、少なくとも一週おきに、土・日曜日にやって来るんです。そしてやって来ては学生たちに混じってウエイターをやったり、薪を割ったり、草を刈ったりして、また東京へ帰っていくんです。彼が言うには、ここへ来ると疲れがとれて、元気になる。そして生きていく勇気が湧いてくるのだそうです。

実は、彼には恋人がいました。けれどお互いの事情で、なかなか結婚を決意できなかったようなんです。それで、ある日彼は、恋人のKちゃんを八ヶ岳に呼びました。彼らはこの山の中で、改めてお互いに顔を見合わせたんでしょう。そうやって何度か八ヶ岳で会うようになった二人は、お互いが抱えていた問題が、実はそんなに難しいことではないんだという気持ちに変わっていったのです。

二人は結婚を決意しました。そして、このテラスでパーティーを開くことになりました。ところが、ちょうど梅雨のシーズンに入る頃で、僕は雨が心配で気が気ではありませんでした。

梅雨時でなくても、山の中では天気が変わりやすく、どんなに晴れていても、突然、雨が降ってくることだってあります。前の二回はなんとか雨を免れましたが、今回はどうしても不安だったのです。

そこで、急遽テラスにガラスの屋根をつけることを考え付いたのです。これは大成功でした。当日はやはり雨が降ってしまいましたから。けれども、パーティーはそんな天気をものともしないほど素敵だったことは言うまでもありません。

彼らのおかげで、テラスには屋根ができたし。これでこれからは、天気を気にしないでパーティーができるのです。それは、今後どんどん楽しい出来事が増えていくってことなのだと、僕は確信しています。

成人のお祝い

我が家では、これまでに二つの大きなお祝いのパーティーを開きました。

一つは長男の成人のお祝い。もう一つは次男の成人のお祝いです。うちは、誕生パーティーはやらないのですが、この成人のお祝いだけは豪華にやります。

パーティーにお招きする人は、例えばかかりつけのお医者さんである渕野先生や、塾の下田先生というように、それぞれがこの二〇年間で本当にお世話になった先輩方なのです。

まず、主催者である二〇歳の息子が立ち上がって、おかげさまで20歳になりましたと感謝の意を述べます。この後、息子は結局、パーティーが終わるまで座ることができないのです。

そして、息子の挨拶の後、お招きした三〇人ほどの方々が、一人一人、息子にお祝いを言ってくださるのですが、このお祝いの言葉が素晴らしいのです。

皆さん、なぜか自分の青春時代のことを語り始めるんですね。俺の青春はこうだった、とっても貧しかったって。おまえはそんな貧しい青春を送ってくれるなと。そのうちみんな、なんだか泣き顔になってくるんです。泣きながら、笑いながら。そうすると、これが面白いのですが、二回とも、お招きした客同士で、喧々諤々（けんけんがくがく）の喧嘩みたいな議論になっていくんです。

俺はこうだった、いや俺はこうだった、こうあるべきだなんて言うのはおかしい、いや、それは変だよ、君——というように。こうなると、主役である息子はもう関係ありません。ところが、もしその時に息子が座ろうものなら「立ってろ、おまえは」って、もう全員から言われるんです。それで、はいって言って気をつけの姿勢で立っているわけです。

そして、パーティーの主役であったはずの息子は、酒の肴にされていく。彼らは、青春時代が実際は非常に無残なものであるということを語り、かくありたかったという夢を語り、だけど貧しい時は貧しいなりにこんな素晴らしいことがあったということを語ってくれるんです。息子たちにはほとんどピンと来ない話でしょう。けれど一生懸命、聞きます。息子たち自身が来てほしくてお招きした先輩たちが息子を目の前にして、自分の青春、自分の二〇代、自分の恥部を語ってくれるのです。これはやはり、二時間、三時間とたっていくと、息子たちは本当に心底、襟を正して聞き入ります。大人たちの赤裸々な心情吐露というのは、なによりも響くんですね。

そして、僕はこの成人のお祝いを境に、子どもを突き離します。これからは自分でやりなさいと。でも、そう心を決めるのは、実は子ども以上に、僕とかみさんが大変だったりするんです。

だから、このパーティーは、親である僕たちが、けじめをつけるためのものでもあるのです。次の成人パーティーは、ちょうど二〇年後。僕の初孫のために真吾が開いてやる番です。その時、愛すべき若者たちは、彼にどんな説教をしてくれるのでしょうか。

晴れた日には手にとる様に南アルプスの向こうに見える富士山

BREAK 6

レンジローバー

もう時効だから告白しますが、実は僕、小学校3年生の時から座布団敷いて、車を運転していました。

それぐらい車が好きなんです。そんな訳で、僕は物凄く貧乏だった時期でさえ、車だけは持っていました。車の何が好きかというと、エンジンが縦運動をして、それが横の車軸を伝わって、車が回っているという感じが生理的に共感できるんです。だから笑われてしまうかもしれませんが、車が生き物のように思えてしょうがないのです。

我が愛車・レンジローバーと息子のジムニー。こうやって並ぶとまるで本当の親子だね

そして、ここで生活するようになってからは、車は僕にとって家族に思えるようにさえなりました。

標高1000メートルから1300、1400メートルというのは、信じられないくらい天候、気象状況が変わります。

春のようにぽかぽかしていたと思ったら、次の朝には一面銀世界だったり、そうかと思えばうちへ入っていく道の砂利が流されて、川のようになっていることもあります。そんな時に、大丈夫だよって言ってくれてるような車の大切さが身にしみます。

僕が今乗っているレンジローバーは、体にとても優しくて快適で、市街地も、高速道路も、嵐の山も、アイスバーンになっている道も、大丈夫、大丈夫って言ってくれます。

だから僕は、山へ来た時の車は、本当に大事にするし、いい所に車の居場所を作ってあげます。

だから、うちのテラスからはいつも僕の車が見えます。車を眺めながらお茶を飲むっていいものですよ。

第七章　寄せ植え対談

柳生博・柳生真吾

長男の真吾は、大学の農学部を出た後、川崎の田辺ナーセリーという農場に就職しました。そこで園芸のイロハを学んで、今は八ヶ岳倶楽部で月給をもらい、寄せ植えを作ったりしています。園芸のプロとして勉強して行くには、やはり街の近くの需要のある所で修業をした方がいいのかもしれません。しかし、僕にとっての初孫、つまり真吾の奥さんの伊津子のお腹に子どもが宿った時、彼ら二人は、ここ八ヶ岳で産み育てたいと思ったのでした。

大都会、横浜の神社の宮司の娘さんであった彼女にとっては、かなりの決断であったに違いありません。都会とは違い、素晴しい自然に囲まれたこの地ではありますが、周りを見れば山また山。しかも冬には信じられない寒さになります。初めてのお産を迎える妊婦にとっては心細いばかりでしょう。ところが当の本人はあっけらかんとしたもの。生まれ来る赤ん坊にとっての環境作りに万全をつくしたいとのこと。正に母は強しなのであります。

さて、ここでは真吾がそんな最愛の妻と同じくらい愛してやまない寄せ植えをいくつか紹介したいと思います。マンションのベランダでも十分楽しめるものをピックアップしました。少々照れますが真吾との対談で進めて行きたいと思います。

水辺の植物の寄せ植え

柳生　真吾が最初に東京の家の玄関先に置いた、水辺の植物の寄せ植えは、実験的に作ったものだろ。

真吾　そう、あそこは留守が多いから、水をやらなくてもいい寄せ植えを作りたかったんだ。それで、水をいつも張っておいて、沼地に生えるような植物を植えたの。ところが、水を張ると土が全部崩れちゃうんで、根っこが入っている所はちゃんとしたいい土を入れて、その周りをコンクリートの護岸工事のように、〝けと土〟っていう粘土質の土を貼り付けたんだ。

柳生　あの寄せ植えでびっくりしたのは、サギソウが毎年咲くんだよね。サギソウって、単品で鉢植えを買って来て、次の年咲かせようと思っても、まず枯れちゃうんだよな。でも、ああいう風にチガヤとかいろんな湿性植物たちと一緒に植えておくと、凄く成績いいんだ。サギソウって他の植物がいないと、生きようと努力しないいんだ。競争相手がいないと次の年咲こうとしない。

真吾　それと、野生のサギソウを見ると分かるんだけど、生きた水苔（みずごけ）の中に生えるんだよね。だけど、園芸店で売ってる鉢の中に埋まっているのは、枯れた水苔なんだ。それで、一年で根っこが腐っちゃう。

柳生　そういえば、最初、メダカは入ってなかったんだよな。

真吾　うん。ボーフラがわいちゃったんだよ。それでボーフラを食ってもらうために、メダカを放したの。そうしたら、メダカ、子どもを産んだんだよ。

柳生　いるいる、知ってるよ。近所の子どもたちといつも見てるもの。仕事に行く時、ちょうど家の前を幼稚園の子どもたちが通るんだけど、みんな「メダカちゃ

《水辺の植物の寄せ植え》作り方

シマフトイ、ベニチガヤ、サイコアシ、ヒメトクサ、クロジクカリヤス、トワダアシ、クサレダマ、クジャクソウ、サギソウ、オオゴンシダ、コケ

①鉢：60φ（直径60cm）まずハチの底にコーキング材を塗ります。
網をのせ穴が空かないように丁寧に埋めます。

②土：赤土5+腐葉土3＋乾燥牛フン1＋クンタン1を混ぜる（この配合を八ヶ岳ブレンドと命名）。
出来上がりを想像して鉢の中に山・谷を造ります。納得するまで何度もやり直し。大変だけどとても楽しい作業です。思いっきり土と遊んで下さい。

③根鉢の分だけ土を鉢の外に出して、そこに山谷の形を崩さないように植えて行きます。
深からず、浅からず、ちょうど土に埋まっていたあたりまで植えます。

④眺める正面を決めて背景から植えていって下さい。背の高いものを基本的には後の方へ。
緑の色あい、葉の形。感じるイマジネーションのまま自由にどうぞ。

⑤ケト土を〝八ヶ岳ブレンド〟の上に塗っていきます。ケト土は水に透けないので今回の寄せ植えにはうってつけ。池になる部分はやや強めに押さえつけて下さい。
陸の部分は少しソフトに。これでベースの土が崩れるのも防ぎます。

⑥苔を所々に貼ると雰囲気が出ます。土面が出ている所に注意深く。

⑦ケト土をムラなく塗って完成。入り江になる所は念入りに。

⑧張った水に、メダカを水温になじませて放流します。これでボウフラがわくこともありません。これで〝小地球〟が完成。メダカは卵だって産みます。

ん、おはよう」とか「あっ、この花咲いた」とかって、大騒ぎしているもん。凄い人気だよ、あの寄せ植えは。それと、奇蹟的というか、これが普通なのかもしれないけど、誰にもいたずらされないね。

真吾　あれは自分の勉強だと思って、実験的に作ったものだから、いたずらされるのは覚悟していたけど、吸い殻一つ放り込まれないからね。

柳生　みんなに愛されているんだよ（笑）あの世界は。子どもたちやおばあちゃん、おじいちゃん、あそこを散歩する人の一番の仲よしの寄せ植えだな、あれは。それに、年々よくなるんだよね。

真吾　最初に植えた時のイメージとだいぶ変わってきたよね。

柳生　何か一つの世界が出来てきたな。寄せ植えって何が素敵かっていうと、生き物たち全部が共生してるというか、競争してるんだな。それで、そこに一つの生態系みたいなのが出来てくるじゃない。で、淘汰されていったり、はびこるものが出てきたり。でも、じゃあ、ずっとはびこっているかというと、そうじゃなくて次の年にはまた変わるしな。

真吾　寄せ植えって、人間がその世界を作るというか、お膳立てをするわけだから、やっぱりその世界に合った植物を植えないといけないし。で、何が合うか、合わないかっていうのは、自然の状態をよく観察してい

水辺の植物
水中の壁にニボシをつきさしておくと、メダカの餌になりますし、肥料にもなります。
夏は１日中、日の当たる所に置くのはさけ、水が減ったらつぎ足して下さい。
年に１回、春先にアブラカスを与えてもよいでしょう。

ないと分からないよね。それが分かれば、あとは放っておく。で、特別、強いものがあったら、ちょっとハサミを入れてやる。

柳生　下手したら占領されちゃうからね。そこでちょっと手を貸すんだな。

多肉植物で作るタブロー(板絵)

柳生　サボテンとかアロエなんかの多肉植物っていうのはほとんど関心がなかったんだけど、真吾のお師匠さんの田辺さん（田辺ナーセリーのオーナー）の影響で、面白いって思うようになったな。

真吾　好きなんだよ。野草が好きな反面、多肉植物も凄く好きなんだよな。

柳生　でも考えてみれば、日本にはあんまりないけども、多肉植物って野草なんだ。

真吾　あれは面白いよ。いろんな可能性があるから。お皿にも植えられたりね。それに植物を育てる上で一番ネックになる水やりが非常に簡単だから。

柳生　不精者には一番、合う。

真吾　合うね。植物が好きな人はみんな、多肉を枯らしちゃう、水をあげすぎて。

柳生　手入れをしないほうがいいくらいだな（笑）。

真吾　寒さ、暑さにもわりと強いし。それでこのあいだ壁掛けを作ったの。本の板で表札を作るっていうのはよくあるよね。そこに多肉植物をちょっとちょっと挿して。

柳生　鉢の上とか、皿の上じゃなくて、何で横にしようと思ったの。

真吾　いやいや、別に何の不思議なこともなくてね、自然の状態では横に生えていることもしょっちゅうあるよね。岩場とか、木の幹にいきなり生えたりとか。

柳生　不思議なのは、お皿の上なんかでやっている時は、ペットっぽいんだよね。でも横にすると急に野生っぽくなるんだよな。ぐーっと上向いてきて、勢いが分かるんだ。

真吾　花も咲くし、紅葉もするし。

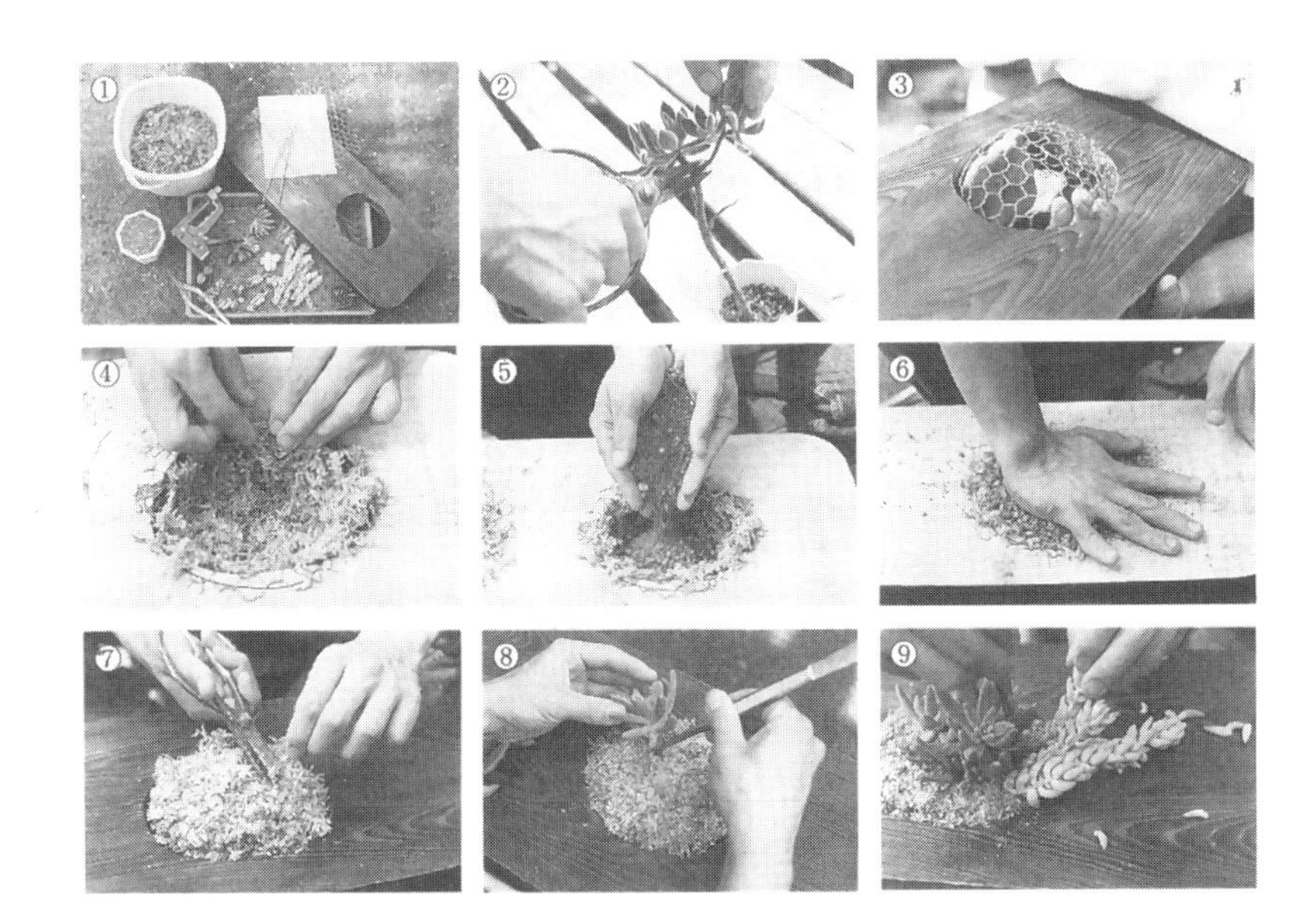

《多肉植物のタブロー》作り方

①材料：・木の板、肥料っ気のない乾いた土、金網、ピンセット、水苔、薄いベニヤ板、タッカー（ホッチキスでもOK）、金バサミ、そして多肉植物いろいろ。

②好きな多肉植物を1週間前にカットして準備しておきます。消毒したハサミで切って下さい。

切り口を乾かして、植えた時に発根しやすくしておくのです。枝はちょっと長めに。

節のあたりが発根しやすそうです。

③ベースの板はどんなものでもOKです。今回は火で焼いてこげ目をつけ、タワシでゴシゴシ洗って雰囲気を出しました。直径10cm程の穴を開け裏から金網をこんな具合に丸みをつけてセットします。

裏側をタッカーでしっかりとめて余分なところは金バサミでカット。

これで準備終了。

④十分水につけた水苔をきつく絞って、裏側からまんべんなく、薄く網に敷きつめます。

この時、隙間（すきま）が絶対にあかないように。

⑤土を入れます。かなり多めに。

板面よりも盛り上がる様にたっぷりと。

⑥上から思いっきり強く押しつけて、ベニヤ板で蓋をしてタッカーでとめます。

⑦表側にはみだした水苔をカットして下さい。丁寧に金網の丸みに沿って。

⑧ピンセットで穴を開け、ポイントとなる大きな種類のものから2センチほどの深さに。

⑨垂れるものは上の方に植えると効果的。

他を縫うように、垂れるようにするときれいです。

柳生　紅葉がきれいなんだよね。あれを見ていると時空を旅するっていうか、乾燥地帯のどこかへバーッと引きずり込まれていくような、そういうイメージが湧くね。あれはうまい発想だったね。

真吾　マンションの表札に使ってもいいよね。半日、日が当たればいいから。

柳生　日が当たらない所だったら、三つくらい作っといて、普段はベランダの日当たりのいい所へ置いて、今日はこれにしようかしらとかね。表札に植物が生えてるなんて楽しくていいよね。みんなが見えるとこに掛かってるから、思わぬ人が喜んでくれたりして。

真吾　プツっと切って挿せば、もうそれだけで根がつくし。中にはちょっと難しい種類もあるけど、選んでやれば一年中楽しめるからね。日光さえあれば。一番いいのは、南側の軒下かな。で、たまーに強い風雨の時に、雨が当たるぐらいの場所。普段は雨に当たらなくてもいい。

柳生　八ヶ岳辺りだったら、霧が発生するから、それで水分は十分だね。だから日当たりのいい、明るい軒下はいいね。

真吾　そういえば、田辺さんところに道路公団から、首都高（速道路）の壁に多肉を掛けたいという話があったんだ。結局、予算の都合でつぶれたらしいんだけども、その試作品を見せてもらったんだ。ちょうど畳一枚ぐらいのポケット付きのもので、要するにタブローなんだけど、それを一カ所置いたんだって。そうした

タブロー
冬と夏は葉がしおれるまで水を与えてはいけません。春秋の成長期は月2回ほど。
真夏の直射日光はさけて、1年中、日の当たる場所に。表札にするのに向いてますね。
作って1カ月ほどは発根していないので掛けないように

ら、排気ガスも何の問題もなくて、すくすく伸びて。で、例えば模様だって描けるんだよね。緑のと赤っぽいの使えば。これは面白いなと思ったな。大渋滞の首都高の壁に、バーッとあったらさ。

柳生　面白いだろうね。渋滞する所にあったら。ビルの壁なんかも、ある程度そういうのやったって面白いと思うな。ほんとに多肉植物って強いし。俺たちが目にする日本のいろんな野生の植物は繊細で、本当にこう贅沢だけど、多肉のあいつら見てると健気（けなげ）な奴らだと思うよ。

真吾　アロエでタブローやっても面白いよね。時々、薬として使えたりして（笑）。

釣り鉢の寄せ植え

真吾　釣り鉢をやり始めたのは、まだ最近なんだよね。

柳生　八ヶ岳倶楽部のテラスにガラスの屋根が出来てからだな。

真吾　あのテラスは本当に釣り鉢が似合うよ。

柳生　屋根だけだろ。まあ厳密には屋根と柱と梁（はり）だけで、壁がないからいいんだよ。あの、空間に鉢が浮いてるって感覚、俺好きだな。

真吾　うん。今回、あの釣り鉢っていうのはわりと実験的でね。試行錯誤したんだよ。というのは、今までの釣り鉢は全部、ワイヤーバスケット、要するに壁かけに使うバスケットだったんだよ。

柳生　それは、ワイヤーで鉢の形を編んで、その中に水苔（みずごけ）で土を押さえて確保して、そこに植え込んでいく。すると、そのワイヤーを隠すぐらいにファーっと植物が生えてくる。だから植物が空間にポンとあるっていう感じね。あれより、俺、鉢のほうが好きだな。

真吾　あれは手入れも難しいしね。神経質すぎて。

柳生　ワイヤーでやって出来た瞬間って植物だけが空間に浮いていて、それはそれで凄（すご）くいいんだけど、どうも気持ちが安定しないんだよな、見ていて。だけど、鉢っていうのは見慣れてるじゃない。例えば、一般にはどうか分からんけど、俺たちは皿鉢ってのが大好き

《釣り鉢の寄せ植え》作り方

ホクシア、シロタエギク、ランタナ、ツルギキョウ、宿根バーベナ、ペロペローネ

①鉢：40φ（直径40cm）
土は八ヶ岳ブレンドを使用。
思いっきり寝かせて横に埋めます。
上にはみでた根鉢は削ります。
②外側から縁に沿ってまず、ぐるりと植えます。
ひとつひとつ丁寧に。
③蔓（つる）など下に垂れ下がるものは内側に植えます。
真ん中がドーナツ状に土が残ります。

《草花寄せ植え》作り方

トレニア、ケイトウ、ニチニチソウ、ブルーサルビア、ペチュニア

①鉢：60φ（直径60cm）
土：八ヶ岳ブレンドを使用
ノーマルな園芸植物の寄せ植えです。
まず真ん中に植えます。少し背の低いものを植えると面白くなりそうです。
ここではトレニアを。
②一番背の高いケイトウを中心からずらしてみました。見る角度によって風景が違うように。
根鉢の分だけ土をとって植えて、周りの上をならします。その繰り返しです。
③今回のこのメンバーだと1シーズンのみの楽しみです。
来年楽しむことは諦めて思い切ったレイアウトで遊んで下さい。ブルーサルビアは次の年も咲きますので花が終わったら別の鉢に移して下さい。

で、要するに皿鉢のアレンジが、ただ上に浮いているという。あの素焼きの茶色もいいんだろうな。安定感もあるしな。

真吾　それに鉢植えだと、釣り鉢に飽きたら下に下ろしても十分見られるんだよね。肥料だってやりやすいし、もし一つ駄目になっても、その部分を補植しながらまた別の感じでやれたり、どんどんどんどんよくなっていくしね。ワイヤーバスケットだと、一つ駄目になったら全部が駄目になっちゃう。補植するっていうのは、まず無理だからね。

柳生　ところで鉢を釣る方法は、ずいぶん試行錯誤していたね。ネットかなんかで吊り下げるのもいいけど、結局はアイアンでリングを作って、それを紐（ひも）で下げる。この紐にお前、いろいろ工夫してたな。

真吾　あの紐はナイロンなんだ。やっぱり外に置くから綿の紐だと耐久性に問題あるからね。

柳生　だけど、いざナイロンの紐を使ってみたら、あの白いテカテカがいやだったと。

真吾　うん。それで染めたんだ。でもナイロンだからなかなか染まらなくて、いろいろやってみたけど、結局、自然素材で染まったのは、ほうじ茶とコーヒーだけだね。でもどのくらい色がもつかは分からないけど。

柳生　まだ実験段階だからな。でも楽しいよね。今まではワイヤーの網でやっていた時はなるべく紐が見えないようにピアノ線なんかを使って、どこに紐があるのっていうのを狙っていたけど、鉢になると、鉢に植

釣り鉢
蔓性のものは垂れ下がっていきます。太陽の好きなものは上を向いていきます。約2週間くらいでなじんで見事になります

わってるって分かるわけだから、紐が見えるのが楽しいんだ。で、紐もお洒落させてね。それと、鉢植えの花っていうのはだいたい上から見下ろしたり、横から眺めるものじゃない。それが自分の目線より上にあるっていうのは、不思議な風景だね。目線が変わってくるのはいいね。

真吾　そういう目的に合う花を選ぶのも楽しいし。ホクシアなんてぴったりだよね。ホクシアを下から見た人ってあんまりいないと思うよ。

柳生　ホクシアってヨーロッパなんかではよく使われるけど、みんな上から見るじゃない。でも、ホクシアって考えてみたら下向いて咲いているんだよな。だから、ホクシアを釣り鉢にすると、人間と花が顔と顔を突き合わせることになるんだね。あれはいいよ、ホクシアの釣り鉢は。

真吾　八ヶ岳に合うんだよ、あの花は。気候的にここはヨーロッパの植物は合うね。

柳生　東京には合わないんだよな。東京の地面のジメッとした感じには。でも待てよ、高層ビルのベランダなんかに合うかもしらんな。で、みんなで食事しながら、やや見上げる感じで、それでその向こうには空があってみたいな。きっと合うと思うな。やっぱり、釣り鉢っていうのはステージが問題だな。だからテラスとかマンションのベランダとか、開放的なとこがいいね。風が心配だったらそれこそ。ピアノ線でちょっと留めてあげればいいし。

真吾　それと、やや見上げるってのが大事だな。あんまり見上げたらね、鉢の底しか見えなくなっちゃうから。

柳生　俺ね、今まで作った寄せ植えの中で好きなのは、パセリだな。もちろん野草のも好きだけど。パセリにパンジーが植わっていたじゃない。あれは真吾が作った一つの傑作だと思うよ。パセリに花が咲いているみたいな感じで。

真吾　パセリね。あれは面白かった。

柳生　で、ママやうちの若いスタッフがそこからパセりを取って、いろいろ賄いや何かに使っていたじゃない。すると使えば使うほど、摘めば摘むほどよくなるじゃない、パセリって。あれはどこから発想湧いたの。

真吾　まず、冬に強いってこと。

柳生　そうか、あれ植えた時、花材があんまりなかったんだ。

真吾　そうそう（笑）。冬の緑っていうのは非常に人為的でわざとらしいんだけど、あれもまたいいんだよな、都会には。それでパセリと寒さに強いパンジー。野菜と草花、もっと言えば野草まで全部、ぐちゃぐちゃに植えたらもっと面白いだろうなと思っているんだけどね。

柳生　あと、好きなのはトウガラシ。

真吾　ああ、トウガラシはきれいだったね。駄目になってもそのまま乾かせば使えるし。

柳生　ハーブだけ植えた時があったよな、大きな鉢に。あれは、仕事で疲れて帰って来ると玄関先にある、あのハーブをファーっと荒っぽく触るのね。そうするとハーブティーを飲んでいるようないい香りがしてね。あれも好きだったな。

真吾　そのハーブもそうだし、パセリもそうだけど、「触れちゃ駄目」っていう寄せ植えは作りたくない。そうじゃなくて、「摘んでください」とか、ワッと荒っぽくでもいいから、「触れてください」という寄せ植えが作りたいんだよね、今。

草花
アブラカスなどの有機肥料を夏を除き月1回。
夏はあげないで下さい。
水は土が乾いたら。
種ができると次の花が出てこないのでハナガラはこまめに摘みとって下さい

柳生　うん。何がいいってよく人に聞かれるんだけど、とにかく植えたいものをみんな植えてごらんって言うんだよ。

真吾　うん、そう思う。中には一年で駄目になる花もあるし、毎年冬を越す花もあるし。そういう意味で、毎年出てくる山野草の中に、親しみやすいハーブとか、パセリとか入っていると面白いかもしれないね。

柳生　一番好きなのは、山野草が全部枯れた所へ、春になって新芽がグワっと出て来て。あれはいいね。

真吾　普通、枯れた鉢の寄せ植えなんて誰も見ないよ（笑）。でもあれはいいよ。

柳生　今度、落ち葉だけの寄せ植えって作らない？

真吾　それやりたいんだ。で、落ち葉の下にクリとかシイとかいろんなドングリの実を入れて、カラマツの落ち葉なんかを敷いておきたい。春の芽出しが凄いきれいだろうなあ。

柳生　いいねぇ。例えば、うちの倶楽部の林の土を、冬場、直径四〇センチの円でそのまま切って鉢に植えてみようか。上は落ち葉だけでさ。そうしたら次の春になっていろんな芽が出てくるじゃない。時々夢みるの。そういうのがビルの真ん中に、例えば銀行のカウンター、ホテルのカウンターなんかに、その寄せ植えがあって、春になってパッと芽が出て来た時なんてびっくりするだろうね。

真吾　土の寄せ植えね。面白そうだな。

柳生　これは凄い世界だよな。でも、そうじゃなくて人間が営々と作り上げてきた園芸植物ってのも、この頃好きだな。

真吾　あれがあって山野草があるから、両方いいんだ。それは最近俺も目覚めてる。あんまり好きじゃなかったベゴニアなんかあると、山野草が生きてくるんだよね。相対する美しさがあるね。

僕は八ヶ岳倶楽部の林を丹精込めて造っています。自分でなにかを作ることはとても楽しいことです。けれども、この林を見てくれる人は、それほど多くはありません。ところがテラスの上に置いてある寄せ植えは、植物にあまり関心のない人までも、びっくりしたり、喜んだりして見入ってくれるのです。自分で作った物を誰かが見て楽しんでくれる。この喜びに目覚めさせてくれたのが寄せ植えだったのです。

寄せ植えは手入れが楽な上に、自然の林と同じように、毎年姿を変えていきます。ちょっと大きめの素焼きの鉢に、いろんな花をごちゃまぜに植えてみてください。そうすると、花の旬がいっぺんに終わることなく、鉢の中のどこかにいつも花が咲いているのです。これなら、水やりを忘れることもありません。単品で鉢植えを買ってくると、花の旬が終わった途端、もういいやということになって枯らしてしまいがちですからね。いろいろな季節の花を考えて植えたり、冬場にも強い緑の草を植えたりすれば、一年中、次から次へと花を咲かせたり、緑を絶やさない、ということもできるわけです。

その時のコツは、素焼きの鉢を使うこと。これだと水をやりすぎても余分な水を鉢が吸い取り、乾いてきたら、その吸い取った水を土に戻してくれるのです。

園芸植物の寄せ植えも楽しいですが、ぜひやってみてほしいのは野草の寄せ植えです。まるで林を切り取って都会に持ってきたような、野草の寄せ植えを見ながら、野山や大自然を想像してみるのも楽しいものです。ほんの少しだけど、自然に歩み寄れたような気がして。

山野草
年2回アブラカスの肥料を。
水は土が乾いたらハチ底から水がしみ出るくらい十分にあげて下さい。
夏は、木漏れ日のあたるところに。
秋・冬・春は十分な日光の下に

《山野草の寄せ植え》作り方

オミナエシ、ハタザオキキョウ、クサレダマ、キキョウ、アカバナダイコンソウ、ムキュウギク、アカバナマツムシソウ、ロクベンシモツケ、エゾハナシノブ

①鉢：50φ（直径50cm）
土：八ヶ岳ブレンドに焼き軽石を入れます。
まんべんなく土を混ぜ、中央が盛り上がるようにする。
植えながらも、常にこの形をキープするために余った土は鉢の外に出します。
②まず、中心に一番背の高い草を植えます。
今回はオミナエシです。
植え終わったら土を手でならし、中央が盛り上がるように。
この形は、水をあげる時に、水が均等にわたりやすくなります。
③中心に絡めるように植えていきます。
根鉢を崩さないようにスッポリ植えるのがポイント。
④全種類、冬を越し、何年も楽しめますので、成長することをイメージしながら間隔を調整して下さい。
株の大きくなるオミナエシの近くには他の山野草を接近させないなど、考えながら作業したらベストです。
⑤植える時は必ず手元で。鉢を回しながら作業するとよいでしょう。
⑥ウオータースペースは十分に。鉢の端から指の第2間節ぐらいまでがちょうどいいです。

BREAK 7

白いシャツ

僕は汚れの目立たない服って、嫌いです。

特に大事な仕事をする時であればあるほど、僕は真っ白い服を着ます。

例えば、木を移植したり、草を刈ったり、薪を割ったりという仕事はとても大事な仕事です。そんな時、僕は今日は何を着てやろうって、とてもドキドキするんです。

そして、洗いざらしの真っ白いシャツに腕を通して、めいっぱい木や土と大事な時間を過ごします。そうして夕方になったら、自分の服が汚れているというのが僕は大好きなんです。で、仕事を終えて帰って来て、服を脱いでお風呂に入って。そうすると、そのきっちり汚れた服をかみさんがまた洗ってくれて、僕、それって、とても幸せなことだと思うんです。

白いシャツって、森の中で一番目立つ。かみさんがね、見つけやすいんです

例えば、本当に素敵な人と食事に行こうという時も、僕は汚れの目立つ真っ白のシャツを着て、タキシードを着たいと思う。そういう時間って、僕は好きです。

だから、ビジネススーツは好きじゃありません。

ややグレーがかかったスーツに、あまり目立たないネクタイをして。なるべく、汚れが目立たない、もっと言ってしまえば存在が目立たない、まるで、保護色みたいな服。

僕はできればビジネススーツを着て行かなければならない場所へはあんまり行きたくないし、できるだけ、そういう時間を少なくしたい。

やはり1日を過ごした跡はきっちり付けていたいですから。

この西沢が僕の山での暮らしの原点だった

あとがきにかえて

おじいちゃんが書いたあの本は、もの心ついた頃から父に何度も読んでもらっていた。野良仕事をしているおじいちゃんの傍らで、その意味や、本には書かれていなかった本当にたくさんの話を聞いて僕は育った。

あの本が僕に与えてくれた影響は、あの本を読んだどの人々より大きかったし、今ここ八ヶ岳の南麓でこうやって土をいじっているのは、全くもってそのおかげなのである。

が、そもそも本を書くということは、おじいちゃんにとっては本意ではなかったらしい。俳優という、少しだけ変わった職業についていたおじいちゃんにとって、それは、とても美学に反することで、ましてや、八ヶ岳での暮らしぶりを書くということには、かなり抵抗があったのだ。ここでの日々は、全くプライベートな世界であり、本にしてしまうことによってその静かな毎日が壊されることを恐れていたらしいのだ。

ところが、あの本を読んで、勘違いをした人々が、八ヶ岳倶楽部に押し寄せることはなかったし、年月をかけて造った林を荒らされることも結局はなかった。

今でもそうなのだが、家族が絡むことになると、妙に用心深くなってしまう性格なのだからしょうがない。

さて、僕が二〇歳を迎えた今、柳生家の仕来り(しきたり)に従って例の成人式が行われた。僕の父のそれ以くれたのだ。

来、二六年ぶりに開かれたその席で、おじいちゃんはあの本を作った時の話をポツリポツリとして

平成五年五月七日、八ヶ岳倶楽部の電話が鳴った。出版のお誘いだった。つまり、そういった理由で、それまでいくつか頂いた〃本を作る〃というお話は全て断わっていた。

その役目はいつもおばあちゃんで、あの柔らかい物腰で、でも、きっぱりと断わり続けてきたらしい。

ところが、その日の電話の相手はいつもの調子と違っていた。なにがどう違っていたのかは、笑うばかりで教えてくれない。ただどうしても一度、おじいちゃんに会わせなければいけない、と思った。おばあちゃんが今でも得意な〃第六感〃というやつだろう。

翌日、八ヶ岳にやって来た五藤さんという編集者とおじいちゃんは、初対面にもかかわらず倶楽部のテラスで八時間も話し込んだ。そして、一緒に林の中を歩いた。

木の話、動物の話、石の話――深夜になって彼が帰った後、家族を集めておじいちゃんは言った。

「彼と本を作る」。

真吾おじさんや秋さんと、林を造ってきたような気分で、本を作るつもりだったらしい。

それから半年。原稿を書き、写真を撮り、本作りは進んでいった。講談社の宮田さんのアドバイス、カメラマンの柏本さんの力も借り、作業は極めてスムーズだった。それは、テレビカメラの前で演じたり、山で木を植えたりする今までの、どの経験とも違った体験だった。五藤さんは、薪(まき)ストーブの触媒のような存在だったらしい。

薪を燃やして生じたエネルギーは、触媒を通じて、熱になる。エキサイティングだった。とても興奮した時間だったと言う。

しかし、出来上がった本は、とても静かで、とても穏やかなものだった。そして、本の書名は『八ヶ岳倶楽部　森と暮らす、森に学ぶ』となった。

僕の父親である次男の宗助とおばあちゃんが当時切り回していた倶楽部は、まだ誕生して五年目。二〇年近くの様々な出来事を書き綴ったこの本に、その命名をしたのは〝店〟の名前というよりも、おじいちゃんがここ八ヶ岳に持っていた夢のテーマそのものだったからだ。

俳優・柳生博としてではなく、八ヶ岳の一住民としてその通過点を形にしたあの本は、今、思えば、おじいちゃんの歩んできたあの道の重要なひとつのステップだった。

そして今、この地はおじいちゃんの夢の通り、自然と人間の文化が共存する〝倶楽部〟となっている。

八〇歳を越えたこの春、ワサビの白い花帯の続く小川の向こうで木を植え、炉を造り、花を育てているおじいちゃんを見ていると、〝育(はぐく)まれる〟ということの大切さをしみじみ思ったりしてしまうのだ。

二〇二〇年春、
光輝く禿頭に愛を込めて――

柳生宗助　長男記

20年後もきっと僕はここで木を植え続けているだろう。
その時は、孫たちも一緒かもしれない

林越しに横浜の高層ビルが見える爽快な風景だ

ホテル横浜開洋亭屋上の八ヶ岳雑木林〝鳥造園〟にて——。

こうやって座っていると、まるで八ヶ岳にいるようだ

横浜の丘の上に立つ「開洋亭」というホテルの屋上に八ヶ岳の森を造りました。3年前のことです。

コンクリートの上にパーライト、ピートモス、そしてごく軽量の土を薄く敷いて、1本、1本植えていったのです。

ところが、最近、植えたはずのない草や花が林の間から顔をのぞかせてきました。根についた八ヶ岳の土に混じっていたのかと思ったら、どうやら隣の神社の森や都市公園から鳥が運んでくるようなのです。

土を掘り起こせばいろいろな虫たちも見られます。ミミズの姿を見つけたのは、1年半たった頃でした。

都会の僕たちが自然に歩み寄って行くように、彼らの方から都会との共存を求めてくることだってあるのです。

捨てたもんじゃありません。

【編集者注】「ホテル横浜開洋亭」は2006年に閉鎖されました。

うっそうと茂る我が家の雑木林。たった18年で木々は見事に再生した

『八ヶ岳倶楽部2　それからの森』

●2009年8月6日発売／講談社

八ヶ岳倶楽部開業20年を記念して発刊。時代の流れとともに高まるエコロジーの意識。

自然との共生を先駆者として実践してきた柳生博と森の物語

参考文献

『八ヶ岳倶楽部2　それからの森』
『葉・実・樹皮で確実にわかる 樹木図鑑』（鈴木庸夫／日本文芸社）
『色と大きさでわかる 野鳥観察図鑑』（杉坂学監修／成美堂出版）
『色・大きさ・開花順で引ける 季節の野草・山草図鑑』（高村忠彦監修／日本文芸社）

はじめに

八ヶ岳の南麓で暮らし始めて三〇年。そして八ヶ岳倶楽部というパブリックスペースを作ってから、早いもので二〇年の月日が経とうとしています。

かみさんと二人の息子、そして友人たちと、夢中になって手を入れ、寝る間も惜しんで世話をした荒れ果てた人工林は、本来の美しい姿を取り戻し、持ち前の生命力でどんどん立派な雑木林になっていきました。三〇年前には見られなかったたくさんの昆虫、それを食べて命を繋ぐ野鳥や動物たちが姿を見せるようになり、八ヶ岳倶楽部の森は今、ひとつの極みに到達しようとしています。

変わっていくのはもちろん自然だけではありません。そこに暮らす僕たちにもたくさんの変化がありました。息子や孫たちはもちろん、この森を訪ねてくる友人、八ヶ岳倶楽部で働くためにやってくる多くの若者、それぞれにさまざまな人生の岐路があり、みんな真剣なまなざしでそれに対峙したドラマがあります。

二〇年前には耳に馴染みのなかった〃エコロジー〃という言葉が声高に叫ばれ、地球環境のさまざまな問題が世界中の人の関心事として取り沙汰される時代にもなってきました。自然との折り合いを考えずして、豊かな未来を迎えることができない今、ここに暮らす僕たちのありのままの生活を通して、ひとつの確かなかたちを伝えることができればと思っています。

八ヶ岳倶楽部へようこそ。ゆっくり寛いでいってください。

二〇〇九年八月　柳生 博

目次

八ヶ岳倶楽部2 それからの森

第一章

八ヶ岳倶楽部と八ヶ岳の森

こうして八ヶ岳倶楽部はできました

もう三〇年以上前の話になります。東京で役者として少しばかり成功した僕は、その職業柄つきまとう、「人気」というやっかいな代物(しろもの)に振り回され、自分自身と、家族とのバランスを崩しかけていました。

役者としての長い下積みの時代は、ささやかな幸せで十分に満足する、つつましい日々を送る家族でした。しかし、俳優として人気が出て経済的に豊かになるに従い、僕のなかに「家族を養っているのは俺だ」という慢心が生まれ、普通の夫婦、普通の親子でいることが難しくなってきたのです。

家族というのは運命共同体です。一人でも気持ちが離れてしまえば、バランスを崩し、ともすればそのまま崩れ去ってしまいます。役割はそれぞれ別ですが、気持ちの足並みはそろっていなければいけません。そんな単純なことを忘れそうになってしまったのです。

これはやばいと思った時、かつて僕が一三歳の頃に一人旅で訪れた、八ヶ岳南麓(＊1)の西沢の原生林と、そこで体験した不思議な出来事のことを思い出したのです。

森の奥深くに足を踏み入れるにつれ樹々がうっそうと茂り、人間以外の気配に包み込まれる世界で、草花やそこにすむ動物、虫たちの息吹(いぶき)に囲まれて、僕は自分の〝生き物〟としての本当の大きさを知ったのでした。

それは自分の命の重みを肌で感じたと言えばいいのか、うまく言葉にできない気持ちですが、非常に安定して地面に立っている感覚を得ることができたのです。

あそこへ行けば、自分を、家族のバランスを取り戻すことができるのではないか。そう思った時、まるで天啓のように僕のおじいちゃんの懐かしい叱り声が聞こえてきたのです。

僕は幼い頃から、おじいちゃんの手伝いで野山に分け入り、木を植えたり草刈りをしたりして、森の手入れをしていました。おじいちゃんは、僕が何かに思い悩んでいたり、言うことを聞かなかったりすると、きまって「博、グジュグジュしてないで野良仕事をしなさい」と僕を叱ったのでした。不思議なことに、叱られるまま野良仕事を始めると、土を掘るごとに、草を刈るごとに、だんだんと悩み事やイライラした気持ちが解きほぐされ、仕事が終わる頃には何だか妙にすっきりしているのです。

そんなことがあって、僕は、衝動に突き動かされるまま、八ヶ岳南麓に、家族を連れて移り住みました。

それからは野良仕事の毎日でした。まったく手入れされていない荒れ果てた人工林に分け入り、光の入らない森を間伐（かんばつ）し、本来そこにあるべきはずの樹を植え、草を刈り――ひたすらそれの繰り返し。それはまさに、野山を舞台とした、僕と家族と、そして八ヶ岳で出会った友人たちとの、冒険の日々でした。

そうして小さな森が息を吹き返してくるのに従って、僕たち家族も次第に生き物としての本来のあり方を思い出し、バランスを取り戻していったのです。

その後、一〇年もの間、僕は少しずつ土地を買い足して八ヶ岳南麓の人工林の中に何カ所かの雑木林を造っていきました。やがてその噂が広がり、僕たちの手入れした森を見たいという人が増えてきたのです。

かつて〃里山〃と呼ばれた人間たちの集落には、先人たちの造った雑木林という林がありました。もちろん人工林とはまったく違うものです。

人工林というのは、建築材や工業のために使う木材を安定供給するために、必要な品種だけを植えた産業林のことです。しかし産業林は、植えた品種の需要がなくなると、いとも簡単に手放され、手入れされずに荒廃していきます。

対して雑木林には、さまざまな土着の樹々が植えられ、人々は自らが造った森から燃料や肥料を手に入れ、生活の糧（かて）としていました。

つまり雑木林はつねに人の生活の中にあり、人によって育てられてきたのです。人間の集落を中心として、田んぼ、畑があり、小川が流れ、そして雑木林がある。それが日本の原風景だったのです。

今では生活するうえで必要のなくなった雑木林、それを復活させるなんて酔狂なことをやっていたのは、僕たち家族ぐらいだったんですね。

そこへ大学の農学部の学生や、いろいろな関係者の人たちが見学にやって来る。彼らは、荒れ果てた沈黙の森を抱えている地域を、生き物が集まり人が集まるような森に変えていきたいと言う。そのモデルケースとして取材させてくれないかと、バスに乗ってやって来るのです。

気持ちは痛いほど分かります。でも、ここは僕たち家族という生き物のすみかでもあるわけですから、これはたまらない。そのうえ、当時は年間五〇〇本ものテレビの仕事をしながらの二重生活でしたから、〝芸能人・柳生博〟のファンの皆さんもどこでどう調べたのか、続々とやって来る。

これでは、せっかく取り戻した家族のバランスもまたぐらついてしまいます。これは誤算でした。

どうしたものかと考えた末に思いついたのが「一番便利な場所に造った森のひとつをパブリックスペースとして開放する」ということでした。

じつは正直なところ、さまざまな問題さえ解消できれば、僕たちが造ったこの美しい森と、そこにすむたくさんの生き物たちを、誰かに見せたくてしょうがなかったのです。そしてやって来た人たちが、かつての僕のように、生き物としての自分を思い出せたらそれはとても素敵なことです。

しかし、不特定多数の人に森を開放するとなると、安全面など数々の問題が頭をもたげてきます。山火事、ゴミ……、やっと咲いた山野草を摘んでしまう人もいるかもしれません。

そこで思いついたのが、森の中にギャラリーを造るということでした。

僕のかみさんは、さまざまなアート作家の個展や新人のグループ展、美術大学の卒業展覧会などに足繁く通って、気に入った作家を見つけることが大好きでした。この機会に、その大好きな作家の作品を展示して、

生まれたての八ヶ岳倶楽部（1989年撮影）。情熱が形になった瞬間です。
エントランス横のアカマツ以外、雑木林の樹たちもまだまだ細っこい

場合によっては買ってもらえる施設を作ろうと考えたのです。お店にして、僕らの誰かがここにいつもいる。もちろん僕も顔を出す。森の番人などという大袈裟なものではありませんが、これなら安心して僕たちの森を見てもらうことができます。

そうと決まればやることはたくさんありました。新聞紙（あえて新聞紙がいいのです）に自分でラクガキのように図面を引き、当時すでにずいぶん増えていた八ヶ岳の仲間たちに協力してもらい、八ヶ岳南麓の標高一三五〇メートル地点に一軒の建物を建てました。

ちょっとしたお茶を飲めるレストランも併設することにし、そのためにかみさんは喫茶学校にも通いました。まるで青春時代のように、みんなが夢中になってそれぞれのするべきことをして、このパブリックスペースを形にしていきました。

そうして一九八九年の夏、僕たちの「八ヶ岳倶楽部」は産声をあげたのです。

苦労した最初の五年間

熱に浮かされたように勢いに乗ってオープンした八ヶ岳倶楽部でしたが、最初の五年間は毎日のようにもうやめようと考えていました。

当然のことながら、僕とかみさんには〝お店〟を経営する経験もノウハウもまったくありませんでした。料理や接客、レジを打つことさえ初めての経験でした。そして、お店の運営に関する数えきれない悩みの中でも、一番大きなものはここで働いてくれるスタッフ、つまり人手の問題でした。

僕には、本業の役者の仕事が東京である。ドラマなど長期にわたる仕事が入れば半月丸々、ここに来られないことだってあります。かみさんも、息子たちの世話や家庭の仕事がありますから、ずっとここにいられるわけではない。思えば当たり前のことですが、八ヶ岳倶楽部には専属スタッフが必要なわけです。

じつは僕たちは、そんな基本的なことも考えず、とりあえずスタートしてしまったのでした。

こんな山の中ですから、周りにほとんど家もないし、お店だってありません。せっかく働きに来てくれたとしても、なかなか人が居着かない。何せ最初は道路が舗装もされていなかったような所ですから。でも、何の宣伝もしていないにもかかわらず、ありがたいことにお客さんはひっきりなしに押し寄せる。ひたすら人手不足に頭を悩ませていました。

当時ブームだった「タレントショップ」は、言わばプロの経営者たちが運営していたもの。僕たちは、それとはまったく違い、本当にアマチュアリズムのお粗末なものだったのです。

その頃、長男の真吾も大学生になっていたので、いずれ卒業したら、彼に手伝ってもらおうと思っていたのですが、真吾は真吾で自分の考えを持っていたんですね。「俺は自分で何かフィールドを持ちたい」と言って大学の農学部を卒業すると、彼がいまだに師匠と呼んでいる園芸家の田辺正則氏の神奈川県の農場へ修業に行ってしまいました。

当初、八ヶ岳倶楽部の中心は、倶楽部の建設工事中から立ち上げまで手伝ってくれた真吾の親友のツチダという青年でした。しかしそんな彼も、新潟の専業農家の一人息子です。やがては実家の生業を継ぐために、八ヶ岳倶楽部を巣立っていかなければなりません。この現実にはほとほと困り果てました。

そんなある日、それまで「僕は傍観者だ」という姿勢を貫いていた大学二年生の次男の宗助が、八ヶ岳倶楽部に〝留学〟して、一年間、八ヶ岳倶楽部で働くと言い出しました。後になって知ったことですが、彼は大学に行きながら、彼なりに簿記の勉強をしていたのです。

なぜそんな気になったのかと本人に聞くと、あまりにも僕が経済とか経営に対して頼りないうえに、役者としての絶頂期を過ごしながら、八ヶ岳と東京の二地域居住をしている。兄貴はひたすら植物のことを勉強して八ヶ岳にいない。おふくろはおふくろでもうノイローゼ気味になっている。それで見るに見かねたと言っていましたが、じつのところは、八ヶ岳倶楽部の中心部に自分も参加したかったという思いもあったのでしょう。

それからです、スタッフが集まるようになったのは。現在の店長であるキヨスがやって来たのもこの時。前著『八ヶ岳倶楽部　森と暮らす、森に学ぶ』（一九九四年、講談社刊）を上梓したのも、ちょうどこんな時期でした。

思えばこの頃が、八ヶ岳倶楽部のひとつのターニングポイントだったのです。それまでの八ヶ岳倶楽部は、家族やその友人たちという、いわゆる〝身内〟だけで運営していました。これは半ばサークル活動のようなもので、和気あいあいとしてはいるけれど、来てくれるお客さんたちをおもてなしするだとか、ましてや経営をするなど、そんなに深く考えていなかったのです。

しかし、宗助が一九歳で八ヶ岳倶楽部のど真ん中に入り、キヨスをはじめさまざまな外部の血が入ってくるようになって、その考えは激変しました。何せ、ここで多くの人たちが働くわけですから、彼らの生活を安定させなきゃならない。今までのようなやり方では、いつお客さんが来なくなるかも分からないのです。みんな宗助と一緒に試行錯誤して、八ヶ岳倶楽部を立派な「お店」にしようと盛り上げていきました。

宗助は今、外資系企業のサラリーマンとしてタイのバンコクで働きながら、いまだにスタッフのことや経営のことを〝熱き心の傍観者〟として気にかけてくれています。

こうして、八ヶ岳倶楽部は、ようやくパブリックスペースとしてまともになり、森を見に訪れるたくさんの人々をおもてなしできるようになって、展示する作家たちも少しずつ増えていったのです。

寛いで、森を眺めるための「テラス」

八ヶ岳倶楽部は、元は現在あるレストランの建物だけの簡素なものでした。それを半分に仕切り、作家の作品を展示するギャラリーにしていたのです。

やがて雑木林の評判を聞きつけたり、作家の新作を見に来るお客さんが増え、春から秋にかけてのハイシーズンには建物に入りきらないほどの人々がやって来る、という事態になりました。しかしこれではレストランでゆっくりお茶を楽しんでもらうこともできません。そこで一計を案じ、屋外にテラスを造ることにしたのです。今まで駐車場から直接入っていたレストランの入口に、木材を敷いた大きなテラスを造り、倶楽部の建物を囲むように、林側にももう少し狭いテラスを設けました。このテラスには飼いイヌも一緒に入れるので、愛犬家の皆さんに喜ばれているようです。

テラスを増築したおかげで、混雑は随分解消されました。林側のテラスからは、直接雑木林に下りて行けるようにもしました。というのは、この場所から眺める林の風景が何より素晴らしいのです。斜面の上に位置するため、葉の落ちた冬場には、ここから雑木林のほぼ全容を見渡すことができます。さすがに真冬はかなり寒いですが、防寒着を着込んで、ここで温かいコー

奥に見えるのがガラス屋根の「テラス」。日がさんさんと降り注ぎ、風が吹き抜けていく。自然に人が集まりたくなる場所になった

ヒーを飲むのもいいもんです。

その後、このテラスでは何組ものスタッフや僕の友人たちが結婚式を挙げることになるのですが、そのうち、雨が降るとせっかくの花嫁衣装が濡れてしまうという意見が出ました。そこで今度は雨露をしのげる屋根を造ることにするのですが、ただ屋根を造るだけじゃつまらない。透明なガラス製にして、季節ごとの植物の移り変わりや、やって来る野鳥を見られるようにしたというわけです。

でも、これはいいアイデアでした。天気の変わりやすい山の中です。屋根のおかげで、食事を楽しむ途中で降り出した雨や気温の変化に、急に席を立つ必要もなくなりました。

今ではこのテラスで真吾が講師を務める園芸教室を開催したり、友人たちのバンドのコンサートを開催したりと、多目的に使える素敵なパーティースペースとしても大活躍しているのです。

林床（りんしょう）を守り人間を受け入れる「枕木の道」

人間というのは、美しい樹々が群生する林を眺めていると、だんだんとその中に入りたくなってくるものです。これは生き物として当然の欲求だと僕は思います。

それ自体はとても嬉しいことなのですが、来てくれた人全員がそうやって林の中を歩くようになると、だんだん林床が踏み固められていって、しまいには土がカチカチになってしまうのです。八ヶ岳倶楽部の中でも、テラスから林に入るところがいち早く固まってしまいました。

これには頭を悩ませました。なぜなら、踏み固められた土からは、僕の大好きなカタクリやスミレといった野草が生えてこなくなってしまうからです。だからといって、林にロープを張って立ち入り禁止にするのも色っぽくありません。それで、「ここを歩いてくださいね」という意味を込めて、線路に使われていた古い枕木を林床の上に敷いていったのです。

枕木は、幅約二〇センチ、長さは二メートルぐらいのもので、それを二本ずつ縦に並べて道を敷く大工事を行いました。真冬の雪吹きすさぶ中、家族もスタッフも総出の人海戦術。この時、お付き合いのある「沼津かもしかアルパインクラブ」の方々も助っ人に来てくれて、大変助かりました。

八ヶ岳倶楽部で、こういうハードな野良仕事をやるのはお客さんが少ない冬場です。その時期お店は、かみさんとアシスタントの女の子がいればやっていけますから、それ以外は全員集合で作業ができるわけです。

面白いことに、僕たちがこういう大仕事に取りかかると、どういうわけだか必ず吹雪（ふぶ）くんです。かみさんはそれを〝禊（みそ）ぎ〟って言っているんですけど、僕もそう思っています。きっとこのあたりに、どなたか荒ぶる神がいらっしゃるのでしょう。

ここの林は林床を大切にしていますから、一切重機は入れません。だから、作業は全部手仕事です。業者に頼んで一気にやるのなら簡単ですが、それはしない

左が最初に敷いた道、右がその後に敷いた道です。いずれも枕木の風合いが林にぴったりなのです

し、したくない。こうしてみんなで寒さに凍えながら力を合わせて、八ヶ岳倶楽部の林の敷地と、隣の土地との境界線までに及ぶ、長くて複雑に入り組んだ道を造ったのです。

こうして、林の中を、誰でも、樹々や草花や生き物たちを眺めながら、ゆっくりと散策できるようになりました。しかし、こんなに苦労して敷いていったにもかかわらず、僕はすぐにこの林の道に不満を感じるようになってしまったのです。

確かに林床は踏み固められることがなくなりました。だけれど、親子とか恋人同士、夫婦とかで歩くには、この道幅では狭過ぎたのです。四〇センチ幅の道では、二人並んで腕を組んで、肩を抱いては歩けないのです。それに、お客さん同士が林の中ですれ違う時に、どうしてもどちらかが枕木から下りて道を譲らなければいけけない。笑顔で挨拶をしながらすれ違うことができないのです。

ここへ来るとお客さんたちはみんな、お年寄りの夫婦も親子も、恋人たちも、みんないつもよりずっと仲良しになって、手を繋いで歩きます。僕はその光景を、林の中で野良仕事をしながら遠巻きに眺めることが大好きです。

「シラカバってきれいな樹だね、素敵だね。ほら、見て」って言いながら、恋人や老夫婦が手を繋いで歩いている時、「ここ、柳生博さんっていう人が造ったのよ」なんてときどき言う。それを聞くのが一番嬉しいのです。それはもう、その人の目の前に飛び出して行きたいくらい嬉しいわけです。「僕！僕！この林を造った柳生って僕！」という感じで。それを抑えて「ククク」って笑う僕を真吾が見て、「ほら、褒めてる、褒めてる」なんて言ってくれます。

そのために、二人並んで歩ける道を必ず造ろうと思ったのですが、それには材料となる枕木が大量に必要になるし、当然お金もかかる。しかし、いつかは取り掛かろうと、僕は心の中で計画を立て始めました。

林の長老「アカマツ」

さて、林の道のことをお話ししたついでに、この林の植物の話をしましょう。

僕にとって思い出深い樹のひとつが、ちょうど八ヶ岳倶楽部のエントランスの横、テラスの目の前に立っているアカマツです。

僕たちが手入れする前、ここは一面アカマツ林でした。アカマツは太陽の光を好む陽樹で、背が高く、枝をいっぱいに広げて光を吸収します。それも、広げ方が半端でない。これをそのまま、全部残しておくと林の中に光が入らず、ほかの植物が育つことができません。建築資材を生産するような産業林ならいいのでしょうが、それでは鳥も来ないし、ほかの生き物も育つことができない。現に、樹間には蔓性(つる)の植物が絡まり、まるで生き物を拒(こば)むかのようにはびこっていたのです。これでは沈黙の森になってしまいます。

多様な植物が混在する雑木林を再生させるには、思

立派になったな〜、アカマツくん。昔のここを知ってるのは僕と君だけだね

い切った間伐をしなければなりません。しかし、さすがに全部切るのは忍びないと思い、この一本だけ残したのです。それが今、ちょっと大きくなりすぎたかなという感じなのですが、やっぱりここに最初からあった樹のひとつですからじつに思い出深い。ここで一番おじいちゃんの、付き合いの長い樹になりました。

パイオニアプランツ「シラカバ」

陽樹の代表格といえばやはりシラカバです。シラカバというのは、ほかの樹に比べて成長が早く、林の中で最初に生えてくる樹。言うなればパイオニアプランツです。

たとえば、標高一〇〇〇メートル以上で、山火事があったとします。草木が燃えてまったくなくなった山肌にまず生えてくる樹はシラカバです。つまり、日が燦々（さんさん）と当たるところに生えてくる。その場所が湿気ったところであれば、クルミであったりハンノキ（＊2）であったり、湿気を好む樹が生えてきますが、山火事のあとは日差しが入るようになりますから、だんだん土地が乾いていく。するとシラカバが勢力を伸ばしてくるのです。

シラカバという樹は樹皮が白く、光を受けると銀色に輝いているように見えてとても美しい。林の植物の中でも特に人気者です。だから隣にミズナラ（＊3）が生えていてもいいけれど、シラカバに光が当たるように、覆（おお）ってしまう枝はできるだけ切ってやろうとか、そういうことを考えて、枝打ちしていきます。

じゃあ僕が、シラカバは好きでほかは嫌いなのかって言うと、もちろんそんなことはありません。林全体にとって良かれと思うこと、つまり、それぞれの樹が持つ美しさを伸ばそうという考えのもとに手を入れていくのです。それが僕流の雑木林を造るということです。

シラカバを植えたら、次はその周りには何が似合うかということを考えていく。たとえば、シラカバの樹の下にはツリバナが似合うよねとか。

シカに食べられてしまった「ツリバナ」

ツリバナという樹は、非常に美しい幹を持つ植物で、半日陰（はんひかげ）で成長します。ツリバナとは言いますが、この樹の魅力は花ではなく、むしろ実。結実の頃、まるで枝先から吊り下がっているように直径五〜六ミリぐらいの実がなり、やがて花のように弾けるのです。まさに〝吊り花〟です。シラカバをバックにしたツリバナは、それはそれは美しい。ピンクがかった赤色が、シラカバの白い幹とよく合います。ツリバナは、樹形もとても繊細で、その立ち姿にはなんとも色気がある。僕もかみさんもこの樹が大好きで、八ヶ岳倶楽部の林のツリバナは僕たちが植えて大事に育ててきたものです。

しかし最近、このツリバナに悲しい出来事がありました。幹の、地面から近い樹の皮を、シカにみんなかじられてしまったのです。シカというのは群れで来ますから、たった一晩でやられてしまうのです。

樹木の幹で、生きている部分はどこかというと、じつは周りの皮だけです。あのわずか数ミリ、数センチの皮の中に、水分と養分を土から吸い上げる脈があり、枝や葉を茂らせていくのです。古くなって死んだ皮の上には、新しい表皮が生まれ、死んだ細胞を土台として、レンガを積み足していくようにどんどん太く、大きくなっていく。だから、幹が直径五〇センチになろうが、一メートルの大木になろうが、中は全部死んだ細胞で、生きているのは、あの何ミリにも満たない表皮だけなのです。それを残らず食べられてしまった。

ほんの五センチでも一〇センチでもいいから、根っこまで皮が繋がっていればまだ可能性はあるのですが、それもない。表皮が巻き取られ、全部かじられてしまったらもう枯れていくしかないのです。

シカの好物がツリバナの表皮だということは、以前にもいくつか食べられている痕跡を見ていたので知っていました。ですから、建物の周りとか、テラスの周辺だとか、人間の気配のする、シカが入らないところに移植してやろうと思っていたのです。もう、ツリバナの引っ越し先は決めていました。

ただ、ちょっと仕事のスケジュールが立て込んで野良仕事をできないうちにやられてしまった。ものすごい後悔の念があります。「ごめんな、ごめんな」って感じです。名前こそ付けていないけど、一本一本植えて、その芽を育てたり、保育をしてきたわけですから。それが僕のここでの仕事であり、この林と付き合うということなのです。

「パパ（僕のこと）が林の中を歩くと、樹たちがみんなパパを見る」って、孫やスタッフたちがよく言ってくれます。僕には、樹が人の顔を見るかどうかは分からないですが、みんなが言うからそれはそう見えるのでしょう。と言うよりも、周りのみんながそんなふうに感じてしまうほど毎日惜しみなく手を掛け、まるで息子や孫に対するように、大切に大切に育てているのです。

八ヶ岳倶楽部のシンボルツリー「アオハダ」

爪で幹を引っ掻くと、樹の肌が青くなることからそう呼ばれているアオハダ（＊4）ですが、この樹は八ヶ岳倶楽部に来る人たちから、「あの樹は何ですか？」と、質問を受けることが一番多い樹でもあります。何しろ美しく、樹形もいいうえに、葉が枝から上向きにニョキニョキと生えて、まるでチョウチョがとまっているように見えるのです。ですからお客さんもみんな気になるのでしょう。とても人目を引く姿です。

アオハダは、初夏から盛夏にかけての青葉の時期ももちろんすばらしいのですが、夏が終わり秋になると、木の葉は黄色に色づき、枝いっぱいに小さな赤い実をつけます。やがてその実が地面に落ちて、冬が来て、地面に落ちた実の上に雪が一センチくらい積もると、白い雪肌に透けた赤色がぼんやりと見えて、それはそれは美しい光景です。

このアオハダの樹の下は、冬の間、鳥たちの餌場になります。溶けた雪の水気で赤い実が柔らかくシワシワになり、ツグミなどたくさんの鳥たちがそれを食べにやってくるのです。厳しい八ヶ岳の冬のさなかにあって、アオハダは鳥たちの命を繋ぐ大切な存在にもなっています。一方、当のアオハダはというと、鳥たちに実を食べてもらい、種を別の場所へ運んでもらって新しい命を誕生させます。そんなふうに両者は支え合って冬を越し、新しい春を迎えるのです。

駐車場にある「中の島（中州のこと）」に植えた一本は、高さはそれほどないのですが枝葉は大きく広がり、今や存在感は抜群です。僕は、これを八ヶ岳倶楽部のシンボルツリーと考えています。じつはこのアオハダは、少し窮屈そうにしていました。すぐ隣の桜が成長し、邪魔をしていたのです。樹は自分以外の枝が触れ合うことをとても嫌い、お互いに避けて育ちます。そこで、桜の樹を切ることにしました。

日本人なら誰でも大好きな桜。反対されることは分かっていましたので、こっそりと夜中に伐採しました。

昔は、お茶会でこのオオカメノキの葉っぱをお皿替わりに使ったとか。風流だね

正面の駐車場の中の島にあるアオハダ。空に向かって幾株も伸びる樹形が美しい

切り株には、いつも日本酒をかけてやります。それが、僕と樹との別れの儀式です。

つぼみの時期が一番美しい「コナシ」

コナシ（＊5）の樹の枝には、たくさんの棘（とげ）が生えています。だから手入れもしにくいし、それが林の中にあると、刺さらないまでも気にはしますから、はっきり言って歩きづらくてしょうがない。そのうえコナシは樹形もあまりきれいとは言えないし、花も小さくて、咲いていてもほとんど人目を引かない……と、どこをとってもいいところがないように思える樹です。

そんなコナシですが、一年に一度だけ、春先のつぼみの時期だけこの樹はとても美しい姿を見せてくれます。艶（つや）っぽいピンク色のつぼみが枝について、それがぱっと白い花に変わっていく。時間で言えば何日もない、ほんの一瞬の出来事なのですが、その時だけは林の中でも一、二を争うほどに美しい樹になるのです。

どんな植物であっても、それぞれ一番輝く季節があります。その瞬間をきちんと見てあげることが、樹を愛するということだと思うのです。

春一番を告げるムシカリの花「オオカメノキ」

オオカメノキは、まず葉の形が面白く、大きなカメの甲羅のような形をしています。それで、オオカメノキ（＊6）という正式名称がついているのですが、古くから日本の山村では、この樹にニックネームをつけて、「ムシカリ」と呼んでいます。なぜそんなふうに呼ぶかというと、この樹の葉は肉厚で美味しいのか、よく虫に食われるのです。それで、ムシクワレと呼んでいたのが訛（なま）って、「ムシカリ」となったようです。

昔の人は、お客さんが来たときなどにこの大きな葉っぱを摘んで、お茶菓子を載せたりして、お皿代わりに使っていたそうです。そんなふうに、葉っぱも特徴的な樹ですが、やっぱり何と言ってもこの樹が輝くのは五月でしょう。

八ヶ岳南麓の新緑の時期は五月初旬ですが、この樹はその頃に開花の時期を迎えます。まっすぐ上に伸びていく樹ではないですから、ほかの樹と樹の間に巡らせた枝から、白い靄（もや）のように見える、ヤマアジサイみたいな白い花をたくさん咲かせるのです。これは、地面に芽吹くカタクリと並んで、八ヶ岳倶楽部の春一番の知らせ。

何しろ、僕もかみさんもスタッフたちも、秋から半年近く林の中に緑を見ていないわけですから、もう飢えているわけです。まず最初に新緑の葉をつけるのがヤナギ。シラカバが続き、ミズナラが芽吹き、そのほかの樹々たちのみずみずしい新緑が一斉に芽吹いて、最後にお化粧するみたいに咲くムシカリの花。もう興奮しないわけがありません。そういう意味で、この花は、ここに住む僕たちにとって開花が一番待ち遠しい花と言えるかもしれません。

手のかかる娘「コアジサイ」

八ヶ岳南麓が梅雨の季節に差しかかる六月下旬頃、

八ヶ岳倶楽部の林を圧倒するのがコアジサイの花たちです。この花は萼の部分がなく、日本中どの山間部でも見かけるヤマアジサイの花より小ぶりです。非常に気難しいヤツで、豊かな腐葉土の土地で、ちょっと日陰で湿り気があって、風が通らないと枯れてしまう。植えた土地を気に入ってくれないとなかなか根付かないのです。

もちろん条件のそろった場所はそうはありませんから、コアジサイの気持ちを理解しながら手入れをしないと、成長してくれません。だから僕は、コアジサイになりきって、「ああ、あの辺りに茂っている枝のせいで風が通らないな」とか、「少し日が当たり過ぎて暑いな」とか考えながら周辺の林の手入れをしていったのです。

そうして、八ヶ岳倶楽部を開いてからちょっとずつ植えていったものが、今、林中に広がって、開花の時期には何とも言えない色っぽい香りで満たしてくれます。それは花の香りとはまったく違う不思議なもの。森の香りと一緒に深呼吸して味わいたい、独特のものなのです。なかなかほかでは見ることができない花だけに、これも八ヶ岳倶楽部の特徴的な植物のひとつと言えます。おまけに秋の黄葉もすばらしい。僕にとっては、世話が焼ける分、とってもかわいい、手のかかるお嬢さんといった植物です。

吹雪の中の野良仕事

八ヶ岳倶楽部が今の形になるまで、毎年元旦に、「正月野良仕事」というのを新年の恒例行事としてやっていました。だいたいが材木を敷いたり、林に手を入れたりする大仕事です。

元旦は学生も社会人も休みを取れます。そして八ヶ岳倶楽部に行くと僕とハードな野良仕事がやれる。だからその時は、過去に働いてくれていたスタッフからその友だちまで、とにかく大勢の人が集まって、お祭りのような騒ぎになります。人手が集まりますから、僕たちはここぞというようなハードな野良仕事を用意して、みんなを待っているわけです。

数ある正月野良仕事の中でも、一番大変だったのは、駐車場の枕木敷きでした。

お正月ですから、二〇人近く集まってくれたさまざまな仲間やスタッフと少しだけお屠蘇を飲み、お雑煮をいただいて、「じゃあやろうか！」という僕の声で作業が始まります。

かみさんとリエコ（当時のレストランのチーフ）が二人で店を守り、男たちはみんなレストランから見える場所で力仕事に取りかかります。すると、待ってましたとばかりに、またしても雪が降るわけです。晴れていても急に雪が吹きおろしてくる。だからみんな全身真っ白になる。レストランから見ているお客さんたちは、「なんて悲惨なの、この光景は」と思うわけです。でも外で作業している僕たちも、店の中で仕事をしているかみさんとリエコも、みんなワクワクドキドキしているんです。服をドロドロにして、声を掛け合って気合を入れ合って、一気呵成に作業をするのです。

それは楽しい、新しい一年を始めるにふさわしい勇壮なお祭りでした。そして、必ず暗くなる前に「おい、今日は終わろう」と僕が号令をかけて、片付けも一斉に全部やってしまいます。

野良仕事がすべて終わり、ヘロヘロになって僕が戻って来ると、リエコが「パパさんって素敵！　大好き！」って飛びついて来るんです。するとママが、「ダメよ、私のパパよ！」なんて言い合う。でもとにかくみんなクタクタですから、クツと上着だけ脱いだら、「さあ飲もう！」。

僕は紛れもなくこの工事の親方なので、まず僕が上がって酒を飲んでる。で、「遅いぞー」って声をかけると、みんなが「はーい！」と、猛スピードで片付けを終えて上がって来ます。それからは、学生のスタッフだろうと、社会人だろうと、みんなで大宴会です。僕は「ママ、なんか肴持ってこい！」って言ったりして。誤解しないで欲しいのですが、そんな呼びつけ方をして、僕という亭主は女をこき使ってるんじゃないのかというと、答えはノーです。

枕木敷きのような力仕事では、男たちがまさに男らしく、持てる力を振り絞って働く。そして、それを見守る女たちがとっても女らしく、心配したり、感動したりして、荒れ狂う吹雪の中で働く男たちに「素敵よー！」って叫ぶ。すると、男っていうのはそれに応えようと、もっと頑張るものです。そして、仕事を終えて戻ってきた男たちを、女たちは心から労ってもてなすのです。

少々原始的で荒っぽく見えるかも知れませんが、これはもう昔からの、八ヶ岳倶楽部の原点です。

酒盛りは深夜まで続き、「あの時お前がこうやったから俺はここをケガしたんだよ」とか笑って、ひたすら野良仕事の話をします。それを、ママとリエコが横でニコニコしながら「素敵だったよねー、辛いだろうけど」と付き合ってくれる。あれはまさに八ヶ岳倶楽部の青春時代でした。もうかれこれ一五年以上も前のことです。

「ギャラリー」の増築と移転

八ヶ岳倶楽部で、かみさんの好きな作家の作品を売り始めて七年目の一九九六年初夏、新しく、独立した建物としてギャラリーを造ることにしました。

八ヶ岳倶楽部のスタート直後から、作品の売れ行きは好調でした。それにともない、おのずと扱う作家の数も増えていき、元からのスペースだけでは、とてもじゃないけれど作品が入りきらなくなってしまったのです。

それじゃあ、ということで例によって僕が新聞紙に筆ペンで図面を引き、完成した建物にギャラリーの役割を全部移行。これで、元ギャラリーだったスペースがぽっかり空いたわけですから、そこにテーブルと椅子を運び込み、レストランの慢性的な席数不足も、解消することができました。

新ギャラリーが完成してから、かみさんが自分で見つけて応援していた作家だけでなく、全国のさまざまな作家たちが「ここに置かせてくれ」といろんなジャンルの作品を持って来るようになりました。持ち込まれる作品は、どれも八ヶ岳の自然に似合うものばかり。ですから、東京や名古屋、大阪の大都会の百貨店で展覧会をするよりも売れるわけです。作品の素晴らしさと八ヶ岳の自然の相乗効果ですね。それが作家たちの間で評判になって、八ヶ岳倶楽部のギャラリーは次第に、若い作家たちにとって登竜門のような場所になっていったのです。

しかし、この調子で持ち込みの数が増えていくと、どれだけスペースがあっても足りなくなってきます。

どういう基準で展示する作品を選ぶか、ということを考えなければいけなくなってきたのです。それで新しくギャラリーを建てた時に、あらためて「ここにはママが好きな作品だけを展示する」というルールをきっちり決めました。みんなに意見を聞いて、「これにしよう。あれも置こう」というのではなくて、八ヶ岳倶楽部の社長であるかみさんが、自分の感性だけで作品を選ぶ。ママの審美眼が衰えたら、それはそれでいいだろうと。

ですから、八ヶ岳倶楽部で展示しているのは、一貫してかみさんの好きな作品だけです。しかしそれでも当初の五、六人の作家たちから、今では一〇倍以上の七〇人の作家がここで作品を展示するようになりました。

ギャラリーを新設したら、作品もますます売れるようになりました。僕もかみさんも、〝作家〟という人たちが好きで、その応援団みたいなものですから、作品が売れて、彼らが豊かになっていくことはこのうえない喜びのひとつです。

たとえば、こんな嬉しいことがありました。

八ヶ岳倶楽部を始めて数年経ったある年、設立当初からここで作品を展示していた五、六人の作家たちが「たまには忘年会でもやろうか」と盛り上がって、暮れも押し詰まった頃に八ヶ岳倶楽部に集まることになったのです。

ギャラリーの入り口には鍛金造形家の和田隆彦さんが造ってくれた美しい看板が掲げられている

当日、僕とかみさんがレストランでお茶を飲みながら彼らを待っていると、一台、また一台と彼らの車が駐車場に入って来ました。最初、僕とかみさんは特に気にとめるでもなく、「ああ、来たね」とか言って見ていたのですが、全員が到着した頃には、二人して駐車場に飛び出していました。

なんと彼らは、全員ピカピカの新車に乗ってやって来たのです。

当時は、作家のアート作品なんてなかなか売れない時代でした。都会のデパートのギャラリーで個展をやっても、日に一点売れればいいほうだったのです。ですから、みんな貧乏な暮らしを余儀なくされていて、作品の材料の仕入れや、展覧会時の作品運搬のために必要な車でさえ、いつ故障して止まっちゃうか分からないようなものに乗っていたのです。それで僕も以前から「お前、車ぐらい買い替えろよ。中古車でもいいじゃないか」なんてよく言っていました。

僕は駐車場に並んだ彼らと、その新車を見て、あられもなく泣きました。経済的に困った状態から脱したわけです。それもみんな揃って。何の実績も保証もないスタート当時の八ヶ岳倶楽部に、作品を提供してくれた数人の作家たち。彼らは、ここで作品が売れたことによって新車を買うことができたのです。それも、贅沢な高級車に乗って来たのではなく、ワンボックスカーとかワゴン車など、それぞれが運搬する作品のサイズに合わせた新車です。

誰それの作品は銀座の画廊でも売れているらしいとか、大きな商談がまとまったとか、何かの賞を受賞したとか、そういう話ではなく、ひとつの目に見える結果として、自分の創作活動のために必要な新車をそれぞれが買い、そして朗らかな顔をして八ヶ岳倶楽部にやって来た。これは、作家の創作活動を応援している僕とかみさんとしては、彼らが名声を得ることよりもずっとずっと嬉しいことだったのです。

この時ばかりは、かみさんも一緒になって、大の大人がお互いを抱きしめ合って「よかったね」って喜びを分かち合いました。八ヶ岳倶楽部を始めてよかったと、心底思った出来事でした。

彼らは今でも、僕やかみさんにとって、そして八ヶ岳倶楽部という場所にとっても、かけがえのない存在です。彼らがいなかったら、ここを造ろうなんて思わなかったでしょうし、よしんば造ったとしても、きっと上手くいかなかったでしょう。

隠れたメインステージ「中庭」

ギャラリー新設に合わせて、レストランから新ギャラリーへ移動するための渡り廊下と、屋外からも行ける新しい枕木の道、それを囲むテラス状の広場も造りました。この広場を「中庭」と呼んでいます。

中庭を担当することは、ここで働くスタッフたちにとって憧れらしいのです。理由は「年中、野良仕事ができるから」と言うから、みんなよっぽど野良仕事が好きなのでしょう。それに、中庭という場所はレストランからも、ギャラリーからも見えますし、何と言っ

“チェントロ”とはイタリアの町の中心にある広場のような場所。いろいろなものが集まっているその空間が大好きで、「中庭」もそんな場所にしたいと思っていました

ても、この八ヶ岳倶楽部の主役たる雑木林の入り口に位置し、常にその四季の移り変わりを見ながら働ける。言わば八ヶ岳倶楽部の〝チェントロ（中心）〟です。ここで働く若者たちにとって、ここでの暮らしを謳歌する、最高のステージということなのでしょう。

レストランとギャラリーを中庭で繋げることによって、お客さんたちは、注文が来るまでの間、「ちょっとギャラリーを見てくるね」とか「待っている間、向こうにいますから呼んでね」と、ここでの時間を有意義に過ごすことができるようになりました。料理ができ上がったらスタッフが呼びに来てくれるので、お客さんたちは安心して作家の作品や中庭の苗木を楽しむことができます。ギャラリーと中庭は、レストランのウエーティングルームの役割も果たしているのです。

中庭では、八ヶ岳倶楽部の林に溶け込むようにして、野草や、限りなく野草に近い園芸品種の苗を販売しています。

ちょうど真吾が園芸の修業を終えて八ヶ岳に帰って

きた頃、彼の学んできたことを生かそうと考え、このスペースを彼に任せました。ここには真吾お勧めの園芸道具を置いたり、真吾や中庭のスタッフが、植物の育て方について、お客さんからの質問に答えたりするQ&Aの場所として、毎日なかなかの賑わいを見せています。

腕を組んで歩ける道に

さて、お話ししたように苦労して敷いた林の中の道ですが、林がどんどん立派になっていくに従い、恋人同士や夫婦が手を繋いで、肩を抱いて、並んで歩ける道を造りたいという思いを僕は我慢できなくなっていました。頭の中で、ああでもないこうでもないと、枕木の敷き方をいろいろ考えて過ごす日々が続きました。

そしてついに、枕木を半分に切って、それを一本ずつ横に敷いていく方法を思いついたのです。枕木は一本二メートル一〇センチくらいありますから、半分に切ると一メートル強。ちょうど二人仲良く寄り添って歩ける幅です。

そんなことを考えていると、折しも昔から付き合いのある鉄道会社から、「使い古した枕木が大量に出たよ」と連絡が入りました。それで、取るものも取り敢えず現地に向かい、ダンプカーを借りて僕らは何往復しただろう、古い枕木も新しい枕木もごちゃ混ぜにして全部もらってきました。古過ぎる枕木は、いくら丈夫と言ってもさすがに朽ちていて、そのまま歩道として使うには危険なので泣く泣く処分。残った枕木は当初の半分くらいの数でした。

さあ、アイデアと材料が揃えばあとは実践あるのみです。親方の僕を先頭に、真吾とスタッフたちみんなで枕木を半分に切っていく作業から始めました。

ところが、枕木を切るっていうのは、じつに大変なのです。ご存じの通り、枕木は線路の台座に使われるものですから、硬いし、雨や雪にも耐えられるように、コールタールで芯まで煮染めて、おまけに砂利までくいこんでいる。ですから、たとえばチェーンソーを使っても、何本か切ると必ず刃がボロボロになってしまうわけです。そこで、製材所で使われる、口径がかなり広く、六〇～七〇センチくらいある電気ノコギリを買ってきて、かたっぱしから切っていきました。

次に、枕木を林床に定着させるために一番肝心な基礎の部分を造らなくてはなりません。これをやらないと、真冬には霜に持ち上げられて浮いてしまいますし、そもそも傾斜地の道ですから、グラグラしていては腕を組んで歩くどころではないわけです。

枕木の長さの一メートルよりもちょっと幅を狭めて、八〇センチから九〇センチくらいの間隔を取って枕木を縦に二本ずつ、線路のレールのように敷いていきました。そして、その上に切った枕木を横に並べて載せていくのです。

このくらい大掛かりな作業をしていると、地面から岩が結構出てきます。こんな時、ここが険しい岩肌の八ヶ岳連峰の山麓であることを実感します。それでも重機は入れず、あるがまま。人力で動かせそうな大きさの岩でも、ちょっとずらすくらいなものです。もちろん動きそうもない大物に出くわすこともしょっちゅうです。岩はだいたい、地面から出ている部分の三倍か四倍は地中深く沈んでいます。岩の周りの土を少しだけどかすと、大概分かるものなのです。その場合は、岩のずっと手前から迂回するように道を造ったり、逆にその岩を生かすように工夫して道を造っていきます。

たとえば、八ヶ岳倶楽部の西側を行く道は、ほとんど道の下に橋げたを造って全部地面から浮かせてあります。なぜそんなことをしたかというと、基礎を造るために掘り返してみたら、このあたりが一面岩の塊で、そのうえ、埋まっている岩と地面との境目の穴ぐらに、岩の下に潜るようにして天然記念物のヤマネが寝床を造っていたのです。

ヤマネは、人間の手のひらに載るくらいの小さな齧歯目（ネズミの仲間）の哺乳動物で、林業とかを生業にしている人たちの間では、山の守り神として大切にされてきました。

彼らは、普段は樹の上で生活をしているのですが、冬になると、枯れ葉の下や土の中、樹のうろ、朽ちた樹の中なんかに巣を作って冬眠します。だから彼らの冬眠を邪魔しないためにも、浮かせて橋にしておく必要がありました。今でも、夕方散歩なんかしていると、時々顔を見せて挨拶をしてくれます。

地面にまで手を入れるハードな野良仕事をしていると、こういう、普段見ることのない生き物の営みをほうぼうに見つけることができます。

林の草刈りをやっていた時には、マイヅルソウという野草がひっそりと三、四本生えているのを見つけました。この野草は、ツルが羽を広げて舞っているように葉を広げることからその名を冠せられたのですが、その優雅な姿もさることながら、葉の緑色に独特の光沢があり、かわいらしい白い花が咲くとても美しいものです。僕はこれを増やそうと思い、マイヅルソウより背の高い草をどんどん刈っていきました。すると日が当たるようになり、お目当ての草はぐいぐい勢力を増してくる。三年も経てば、そこには一面、マイヅルソウの群生が広がっているというわけです。

こういうものに出くわすと、僕たちはいったん作業の手を止めて、今度はそれをどういうふうに生かしてここを訪れる人に見せようか、ということを考え始めるのです。

たとえば枕木の道のすぐ脇にマイヅルソウが生えている場合、道との間に一メートルほど幅があると、人は樹々を眺めながら前方を見て歩いていきます。道を踏み外してしまう心配がないので、足下はあまり見ないんですね。でも、これではせっかくのマイヅルソウに気づかないで通り過ぎてしまうのです。

そこで、群生している場所の少し手前から道を急激に細くしてみました。すると歩く人が用心して足下を見ます。見た先には、マイヅルソウがびっしりと美しい葉を広げていて、「わあーっ」てことになる。これはひとつの演出で、僕は八ヶ岳倶楽部の林の随所にこ

無造作に置かれた金属製の額縁。じつは１週間後に、ここにあの花が咲くんです

んな工夫を凝らしています。植物たちは動けませんから、植物たちを舞台に上げるのではなくて、そこに目がいくような仕掛けを作っていくのです。

植物たちの輝く時を見てもらいたい。まだ林の樹たちに緑がない春先には、フクジュソウが鮮やかな黄色の花を咲かせます。地面から五センチくらいの茎を伸ばして、見事に花を開いているのです。でも、そうは言っても小さな花ですから、ともすれば見落としてしまう。そんな時真吾たちは、ちょうどその一、二輪が収まるくらいの小さな額縁を持ってきて、一幅の絵になるように額縁で花を囲ってやるのです。とてもかわいらしい、自然そのままの芸術作品のできあがりです。そんなふうにタイミングを意識し、工夫してそれぞれの植物にスポットライトを当ててあげるのです。

真吾やスタッフたちは、年中、ここの林の植物たちのことを考えて、そのもっとも美しい時期を心待ちにしています。僕たちは八ヶ岳にいますから、見逃すことはありませんが、お客さんたちはそうはいかない。

だからここに来た一時だけでも、その姿を目にして、心に残して欲しいのです。

かといって過剰な演出やサービスはこの林には似合いません。

「植物の名前のプレートを付けたりはしないんですか」と、林を見に来たお客さんに聞かれることがよくありますが、そういったものは全然作っていないのですね。スタッフには、お客さんから尋ねられた時に教えてあげればいいと言ってあるからです。

ですから、植物のことが気になったらそれを機会にスタッフに話しかけてください。「この花は何だろう?」「これはサワフタギですよ」「こんなアジサイ、見たことない」「コアジサイっていうんです」「この香りはなに?」「これもコアジサイの香りですよ」とか、スタッフはそんな話をしたくて仕方がない子たちばかりです。自分で疑問に思ったことを人に質問し、丁寧に教えてもらう、それは出会いです。だからとても印象に残り、尋ねたことも忘れないのです。

なお、植物のことがもっと好きになって、しかも忘れないもうひとつのお勧めの方法があります。それは自分で植物図鑑を持参して、知らない植物を見たら引いて調べること。なるべく大きくて詳しい図鑑を一冊、車の中に置いておいてください。記憶をたどりながらの確認作業は、結構楽しいものです。

もっと林を楽しくする演出

林の中を歩いていて、急に樹と樹の間が開けた場所に出た時、空を見上げた経験はないでしょうか。

僕は、そんなふうに林の中から見る空が好きなので、ここの林にもそのための場所――小さなテラスを造りました。

樹間をあけることによって、オオタカとかイヌワシなど、高いところを飛ぶ野鳥を僕たちが見つけやすいというメリットもあります。一方で、子どもたちと一緒に地面には木っ端を埋め込んで、人の目の形に似せた模様を造ってみました。もしかしたら、空を飛んでいる鳥たちがこれを見かけて、羽を休めに立ち寄ってくれるかもしれません。

そういう人間の動きや、動物の気持ちを考えた演出は、舞台の演出にも似ています。とくに子どもたちの気持ちや彼らの行動については、ものすごく考えて林を造っているつもりです。

林の道のことで言えば、道というのは、アップダウンはあっても、ひとつひとつは水平な状態が一番歩きやすいですよね。でもそれだけじゃ面白くない。いい意味での緊張感をプラスするために、左に曲がるカーブなのに、わざと枕木の右を下げてアンジュレーション（起伏）をつけてみたりするのです。勢いで走ると、みんな右に行っちゃう。そこを曲がるためには、自分で身体を傾けてバイクを寝かせるみたいに通らないといけない。子どもはどうやったらうまく通れるか考えながら遊んでいます。

子どもはこういうふうに動くだろう、だからこうすれば安全に走り回れるとか、こっちは子どもには危ないから行かせたくない、だからちょっとお化けでも出そうな怖い雰囲気にしようとか。枯れた樹もあえて倒さないで、朽ち木にはいろんな鳥や昆虫たちがすんだり、卵を産んだりするんだということを教える場所にしたり。考える僕らにとって、これはとても楽しい演出です。

それと同じくらい大切なことが、林の「営繕（えいぜん）」です。営繕とは、今あるものを修繕したり、より良くなるよう工夫したりすることです。ここの枕木は腐りかけていて崩れ落ちるかもしれない、だから取り替えておこうとか、枕木と枕木の間が開いて足をひっかけてしまいそうな所には、くさびを打っておこうとか。いつも子どもたちの遊び回る姿を思い描きながら、林の中を手入れしています。

この、「営繕する」という考え方については、これからの八ヶ岳倶楽部にとっての大きなテーマでもあるので、また後で詳しくお話ししましょう。

子どもたちだけの道「孫道・僕道」

二人並んで歩けるように林の道を造り変えた後で、今度は、幅三〇センチくらいの太い枕木が手に入りました。それで次はちょっと冒険しようということになり、林のちょうど真ん中に、子どもたちのためだけの細い道を造ったのです。

これを僕たちは、「八ヶ岳に来る孫たちの道」という意味で「孫道」って呼んでいます。孫というのは、僕の孫たちはもちろん、お客さんの孫たちも含めた幼児から幼稚園児、それから小学校低学年ぐらいの子どもたち全員のことです。その子たちがここで、「危ない、危ない、危ない」ってはしゃぎながら、平均台の上を歩くような感じで冒険できれば、とても素敵な林の隠し味になるんじゃないかと思いました。たとえ転んだり落ちたりしても、下はフカフカの林床ですからケガはしない。安心して走り回れるわけです。

そのすぐ近くには、先ほどお話しした空に抜けている小さなテラスとベンチがあって、そこでお父さん、お母さん、おじいちゃん、おばあちゃんたちが休んでいる。孫道を走り回る子どもたちは、自分の視界の中に、自分の信頼すべき肉親の姿があれば、安心して目いっぱいの遊びをするんですね。

この孫道とテラスの関係、じつは東京大学で幼児教育を専門にしている先生から、やけに褒(ほ)められました。意識はしていませんでしたが、子どもの遊び場として、教育上とても理に叶っているそうなのです。

そしてさらにもうひとつ、孫道から枝分かれさせて、林の中の小さなテラスに抜けて行く、もっと細い道を造りました。これを「僕道」というのですが、これは、僕の次男・宗助の嫁さんである直子からの要望がきっかけです。

僕と、宗助の三人の子どもたちが、しばらく一緒に野良仕事をしていない時があったので、宗助が海外赴任になる前に、何か記念になるような仕事を一緒にやって欲しいと直子に頼まれたのです。僕は、まず何

子どもたちのための「僕道」はかがんで通る！　当然ながら、僕にはかなり窮屈です

をしようか考えました。それで、当時幼稚園生だった周助（宗助の長男）が、孫道から親たちの座っている林のテラスに向かって林床の上を何度も行ったり来たりしているのを思い出したのです。

注意してもやめないので林床はだんだん踏み固められ、次第にけもの道のように一本の筋ができてしまっていたのです。ちょうどいいということで、そこにもう一本枕木の道を渡すことに決めました。

でも枕木は重いですから、孫たちにはとてもじゃないけれど持てない。それで枕木を敷く前に、基礎として長さ四〇センチの木材を二本ずつ横に敷いていくことにしました。これなら孫たちも手伝うことができます。みんなで、一日かけて道を造っていきました。

道が完成した時、じゃあ名前を考えよう、ということになりました。すると周助が「僕の道！　僕の道！　これは僕道！」と言って泣き出したのです。本人からしてみたら、もとは自分が造ったけもの道です。それで、みんなも笑って、「しょうがない。じゃあ僕の道、僕道にしよう」と決定。周助は「この道の名前は僕道です」と書いた立て札まで立てていました。

その後、周助の背丈に合わせ、一メートル前後の、小学校の高学年になるともう通れないような高さの樹を二、三本植えて、道の左右からうまく被(かぶ)さるようなアーチを造りました。大人が通る時は腰をかがめなければいけません。これはしんどい。でも、子どもは楽々通ることができる。このアーチを境に、その先は子どもたちだけの世界になっているのです。

大人はというと、テラスのベンチに座っていると、その高さの目線で、アーチの向こうで遊んでいる子どもが見える。子どもからは、走っている目線でテラスの親たちが見える、という仕組みになるわけです。この道は、今ではこの林の名物になっていて、子どもたちの歓声が絶えることがありません。

林の教室「ステージ」の進化

八ヶ岳倶楽部の林の南側に、「ステージ」と呼んでいる建物があります。これについてお話ししましょう。

僕には、今、七人の孫がいます。一五年前、長男の真吾夫婦に最初の子どもが生まれてから、次から次へと孫の誕生ラッシュが始まりました。真吾の子が四人、宗助が三人です。それからというもの、僕の関心は、ほとんど孫へ移ってしまいました。

これは、お孫さんをお持ちの方なら分かっていただけると思いますが、もう仕方のないことで、とにかく僕は孫が喜ぶことをしようと、いつも考えるようになりました。何か八ヶ岳倶楽部の中で、孫たち――子どもたちと、一緒になって遊べる場所を造ることはできないかと頭を捻(ひね)っていた時、僕と孫との間にある、ひとつの合い言葉を思い出したのです。

一番上の孫である実可子(みかこ)が小さかった頃、僕はよく、実可子と手をつないで林の中を散歩しました。そうすると、落ち葉や野草のせいで、歩く足音がカサコソカサコソと言うわけです。すると、子どもってみんなそうなのですが、わざと土の上に転ぶんです。で、落ち葉の上で泳ぎ始める。特に秋は、今年落ちたばっかりの葉っぱの上ですから、それはそれは気持ちがいい。おまけにフカフカの絨毯の下からは、ダンゴムシなどの面白い虫がいっぱい出てきたりして、子どもにとっては興味が尽きない遊びなのです。

実可子は、子ども独特の言語感覚で、聞こえる音をそのままに、「ジイジ（僕のことです）、カサコソしようよ」というフレーズを考え出しました。この言葉はそれ以来、僕と孫たちの共通語のようなものになっています。みんな二歳から三歳ぐらいになると、通過儀礼のようにジイジとカサコソ林を歩くようになりました。だから危険がないように、秋、クリのイガが落ちる頃、僕は林床をひと際念入りに掃除するようになりました。

この〝カサコソ〟や、そういった自然の中での遊びを通して、はしゃぎながら子どもに何かを伝えるということは、とても必要なことだと僕は思うのです。八ヶ岳倶楽部はまさに打ってつけの舞台です。実際、ここへ来るお客さんというのは、ほとんどが三世代通した親子関係でやってくることが多いのです。おじいちゃんも、おばあちゃんも、みんな子どもと一緒になって遊んでいる。僕は僕で、一時は八ヶ岳の農家の田んぼをお借りして、都会育ちの子どもたちと田植え体験をしたり、だんだんと、子どもといろんなことをやる機会が多くなってきました。

そこで八ヶ岳倶楽部に、子どもたちと僕の「お教室」のスペースを造ろうと思いついたのです。

夏には窓が全部開放できて、一年を通していろんな鳥がいっぱい来てという、内と外の境界がないようなものがいいと考え、できるだけ壁の少ないガラス張りの建物にしました。

建てる場所は傾斜地の中腹。すぐ横は崖になっているのですが、この谷の下には西沢という川が流れていて、ここはもう鳥やカモシカのサンクチュアリ（聖域）です。この手つかずの森と、人間が手を入れた八ヶ岳倶楽部という場所のちょうど狭間（はざま）にある——これがとても大事なことで、子どもというのは人間の中でももっとも自然の生き物に近い存在。そういう境界線にいると、子どもはとても多くのことを発見して、自分で学ぶことができるのです。

僕は「ステージ」と名付けたこの〝お教室〟を開くことが、もう楽しみでしょうがなくて待ちきれず、土台が完成した頃から、子どもたちを集めては、虫の話とか鳥の話とかをしていました。田植え体験が終わったら、子どもたちをみんな八ヶ岳倶楽部に連れてきて「みんな座れー」って号令をかけて。僕は子どもの描く絵が大好きですから、「さあ、みんな林の絵を描こう」みたいな、そう、まるで僕はガキ大将ですね。

ところが、そんなことをやって半年も経たないうちに、このステージはギャラリーの作家たちにまたたく間に占領されてしまったのです。

ある時作家たちが、僕と子どもたちの遊び場としてだけじゃなくて、個展会場として貸してもらえないだろうかと言い出しました。第七章で詳しく紹介する木彫作家の田原良作さんや、鍛金造形作家の和田隆彦さんたちが、「この期間、一〇日間は僕に貸してください」とか、勝手に次々と個展のスケジュールを決めていっちゃう。そうしてだんだん、だんだん、だんだん、それに割く日数が増えていって、とうとうステージは、作家たちの個展会場となってしまいました。

その後、開催するたびに大好評となった個展の回数はどんどん増えていき、今やステージで催される個展数は、年間で三〇回以上にものぼります。最終日の夕方にはすぐ搬出して、夜のうちに次の作家が搬入してと大忙しです。まだ個展を開くことはできない若い作家たちのためには、グループ展もやっています。少し前まで「柳生さんのお教室」だったことなんて、まるで考えられません。

しかし、今にして思えば、これは大正解でした。

ギャラリーは増床して、確かに広くはなりましたが、そこは何十人もの作家たちの共同の展示場ですから、どうしても一人だけにスポットライトが当たることは

森の中にある「ステージ」は、作家たちの作品にとっても最高の舞台（ステージ）なのです

ない。でもステージなら、それぞれの個展が開催でき、普段は見られないような作品も展示することができるわけです。

これはその作家のファンにとっても、とても嬉しいことですし、このおかげで、大勢の作家が育つことができました。それに、子どもたちと僕のお教室は、この林をはじめ、八ヶ岳南麓の自然があれば、どこでだってできるのですから。

思えば八ヶ岳で暮らした三〇年間というのは、僕が何かを造ると誰かがそれを占領して、ということの繰り返しでした。

八ヶ岳に移り住んで最初に建てた「下(しも)の茶屋」という家は、最初スタッフたちに占領され、その後、真吾たち夫婦に子どもが生まれた時、彼らが八ヶ岳で暮らす家になりました。次に建てた「中の茶屋」も、どんどん増えていく若者たちに占領され、今は男子寮になっています。

追いやられて追いやられて、結局僕とかみさん二人が今住んでいるところは、とある秘密の屋根裏部屋です。でも、それで僕たちがふてくされているかというと、それはまったく違います。僕たちは、自分たちの場所を占領されていくということが、とても嬉しいのです。若者たちによって、彼らの生活のために追い出されていく、譲っていくということが。

彼らは、その場所を舞台に自分たちの生活を謳歌していく。そしてさまざまなドラマの後に、新しい世代へと命を繋げていくのです。僕とかみさんは、そんな彼らの姿を、林に向かって開かれている小さな屋根裏部屋の窓から、微笑みながら見ているのです。これって若者たちとの付き合い方として、とてもいいと思いませんか。

しかし、だからと言って僕がずっと屋根裏部屋で大人しくしているかというと、もちろんそんなことはありません。僕は僕で、どんどん彼らの思い付かないような新しいことをやります。ただ完成したら、また取られちゃうのですけれど。

小さな「柳庵（りゅうあん）」と「僕テラ」

真吾が、ギャラリーの横に小さな小屋を造りたいと言い出して、スタッフと一緒に取りかかり始めました。

まず枕木で柱を一本立て、それと地面を基準にして、建物の要（かなめ）となる垂直と水平を測ります。そうしてできた小屋は、最初、屋根も何もない、四方に囲いがあるだけの粗末なものでした。せいぜい柱の梁にいろんな寄せ植えの釣り鉢を掛けたりするか、園芸のアイデアで提案したい新しいものを、そこに展示して発表するくらいでした。

そしてある時、真吾がその上に草屋根を造ってみたいと言い出し、屋根造りが始まったのです。草屋根というのは文字通り、草の生えた屋根のことです。草屋根の家は室内温度が下がって人工空調が必要ないことから、地球温暖化に対する解決策のひとつとして最近見直されてきました。

作業の順番としては、一応、雨漏りしないようにプラスチックでできた波板で屋根の基礎部分を造り、スレート（屋根葺き材）を敷いて、その上に、水を含んでもそんなに重くならない椰子（やし）の繊維を使ったマットをいくつも置いていくのです。これで土台が完成です。それからそこに、ポットに入った野草などの苗を植えていき、さらに、表面に土を少しずつ入れながら、林の中に生えてきたばかりの小さな樹を取ってきては、寄せ植えのように植樹していったのです。この草屋根の大がかりなものが「ステージ」です。

そして最後に、彼が子どもの頃、自分で彫った「柳庵」という看板を引っ張り出してきて、そのまま飾り付けました。真吾は子どもたちに人気がありますから、柳庵では子どもたち向けの、外で遊ぶおもちゃなどを展示して販売したり、子どもたちにプレゼントしたりしています。

柳庵の裏側には、子どもたちの遊び場のテラスが設（しつら）えられています。これはうちのスタッフが「柳庵で子どもたちが遊んでいるのを、親御さんたちがテラスでお茶を飲みながら見られたらいいですよね」って何気なく言ったのを聞いて、僕がすぐ形にしたものです。

僕の頭の中に、柳庵で遊んでいる子どもたちを、レストランのテラスで親が見ている、同じグラウンドレベルで見守っている、という情景がパッと浮かびました。グラウンドレベルというのは地面の高さのことですが、お互いが同じ高さにいれば、少しぐらい距離が離れていても安心感があるものです。

ひとつひらめくと、あとはもう若者たちもいろいろとアイデアが浮かんできます。柱の梁に金属や竹や樹などをぶら下げて、木の棒で叩（たた）くといろいろな音が出るようにしたり、さまざまな遊びができるようにしました。暖かくなってくると、ここは子どもたちの人気スポットになります。

このテラスを、林の中の僕道にちなんで「僕テラス」とか「僕テラ」と呼んでいます。

八ヶ岳倶楽部のへっぽこ経営論

誰が来てもいい。そして、来た人には森を散歩して寛いで欲しい。そんなパブリックスペースとして開かれた八ヶ岳倶楽部は、やっぱりお店としてのあり方を持たなければ立ち行かない場所になってしまいました。

一九八九年からの最初の五年間でようやくスタッフが定着し、人手が足りない忙しいシーズンには日本各地、果ては海外からも若者たちが集まり、お店を手伝ってくれるようになりました。

八ヶ岳倶楽部にはサービス業のプロ、経営のプロなんて人は一人もいません。僕は役者のプロですが、接客業はアマチュアです。真吾にしたって田辺氏の農場で修業したあと、今では一人前のプロの園芸家になりましたが、経営のプロではありません。要するに教える人はいないわけです。だから、八ヶ岳倶楽部では、来るスタッフたちにサービス業のノウハウを誰も教えていない。というか教えられないのです。唯一、「儲(もう)けるな。美しくあれ」という社是は、設立したときからスローガンみたいなものとしてありましたが、お店として、いわば組織としてのマニュアルなんていうものはひとつもない。

しかし僕は、これを恥じたことは一度もありません。ここにはスペシャリストはいらない、必要なのはゼネラリストだ、というのが僕の考えだったからです。そして、そんな僕の考えを裏打ちしてくれるように、やって来るお客さんたちは口々に「スタッフ教育が行き届いてますね」と、ここで働いている彼らのことを褒めてくれます。

僕は折に触れてスタッフたちに「〝いいチーム〟を作ろう」と言うことがあります。

大前提として、いいチームを作るためにはみんなが自分勝手ではいけません。それに僕は、自分に与えられた持ち場のことだけをやっていればいい、ほかの持ち場のことは一切関知しない、というセクショナリズムの考え方が嫌いです。と言うよりも、この八ヶ岳倶楽部には、そういう経営の考え方は似合わないと思うのです。

あるスタッフが、まだお客さんとして遊びに来ていた頃、ステージの上にどっさり積もっていた雪が雪崩(なだれ)のように落ちてきたことがあったそうです。ここが普通のお店だったら、ステージのスタッフだけで落ちてきた雪を片付けるところでしょう。なぜなら、ほかのスタッフにもそれぞれ持ち場を離れられない仕事があるわけですから。

ところがその時、中庭やギャラリーのスタッフ、一番遠いレストランのスタッフやお客さんまでもが飛び出してきて、みんなで協力して雪かきをしたと言うのです。そんなふうに、ここではそれぞれがボーダーレスに協力し合って運営しています。

ここの主役は雑木林なんだ

次に、いちいち僕の顔を見て仕事をしてはいけないということ。どうしても楽な仕事の仕方をしようと思うと、すぐ上司の指示を仰いでしまうものです。「パパさん、どうしたらいいですか」と。

八ヶ岳倶楽部では、接客業の「いろは」を教えられない代わりに、この森で起こっている自然の生き物たちの営みのことを、先輩たちから新人のスタッフへ徹底的に教え込みます。

たとえば今、花が咲いている。「この花は何ですか」「これはフクジュソウ。このフクジュソウの花っていうのは、パラボラアンテナみたいに花びらを円(まる)く開いて、太陽の光を花弁いっぱいに集めるんだ。そうすると花が温まって、虫が集まってくるんだ」とか、「キョキョキョ、ピピピ」という鳥の鳴き声を聞いて、「あれは何ですか」「あれはイカルっていってね、去年パパが親指を嚙(か)まれたんだ」とか、いろいろなことを、真吾はじめ、全員が教えるのです。

そして教わった人は、同じように次の新人に教えます。「環境とはね、自然とはね」なんて誰も語らない。うちのこの林の中の生き物、その移ろい行く季節をみんな語るのです。

お客さんも、この森に遊びに来ているわけですから、そういったものに興味があるし、知識もあります。林の生き物を介して、自然とコミュニケーションができるわけです。

園芸とか植物について詳しいお客さんもいっぱい来るし、「日本野鳥の会」の会員もバードウオッチングにやって来ます。スタッフたちが、そうとは知らずに鳥や植物のことを得意になって話すと、相手のほうがもっと詳しいなんてこともあります。

これは本人にとってはちょっと恥ずかしいことです。が、僕は大いにやればいいと思っています。間違えれば、「違うよ。この鳥は何々でね」とか「君ね、それはこういう鳥でね」って、今度は教えてくれるわけです。それでスタッフも新しい知識と出合うことができる。林を真ん中に置いて、人と人の間に、それぞれが持っている感動を伴うような知識や、蘊蓄ではない教養が行き来しているのです。そんなお店があってもいいと思うし、僕は、それこそが素晴らしいと思います。

そんな具合に、八ヶ岳倶楽部では個人と個人の会話による接客をしていますから、お客さんも、あくまで個人としてスタッフたちに接してくれます。そのスタッフに会うために、お客さんがまた来てくれたりもするわけです。帰って行く人への挨拶も個人対個人。全員が声を張り上げて「ありがとうございました！」なんて、決して言いません。

かつて真吾が、僕とかみさん、そしてスタッフたちの前で、「ここの主役は雑木林なんだ」と言ったことがあります。「ここの主役はオヤジじゃない。おふくろでもないし料理でもない。作家でもなければその作品でもない。雑木林そのものなんだ」と。これは今では八ヶ岳倶楽部の合言葉になっています。

何かあればいつでもこの真吾の言葉に立ち返り、お店も、人も、みんな林というフィールドで、みるみるうちに見違えるほど勝手に成長していきました。僕がかつてそうであったように、日本人というのは、子どもの頃から野山で大人の手伝いをすることで、さまざまなことを学び、成長していくものなのです。

　僕とかみさんや真吾も、何も教えない、教えられないという、ある意味アマチュアの感覚でスタッフたちと接していますから、気持ちが楽です。新しいスタッフを雇い入れることに関しても、いったいどんな人がやって来るんだろうと、興味はあってもさほど心配はしません。心配どころかちょっと楽しみです。こんな山奥で一緒に暮らしていくことになるわけですから。

　面白いことがあって、八ヶ岳倶楽部にちょっとガラの悪そうな、いわゆるチンピラふうの若者が四、五人で来たことがありました。来た時はいかにも風体（ふうてい）が怖そうで、騒がしく大声で話をしていたのです。スタッフもハラハラしてその若者たちを見ていました。しかし不思議なもので、一〇分ぐらいコーヒーなんか飲んでいるうちに、彼ら、急に大人しくなって、最後には何だかとてもいい人になっちゃったのです。「ごちそうさま」とか言ってとびきりかわいい笑顔で帰って行ったりして。こんなことが何度もあり、ここでは人に対して用心したり、怖く思ったりすることが本当になくなりました。

　一〇年くらい前からは、観光バスに乗ってやって来るお客さんたちを受け入れるようになりました。観光バスは、一見すると団体でどかどかと人がやって来るような〝暴力的〟なイメージがありますが、実際はそんなことはありません。団体客も、よく考えれば当然一人一人、個人のお客さんだからです。乗って来たバスは要するにただの移動手段で、ここに来れば、それぞれ個人に立ち返ったり、家族という生き物の集まりになったりするわけです。ですから、そのまま団体ではなく、バラバラに分かれて行動してもらっています。僕の経験上、そのほうが、林やそこにすむ生き物とも仲よくなれるのです。バスが着いたらまずスタッフが乗り込んで、そんな話をさせてもらいます。これにはみなさん、驚かれますけどね。

パブリックスペースという場所は、いつも開いていて、不特定多数の誰が来てもいいわけです。「こんな人に来てほしい」ってこちらがセレクトする場所ではないのです。

これからの八ヶ岳倶楽部

八ヶ岳倶楽部に来てくれた人たちによく聞かれることのひとつに、「これから八ヶ岳倶楽部はどうなっていくんですか」という、非常に基本的な質問があります。そんな時、僕は全員に同じことを言います。答えは「これ以上大きくしない」ということです。これはお客さんだけではなく、倶楽部のみんなが集まっている時も、必ず口にしています。

家族、友人たち、そして多くの若者たちやお客さんと造り上げて来た八ヶ岳倶楽部の雑木林と、お店としての規模は、今、ひとつのクライマックスに達していると、僕は思っています。

経営的手腕が上がって実際にお金が入ってきたら、もっと大きくして、もっと儲けようという発想はここにはありません。確かにさまざまな施設を増築してきて、規模として、一五年前には想像もしていなかったものになりました。しかしそれはすべて必要に迫られてやったことであり、ひとつの森としてここをとらえた時に、そのスケール感は、はじめの頃と寸分違わないのです。

それは、じつは僕以上にかみさんの望みでもあるのです。生身の僕とかみさんの目が行き届かない、手が届かない距離感ではやりたくない。僕が森を手入れできなくなってしまうようなことは絶対に嫌なのです。一緒にチームを組んでいる、一人一人の顔や性格が見えなくなったりすることはしたくない。

八ヶ岳倶楽部の施設としてのキャパシティーは、一日一〇〇〇人が限界です。それ以上の人々が訪れるとこれはもう、僕たちの手に負えない代物になってしまいます。

では、そうならないためにはどうするか。簡単なことです。駐車場を広げなければいい。施設の拡大をこれ以上しなければいいだけの話です。

いつも僕はお正月、初日の出を拝んだ後に、必ずお屠蘇(とそ)を飲んでから書き初めをするのですが、二〇周年を迎えた二〇〇九年は「透明性」と書きました。それはひとえに、いいチームを作ろうという気持ちから。そのためには透明性だ、と。僕とかみさんは、いつも贅沢なんかしていないですし、そんなに貯蓄はないけど、借金もない。身の丈で生きています。今のここが、ちょうど二人のスケールかなと思っているのです。

営繕を繰り返し、未来に繋ぐ

今後の八ヶ岳倶楽部で必ずやっていくこと、それは先にも出てきた「営繕」です。僕は昔から、スクラップ・アンド・ビルドっていうのはあんまり好きじゃありません。壊して、また建てていくのではなく、壊れたところや改良が必要なところを繕(つくろ)いながら、よりよくしながら、より美しくしていくほうが、自然と折り合って馴染んでいけると考えているからです。これは森、ひいては人の育て方と同じです。そういう佇まいが好きなのです。自然の中で、生き物として生きていく上でこれはとても大切なことです。

最初に家を建てる時もそうでした。この自然とどう折り合いをつけるか。そのためにはどういう家がいいのか。どういう住み方をしたら自然に失礼に当たらないかということをひたすら考えました。そして、何か問題があれば絶えず営繕を続けます。お年寄りや子どもたちを連れたお客さんにとって過ごしやすい場所とは何かをいつも考えています。

一般に開放するパブリックスペースである八ヶ岳倶楽部を作ってからの二〇年間、僕の中の一番の変化は、ここは僕の家、僕が造った雑木林、僕の森だ、という意識がだんだんと薄れていったということです。僕の意識が薄れたと言うよりも、変な表現かもしれないですが、この八ヶ岳倶楽部の森が勝手に生き始めたと言ったほうがいいかも知れません。

　当時、この土地を買って手を入れ始めた頃、森はまだ僕のものでした。すべての建物を建てながら、樹を植えながら、育てながら、自分の息子たちやかみさんに無理を言いながら、いろんな人に手伝ってもらい、僕の号令一下、みんなやっていたわけです。よくも悪くも、言うなれば僕がゴッドファーザーで、森にとっても僕が主（ぬし）だった。だって、僕が植えたり切ったり手入れしたりしていたのですから。

　しかし、この建物を建てて、「みんなおいでよ。誰でも来ていいよ」と僕が言うことによって、いろいろな新しい風が入ってくるようになった。それは劇的な変化を生んでいくんです、めまぐるしいほどに。そして、僕が決してここのゴッドファーザーではないということが、毎年毎年、示されていく。

　今、この森にとって僕がどういう存在になっているかというと、森に動かされている管理人、言わば森の世話人だと思います。その中にできた八ヶ岳倶楽部というささやかな場所に、たくさんの人が集まり、そこを舞台にそれぞれが響き合って、森の世界を造っていくのです。

　本当に、想像を超えて森はどんどん立派になっていきました。一五年前、前作を書いた頃の森は、一本一本の樹がもっとヒョロヒョロとしていました。植えたばっかりの樹もいっぱいあった。それが今は、こんなにもしっかりと根づいて雄大な姿を見せてくれている。生き物だってそうです。花が咲き、鳥が歌う。そしてその中には、僕たち八ヶ岳倶楽部の仲間たちも当然入っています。

　ここで生きて、生き物として人と出会い、恋に落ち、新しい命を繋いでいく。八ヶ岳倶楽部はそんな場所としてあり続けたいと思っているのです。

＊1　【八ヶ岳南麓】八ヶ岳連峰の南。北杜（ほくと）市の小淵沢町、長坂町、大泉町、高根町などからなる。

僕が造った森は、こんな立派な大人になりました。今はゆったりと森の世話人です

＊2　【ハンノキ】カバノキ科ハンノキ属の落葉広葉高木。北海道から沖縄の山間部などに生える。樹高は10〜20メートル。

＊3　【ミズナラ】ブナ科コナラ属の落葉広葉高木。北海道から九州の山地、亜高山に生える。樹高は30メートルほど。

＊4　【アオハダ】モチノキ科モチノキ属の落葉広葉高木。北海道から九州の山地に生える。樹高は8〜12メートルほど。

＊5　【コナシ】バラ科リンゴ属の落葉広葉小高木。別名「ズミ」「コリンゴ」。北海道から九州の山野に生える。樹高は6〜10メートル。

＊6　【オオカメノキ】スイカズラ科ガマズミ属の落葉広葉低木。別名「ムシカリ」。北海道から九州に生える。樹高は2〜5メートルほど。

林床の隅で密かに結実するヘビイチゴ。5～6月には子どもたちが輝くこの実を探す

可憐なツリバナの花。5～6月に、枝から吊り下がるように咲くことからそう呼ばれる

葉で花を隠す繊細な姿が、舞の名手・静御前を思わせるヒトリシズカ。花期は4～5月

初夏、林床一面に花開くマイヅルソウは、その名の通り、優雅に羽ばたくツルのよう

鮮烈な朱色が美しいレンゲツツジは5～6月に花期を迎える。秋の紅葉も見事な眺めだ

春、船のいかりに似た花を咲かせるイカリソウ。淡い紫色の花弁は透き通るほど美しい

春、地面を覆うほど群生したニリンソウ。一茎に二輪の花が咲くことから名付けられた

4月、春まだ来ない冬景色の中、鮮やかに咲くダンコウバイの黄色い花。春の知らせ

4～5月の花期のあとで結実するウリカエデの翼果は、風に舞いながら命を繋ぐ

都会でもフジ棚で親しまれるフジの花。5月、八ヶ岳では野生のフジが雄々しく咲く

夏に実るヤマボウシの赤い果実は食べられる。トロピカルな甘味が口中に広がる

盛夏から秋にかけて咲くオミナエシ。万葉の昔から愛され、和歌にも詠まれている

※開花時期、実のなる時期は八ヶ岳南麓の標準です

イラストレーション：すぎやまえみこ

僕テラス
柳庵
中庭
ギャラリー
Yatsugatake Club
レストラン
中の島

駐車場にある「中の島」のおかげで
道路を通る車が気にならない。
中庭にある「柳庵」の草屋根。
このうらの「僕テラス」は秘密基地
みたいです。
「僕道」「孫道」は
このスポットから
よく見えます。
八ヶ岳
倶楽部
スケッチ
Emiko Sugiyama
大学のとき
アルバイトして
そのまま就職
したり…
八ヶ岳倶楽部を卒業して
また ここに戻ってくる
「出戻り」スタッフも
多い。みんな
八ヶ岳倶楽部が
大好き。
ここに来て
性格が
変わった
スタッフも。
レストランで一番人気
フルーツティ

水辺の寄植えのメダカたちをみつけるのは
やっぱり子どもたち。
イワガラミも
テラスでお茶を
いただきながら
見ることができる。
レストランのテラスに
ワンちゃん用
お水と
ボウルが
あります。
ノドがかわいたワンちゃんへ
人気のたき火鉢
ステージの
栗の木のモニュメントは
和田隆彦さんの作品
中庭の
トーテムポール
丸太で作った
動物がかくれてる!
シジュウカラ
一家が
巣にして
しまった
ポスト
林の中にかくれてます♫

巣箱のポスト

巣になったポスト。なかなかお茶目なシジュウカラ一家でした

このポストは、珍しい形が気に入ってギャラリーで扱おうと思って仕入れたのですが、南部鋳鉄(ちゅうてつ)製で重いうえに、大きすぎて持って帰りづらいせいか、まったく売れませんでした。しまい込むのももったいないので、エントランスに置いて使っていたら、いつの間にか中にシジュウカラが巣を作っていたのです。

郵便屋さんが配達でフタを開けるたびに、かわいいヒナがピィピィと口を開けて鳴いているので、フタに「今、シジュウカラが子育てをしています。手紙をポストに入れないでください」とか、お客さんにも「あんまり覗かないでください」とか貼り紙をして、しばらく巣箱として使っていました。

その時ばかりは、来てくれるお客さんに最初に挨拶するのはスタッフたちではなく、かわいいシジュウカラのヒナたちの仕事でした。これがお客さんに大ウケで、あんなに残っていたポストがどんどん売れてしまったのです。シジュウカラ一家のおかげです。

そして無事、八羽のヒナが巣立った時、スタッフやお客さんたちと拍手で見送り、郵便屋さんにも、今まで静かに見守ってくれた感謝を込めて、「これまでありがとうございました。どうぞポストとしてお使いください」なんて貼り紙をして、このポストは巣箱の役割を終えたのです。

僕はと言えば、手紙が受け取れなくなるにもかかわらず、シジュウカラがまたここを巣にしてくれないかな、なんて考えています。

第二章

東京と八ヶ岳でエコロジーを考えた

地球環境の変化、エコブームに思うこと

森を造り始めた三〇年前には、世の中に「エコロジー」という意識も言葉もほとんどなかったように思います。「エコ」などと呼ぶようになったのは、ここ一〇年ではないでしょうか。僕自身、考えたこともなかったというのが正直なところです。

確かに、僕は八ヶ岳の死にかけた森を必死に再生させてきました。ですがそれは、環境のためと言うよりも、自分や家族の喜びのためでした。そして単純に、樹々やそこにすむ生き物たちのことが好きだったからやっていただけのことなのです。地球温暖化をはじめとするさまざまな環境問題の解決が求められている中、僕がやってきたこと、そしてその中で僕が得てきた生き物との接し方がもし役立つのであれば、それは惜しみなく若い人たちに伝えていきたいと考えています。

しかし、その一方で僕はこうも思うのです。最近、テレビをつけると「危機に瀕している地球」というような内容の番組が放送され、やたら人々の不安をかき立てたり、煽動したりしているような気がします。

確かに、現状の地球環境を考えれば、そういったニュアンスで伝えなければならない状況だというのも分かります。しかし、これではそれを見る人々、中でもこれからを担う子どもたちに、必要以上の絶望感を感じさせてしまうのではないでしょうか。

今の子どもたちに、現在の地球環境悪化の責任はありません。むしろ子どもは自然の生き物に一番近い存在ですから、ほかの動物や植物たちと同じようにこの状況の被害者と言える。その子たちに、声高に「深刻な環境問題があるんだ。だからこうしなさい、ああしなさい、そうしないと遠くない未来、地球がだめになってしまうんだ」と言い続ければどうなるか。絶望してしまって、心を閉ざしてしまう恐れがあります。

CO_2排出についても、今ではエコビジネスという言葉まで出て、その制限を行うことが個人個人に求め

られています。しかし、それを喧伝する企業の絶対的正義はほかでもない、たった一つ、どれだけ儲けられるか、ということなのです。企業にとっての正義とは、時代時代によってどういう儲け方があるかを考えること。もちろんそれが悪いことだとは言いませんが、自分たちが住む地球の環境についてさえ、ビジネスとして儲けようと考えている。

二〇〇八年の洞爺湖サミットの時に、各国のトップたちがCO_2排出量の金銭的な取り引きについて侃々諤々、話をしていました。これは、各国間でのCO_2排出権利の売買です。各国でCO_2の排出量をあらかじめ決めて、それより排出量を抑えることができた国が、排出量を超えてしまった国に排出枠を売る、という取り引きになります。それを見て僕は、開いた口が塞がらないどころか、ある種のドタバタ劇のような印象さえ受けました。

排出量取り引きは、日本国内においても、各企業ごとにCO_2排出枠を決めて、企業間取り引きの新しい形として行われています。環境問題さえ、マネーゲームとしてビジネスの世界に取り込んでしまったのです。

しかし僕が、企業が取り組むすべてのエコビジネスに対して否定的かと言うと、もちろんそんなことはありません。たとえばハイブリッドカーといったエコ技術は本当に素晴らしいと思います。

僕が言いたいのは、エコロジーを、企業の利益追求の道具としてとらえること自体、時代遅れなのではないかということです。言い換えれば、もはやエコロジーを考えない企業はビジネスをやる資格はないというところまで来ていると思うのです。だから、それを前提として、企業活動をしてほしいと思うわけです。

たとえば、兵庫県の豊岡市というところでは、絶滅してしまったコウノトリを復活させるために「コウノトリ育む農法」を推進して、その農法で作ったお米が通常の二倍の金額でも売れています。それはおいしいからとか、安心安全という理由だけで売れているのではありません。そういうことをやっている人たちへの応援なのです。大抵の人は、仕事や家事が忙しくて、なかなか環境保全活動に参加することができません。しかし、お米を買うことで応援できるのです。

高度経済成長を支えてきた、いわゆる団塊の世代と呼ばれる人たちは、CO_2排出にしても森林伐採にしても、一様にある後ろめたさを感じているのではないでしょうか。これについては第三章で詳しくお話ししますが、これからを担う子どもたちに大人たちが伝えるべきこと、それは、絶望感を煽(あお)るような頭ごなしの物言いではなく、鳥や、樹々や花、動物たち、そういった生き物たちのことを、美しい地球を舞台にひとつずつ丁寧に教えてあげることだと思います。

この動物はどこにすんでいて、何を食べているのか、どうやって次の世代に命を繋いでいくのかという好奇心や、「きれいな花だね」「かわいい鳥だね」というごく小さな感動から、自然環境に興味を持ってもらいたい。そうすれば感受性豊かな子どもたちは、それらをとても好きになって、それらが生きる環境を大切にするはずです。

八ヶ岳南麓の自然の変化

八ヶ岳に住み始めてからの三〇年間、この八ヶ岳南麓(なんろく)の環境に関して言えば、森がどんどんと良くなっていったように思います。

その理由のひとつは、僕らをはじめとした移住者が増えたことにあるかも知れません。僕ら、彼らはいわゆる流行や損得ではなく、ここ八ヶ岳南麓で大事な家族を育んで生きていきたいと思っているからです。

手前味噌な話ですが、僕の前著を読んだことをきっかけに移住してきたという人が、八ヶ岳南麓には大勢います。ですから、みんな基本的に植物や生き物が好きで、その世話——野良仕事が好きな人が多いわけです。みんな自分の土地の中の人工林を間伐し、その場所に元々生えていた樹を植えていく。それがご近所の同じような人の雑木林とつながっていき、きちんと手入れされた雑木林がグリーンベルトとして広がっていったのです。それまでこの界隈に多くあった、荒れ果てた人工林に、人が来ることによって光が入りました。木には花が咲き、虫も集まり、結実し、鳥まで来るようになったのです。

ここでずっと森の変化を見てきて、僕はそう確信しています。

そんな人たちがここへたくさん移住してきたわけですから、おのずと行政も、彼らの考えに適った運営をしていきます。山梨県は八ヶ岳南麓に県有林をたくさん持っていますが、個人所有の土地と複雑に入り組んでいたため手入れしづらいのが現状でした。しかしその林を少しずつ整備して、今ではかなりいい状態になってきています。僕がもし鳥だったら、もしミミズだったらという想像をすれば、「なかなかいい線いってるじゃない、八ヶ岳南麓」という感じです。実際鳥の数も種類も目に見えて多くなっています。

たとえば、一日三〇〇匹以上の餌をヒナに食べさせなければならないシジュウカラ（＊7）が増えたのは、森が豊かになり食料となる虫が増えてきたという証拠です。

僕は今、ある思いから、「日本野鳥の会」の会長をやらせてもらっているのですが、八ヶ岳にやって来たその会員たちが、「ここはサンクチュアリだ」と盛んに言います。目の前で、双眼鏡を使わないで鳥がいくらでも見られるからです。これはつまり、鳥もここの人間を怖がらなくなったということだと思います。

もともと、僕は鳥の人気者でした。長靴を履いて、ノコギリと剪定バサミとスコップを持っていつもの野良仕事スタイルになり、バッと家を出ると、鳥たちが一斉に集まってくるのです。まあこれにはタネがあって、僕がスコップで土を掘り返すと、中からたくさんの虫が出てくる。鳥としてはヒナにあげる餌が手に入るから、この爺さんの周りに行こう、というじつに簡単な仕組みなのです。こんな具合に鳥たちは、ここ八ヶ岳南麓は安全な場所だぞ、と徐々に学習していったのではないでしょうか。長い時間をかけて少しずつ鳥が飛べるような森になってきたのです。

　鳥が飛べる森ってどういう森だと思いますか。それは木立ちの間にある程度隙間があって、光が入り、風が吹き、虫がいて花が咲き、実がなる。そんな森です。

　びっしり隙間なく植えられたスギの枝が折り重なりツタが絡み合っているような、手入れが行き届かない人工林では、鳥はその中を飛ばないのです。花も咲かなければ虫もいない、好きな実だってないのですから。きっと鳥も、そんな森は飛びたくないと思うはずです。

　八ヶ岳倶楽部の近隣を歩くと、だいたいの家の庭には巣箱があります。シジュウカラ用であれば、正確に直径二・八センチの穴を開けたものを掛けておきます。それより大きいと、ほかの鳥が入って来てヒナを食べてしまうので、シジュウカラは巣作りをしません。それより小さいと、今度はシジュウカラの体が入らない。それはコガラ（＊8）のすまいになります。

　八ヶ岳倶楽部周辺の農家には、農作業の片手間に巣箱を作っている人が何人かいます。できた巣箱を八ヶ岳倶楽部のギャラリーに置いていってくれるのですが、それがとても可愛いので、訪れる人がみんな二つ三つと買っていき、自分の庭にそのまま掛けてくれます。餌になる虫には事欠きませんし、安心して入れる巣箱もある。住環境も食環境もいいから、間違いなく鳥はやってくるのです。

　鳥は、〝環境のバロメーター〟とよく言われています。往々にして、野生動物の環境問題について話をする時には、みんな哺乳動物のことを思い出すのではないでしょうか。

　しかし、実際に野山に住んでいても、哺乳動物に合うことは滅多にありません。たしかに八ヶ岳倶楽部にはシカも来ますし、ほかにもリスやヤマネなど、多くの哺乳動物がいます。もうちょっと標高を下るとイノシシなんかがいて、クマやサルも出てきます。ですが、そういった動物たちは、人間の活動する昼間にはほとんど出合うことはありません。毎日通勤途中にシカや

餌を運ぶシジュウカラ。昔ながらの雑木林では子育てに必要な虫が豊富に捕れるのです

クマと出くわしている、なんて人はいないのです。人間たちと、野生の哺乳動物との距離は、本来そんなものなのです。

僕らが身近に見て、感じられる生き物は虫と鳥です。特に子どもは虫が大好きです。背が小さいですから、大人よりずっと地面に近い虫の目線でものを見ています。だから子どもには、ダンゴムシやカマキリ、クワガタといった虫の友だちがいっぱいいるわけです。

もうちょっと体が大きくなってきて、視線が樹の枝間の高さになり、ロマンチックな美しいものを夢見る心に成長した時、目に映る生き物は、花であり、鳥なのです。鳥は優しく接してくれる人のところにはいくらでも近づいてきますから、この人は安全だと思えば、本当に目と鼻の先で見ることができます。いわんや、そこに巣箱でも掛けてくれたら、この人は仲間なんだとさえ思うのです。

だから、巣箱を掛けるなら、人間の住空間にできるだけ近いところがいいのです。すると鳥たちは、そこに来るヘビやネコといった天敵から逃れることができるのです。

森が健全に成長してくると、来る鳥もどんどん変わり、種類も多くなりました。冬はカラ類（＊9）がとても増えました。みなさんご存じのシジュウカラ、コガラ、ヒガラ、ヤマガラ、ゴジュウカラ。これらはこの辺に来る五種類のカラ類です。混群としてやって来ます。そのほかにはイカル、アトリ（＊10）、ウソ（＊11）、オオマシコ（＊12）、それから、レンジャク類（＊13）。キレンジャク、ヒレンジャク、そういう小鳥たちで殺風景な冬の森も賑わうようになりました。そして春になると、キビタキ（＊14）もやって来ます。アカゲラ（＊15）、アオゲラ（＊16）などが顔を見せ、夏はオオルリ（＊17）、カッコウ（＊18）。みんなもう色とりどり、姿さまざまでやって来るようになったのです。

ついにやって来たイヌワシ

新しくここにやって来るようになった鳥たちの中でも、僕の目に焼きついて離れないのは、五年前に初めてやって来たイヌワシです。

五年前の正月、僕はいつものようにガラス屋根のテラスで鳥たちを見ながらビールを飲んでいました。すると突然、それまでせわしげに鳴いていたシジュウカラたちが、サーッと姿を消したのです。その直後、僕は、晴れわたった冬の八ヶ岳の青空に二メートル以上の翼を雄々しく広げて滑空する、彼の姿を見ました。

イヌワシはその両翼と尾羽にある三つの白い斑点から、地元では三ツ星鷹とも呼ばれています。それをくっきりと見て取ることもできました。僕は感動のあまり声を失い、その威風堂々とした姿に、しばらく見とれていました。しかもこの日は僕の六七回目の誕生日だったのです。こんなに嬉しいことってありません。僕にとっては、二十数年かけて森を手入れしてきたことへの表彰状ともいえる出来事でした。

イヌワシは、生きた動物の肉しか食べない猛禽類(もうきんるい)の王様です。シカの子どもとかウサギとか、ネズミとかタヌキといった生きた哺乳動物や、ヘビ、大型の鳥なども食べます。死骸や魚はほとんど食べません。オオワシとか、オジロワシとか、北海道にいるあの鳥たちとは違います。

ですから、イヌワシというのは、じつに不自由な生き方を選んでしまった孤高の鳥。イヌワシのつがいが生活するのは一〇〇キロ四方といわれていて、その範囲の中で十分な餌を確保できる場所にだけ、彼らは生息します。つまり、ここに彼らが来たということは、八ヶ岳には餌となる動物がたっぷりいるということなのです。さらに八ヶ岳には、天狗岳や天狗岩といった、イヌワシが巣作りできる場所もたくさんあります。

イヌワシは、羽に三ツ星があるうちはまだ若鳥で、生後数年経つと、徐々にその紋様が消えて繁殖できる成鳥になります。八ヶ岳にやって来たイヌワシは、その後もたくさんの人に目撃され、僕も何度か遭遇しています。

あの日見たイヌワシが、終(つい)のすみかとして八ヶ岳を選んでくれる日が来ることを、僕は確信しています。

里山の神に近い生き物

イヌワシは「狗鷲」と書きますが、まさに天狗様。日本には、イヌワシのように、人々から神に近いものとして畏敬の念を持たれた生き物たちが多くいました。しかし、今日、そんな生き物たちのほとんどが絶滅の危機に瀕しています。

たとえばオオカミ。かつて「大きな神――大神(おおかみ)」と書いたように、オオカミは自然界の神のひとつだったのです。そんな日本の哺乳動物の頂点に立っていた生き物を人間が絶滅させてしまったが故に、いろんな生態系のバランスが崩れてきています。里山の奥には神がすむ奥山があり、その中で一番強く、言わば奥山の管理人をしていたのはオオカミだったわけです。管理人を失えば、そこは無法地帯のようなものです。

地上のキング・オブ・キングスがオオカミなら、空のそれはイヌワシです。それが今、滅びようとしています。滅びると彼らの餌であるシカなどの草食動物たちが増え、さらに、増えすぎた彼らの餌である植物たちもバランスを崩し、虫たちも減っていくわけです。

僕の推測ですが、なぜアメリカや日本などでオオカミが絶滅したかと考えると、その理由のひとつに童話『赤頭巾ちゃん』の影響があるのではないかと。物語の中で、オオカミは悪い生き物のレッテルを貼られています。おばあちゃんを食べ、赤頭巾ちゃんまで食べちゃうわけですから。すると、現実の世界で人が行方不明になったりすると、イメージが先行してオオカミのせいになってしまう。放っといたらどんどん人が殺されていくと思い込み、銃を持ち出してオオカミを狩るわけです。

以前、オオカミを研究しているグループの方とお会いしたのですが、その方のデータでは、少なくとも日本でオオカミに襲われて死んだ人はいないというのです。クマに襲われたとか、マムシに噛まれた、キイロスズメバチに刺されたとかで命を落とした人はいますが、『赤頭巾ちゃん』のようにオオカミに食べられて亡くなった人はいない。人間というのは悪いものを作り上げて、それで世の中を丸く収めようと考えるところがあります。

二〇〇四年、養鶏場で鳥インフルエンザの発生が確認されて日本中がパニックになった時も、外国から渡って来る野鳥たちに、鳥インフルエンザの不安が持たれたことがありました。

とくにかわいそうだったのが、南の国から渡ってくるツバメたちです。テレビなどのマスコミでは、鳥インフルエンザについての正しい知識を伝える前に、野鳥の持つ危険性についてセンセーショナルに報じました。もちろん単なる可能性の話です。それに対する学者たちの「その可能性がないとは言えない」という発言がさらに人々の不安を煽りました。

その結果、あろうことか、軒下からツバメの巣をかき落とす人が続出してしまったのです。幼稚園でも、園児たちが帰って来るのを楽しみに待っていたツバメの巣を処分してしまった。正しい知識さえ持てば、人がほとんど触れることのない野鳥からウイルスが感染することなどないと分かるはずです。あの出来事はマスコミの悪い部分と、それを見る視聴者の理解不足が引き起こした悲劇でした。

僕は、NHKで『生きもの地球紀行』という番組をやっている時に、「これはいい生き物、これは悪い生き物、これは気持ち悪い生き物、これはかわいい生き物という表現をするのは絶対にやめよう。汚いもきれいも、好きも嫌いもない。生き物はみな、美しい」ということを制作チームでいつも話し合っていました。

考えてみれば、こんなことは当たり前なのです。生き物たちはみんな、自分の子孫を残すために、それぞれ一生懸命生きているに過ぎないのですから。

この番組をやっていた時に、チームの合言葉として、「左手にサイエンス、右手にロマンを」というのがありました。この言葉が表すように、自然と向き合う時、人は、冷静で理知的な眼と深い愛情を持って接していくべきだと思うのです。

八ヶ岳の自然を守るセルフコントロール

八ヶ岳倶楽部の駐車場脇にある薪小屋の地下には、僕のちょっとした自慢の施設があります。と言っても、別に秘密の隠れ部屋があるとかではありません。お客さんたちに「地下鉄の工事でも始まったの?」と聞かれるくらいの馬鹿でかい穴をここに掘って、その中に最先端の技術を駆使して造られた大きな浄化槽を取り付けてもらったのです。

この浄化槽の中にはバクテリアのすむ層がいくつも重なっていて、そこを通り抜けるうちに水が浄化されて、最後は限りなく飲料水に近いところまできれいになるというものです。さすがに実際に飲んだりはしませんが、専門の業者さんにお願いして、すごく厳しくメンテナンスや管理をしています。

山深いところで人が暮らす時、環境に対して一番問題となるのは下水です。上水はわりと簡単なのです。細長い水道管をずっと引いてもらう、ないしは井戸を掘ればいいのです。

当初は確かに、上水に関しても苦労しました。何しろここは標高一三五〇メートルですから、水道管を引いても、ここまで上がってくる間に水圧が弱まって、ほんのチョロチョロとしか蛇口から出てこない。それで、真吾とキヨスでトラックを運転し、八ヶ岳倶楽部から少し下りたところにあるスタッフの寮からタンクいっぱいに水を汲んで持って来たり、苦労していました。それで見かねて井戸を掘ることにしたのですが、こういうことに関しては僕は動物的カンが働くほうで、なんとなくここだと思って業者さんに伝えた駐車場の横から、見事一発で水が噴き出したのです。みなさんが誉めてくださる八ヶ岳倶楽部の水は、八ヶ岳の岩でろ過された天然水です。

しかし問題は下水です。平野部なら一本の大きな水路を地下に引いて、そこへみんなが共同で汚水を流し、下水処理場で浄化して、きれいな水にして川に戻せばいいのですが、山間地域ではそうもいかないのです。垂れ流しが一部川に入って、生き物にすごい負荷をかけてしまう。それで自分のところで浄化して、林の中に自然浸透させようというわけです。

もちろん国は、日本全国に下水管を張り巡らせる方針なのですが、八ヶ岳倶楽部は、この近隣では一番上にある〝人の住むところ〟なわけです。周りにあまり家もないのにここまで下水管を引き上げて、汚水を水圧で流していくというのはあまりにもコストが高く、行政に負担がかかりすぎる。それなら自分のところでやろうと思ったのです。正直、これはお金がかかります。でも、やらないわけにはいかない。個人の住居であれば、多くても四人か五人しか住まわないですが、ここは最盛期にはたくさんの人たちが来る。その人たちの食器を洗ったり、お手洗いで水を流したりと容量

枕木の下で巨大な浄化槽が活躍しています。365日、休みはありません

が桁違い(けた)です。行政からの援助もなくやっていますが、ここに住むための基本的なマナーだと僕は考えています。

ちなみに、あまり知られていませんが、「ジョウカソウ」というのは国際用語になりつつあります。たとえば「ツナミ（津波）」とか、「ジュウドウ（柔道）」とかと同じように。

これは言い換えれば、浄化槽の研究、開発、製品化が一番進んでいるのは日本だということです。日本が国際貢献をしようという時、一番いいのは浄化槽の技術貢献だと僕は思います。下水道が未整備な発展途上国では、とても喜ばれるはずです。

それ以外にも太陽光発電、太陽熱発電といった生活エネルギーに関する最新のエコ技術にものすごく興味があるので、いろいろ勉強をし、最先端の研究や製品を可能な限り導入したいと思います。その第一号が浄化槽なわけです。

エコ技術が発達すると、人が森の中に家を造るということが、とても簡単になってくると思うのです。電気と浄化槽と井戸水さえあれば人は住めるわけですから。とても自由に、すんなりと自然の中へ入っていける。このあたりでも少し車を走らせればコンビニエンスストアや学校、病院などがありますし、じつは生活に不自由なことはあまりありません。あと必要なのは、移動手段のエコな車くらいです。

「ステージ」での実験

もうひとつ、そういった実験的なエコ技術を導入した例を挙げましょう。八ヶ岳倶楽部のステージの屋根は草屋根になっています。最初は普通の屋根だったのですが、ある日、僕のところに、屋上緑化を推進している企業の人がやって来て、自分たちが開発した最新の草屋根システムをあそこへ展示させてください、と申し出てくれたのです。それを聞いた真吾が、それは面白い、と言うのでお願いすることにしました。

この草屋根システムには袋に入れたとっても軽い土が仕込んであって、簡単に言うと、その袋を屋根の上にお布団のようにふわっと載せ、その上に野芝を置いただけなのです。でも、それだけでだいぶ室温に変化があるのですね。さらに、排水もいいし、保水力もあるので水撒きをする必要は一切なく、手入れもいらない。だからほったらかしたままでもいいのです。

この草屋根の素晴らしいところは、屋上緑化をする時に、大掛かりな工事が必要ないという点です。いざ地球環境によい暮らしをしようと考えたとしても、当面の生活に支障をきたしたり、後々あまりに手がかかるというのでは、現実的になかなか普及は難しいでしょう。でも、これなら、今住んでいる家そのままで、すぐにでも始めることができるのです。

その後、屋根には真吾を先頭にしてみんなで好きな花を植えました。だから、今ではそこは、言わば屋上花壇になっています。

今、日本では東京をはじめ、愛知、大阪、福岡など九都府県で、屋上緑化推進のための助成金制度の条例

ステージの草屋根に山野草を植える真吾（右）。こんな風景が日本中に広がることを夢見ているのです

が施行されています。そのほかの地域でも、追って制度が敷かれるでしょうから、これは今後注目のエコ技術になると僕は考えています。八ヶ岳倶楽部のステージや柳庵の草屋根は、日本の未来のための小さな実験場ではないかとも思えてくるのです。

都会にもできる里山の自然

環境破壊に伴って本来の生態系が崩れている中、日本中で「里山」の豊かさが再認識されています。第一章でもお話ししましたが、里山というのは日本人の原風景とも言えるもの。田んぼや畑、雑木林などといった、人間が生命を紡ぐために必要な要素がすべてそろった〝命のゆりかご〟のようなものです。

日本各地の有志の人々が発起人となって人工林を間伐し、本来あるべき樹を植えたり、稲刈り後でも田んぼに水を張ったままにしておいたり、農薬を減らしたり、河川の護岸を生き物のために見直したりなど、地域一丸となって取り組む姿は、見ていて嬉しくなってしまいます。頑張って野良仕事をしていて、ある日突然、八ヶ岳倶楽部の上空に現れたイヌワシのように、今までそこに見られなかった生き物が姿を見せてくれたら、どんなに嬉しいことでしょう。

こうした里山復活の運動ですが、手を入れられるのは何も田舎に限ったことではありません。

たとえば東京ですが、もちろんコンクリートの建物で埋められた都会の真ん中に、広大な森を造る地面はありません。ましてや田んぼを造り、水を引いて……なんて、夢のまた夢です。たとえ土地があったとしても、日当たりが悪ければ森は健(すこ)やかに育ってはくれません。

じゃあどうするか。街中に建ち並ぶビルの屋上に雑木を植えればいいのです。または、屋上を池や田んぼにしてしまう。ビルの屋上には気持ちのいい風が吹いていて、当然日当たりも素晴らしい。里山を造る条件としては申し分ありません。

林立するビルの屋上それぞれに池や田んぼがあったら、コハクチョウ(＊19)やガン(＊20)などの渡りをする鳥たちには棚田のように見えるのではないでしょうか。鳥たちばかりではありません。トンボもチョウもクワガタも、飛べる生き物はたくさんいます。そして生き物はみんな水辺が大好きです。

もう二〇年近く前の話になります。僕は横浜のあるホテルの屋上に、「鳥造園」という名前で八ヶ岳のような雑木林と池を造ったことがありました。それから数年して行ってみると、その屋上雑木林に、植えた覚えのない草木が生えている。どうやらこれは、鳥たちが運んできた種から芽生えたもののだったようです。さらに土を掘り起こしてみるとミミズがいて、たくさんのチョウやトンボの姿も見ることができました。まさに小さな里山ができていたのです。

これは決して荒唐無稽な話ではありません。屋上を田んぼや池、雑木林に変えたとしても大丈夫な強度と防水加工技術を持った企業が、すでに日本にはいくつかあるのです。

東京湾を越えてやって来た渡り鳥たちが、緑化された日本橋や新宿のビル群の屋上や、新宿御苑や明治神宮といった本来からある緑地で羽を休めたり、鳥同士のネットワークを広げたりという里山の光景が再現されたら、どれだけ幸せか分かりません。

生き物の気持ちになって考える

「日本野鳥の会」の集まりなどでよく使うフレーズがあります。それは「鳥の身になって考えよう」という言葉です。

鳥の身になって考えるってどういうことでしょう。役者をやっている人間はみんな、「もし僕が明治時代に生きていたら」とか、「もし僕が坂本龍馬だったら」とか、「もし僕が〜だったら」っていうことを常に訓練しています。僕の場合、樹が大好きだから「もし僕がヤマボウシだったら」とか、いろいろな樹の身になって考えるようになるわけです。水が欲しいなとか、もっと光に当たりたいなとか、それぞれの樹が思っていることを想像して、森を造ったり手入れをしてきました。

一昔前は、「鳥の身になって考えよう」と僕が言っても、ほとんど通じませんでした。みんな「何言ってるの?」といった顔で不思議そうにしているだけでした。しかしここ数年、わりとすんなり通じるようになってきたのです。

野鳥の会も以前のスタンスは、鳥を観察している、または鳥を研究している、鳥たちを保護しているという、いつも人間の目線からの考察だったのですが、今は、もし自分がトキ(＊21)だったらとか、オジロワシ(＊22)だったら、とかいうふうに変わってきています。

これは、それだけ環境問題が身近になってきたということなのでしょう。みんなが「本当にちょっとおかしいぞ」ということを感じ始めている。地球は丸くてそれぞれの地域にそれぞれの人がいて、それぞれの文化や歴史があるんだ。そして、たくさんの生き物がいて、多様に絡まり合ったり、関係し合っているということが大前提なんだということを、みんな分かってきているのだと思います。これはすごいことですよね、それぞれの身になって考えるって。

乾いた国土を濡れた里山に

人間の悪行の中で一番罪なことだと思えるのは、ひとつの生き物を根絶やしにしてしまうことです。いわゆる種の絶滅。意外に思われるかもしれませんが、日本ではメダカが絶滅危惧種に指定されています。誰もが幼い頃に親しんでいたあの小魚が、今や生きる場所を奪われてしまっているのです。

メダカの主な生息地であった流れの緩（ゆる）やかな小川は、護岸工事や水路の整備で減少。また田んぼの「中干し農法（＊23）」も大きな影響を与えていると考えられています。メダカは水温が高くて流れのない止水域である田んぼを産卵場所として定めてきました。しかし、中干し農法のために田んぼがカラカラに乾いた時期が長くなり、繁殖場所が少なくなってしまったのです。

いつの間にか、日本は「乾いた国土」になっていました。

絶滅寸前になりながら、この中干し農法を見直したことにより復活した生き物がいます。この章の冒頭で少しお話しした兵庫県豊岡市のコウノトリです。

僕は五年ほど前から「コウノトリファンクラブ」という、いわば応援団の会長としてその取り組みに関わってきました。きっかけは一五年くらい前に、田んぼにすむ水生生物の調査に励む地元小学生を、NHKの番組で取材に訪れたことからでした。

「いつかコウノトリと一緒に暮らしたい」そんな地元の思いを知った時、僕は、〝確かな未来は懐かしい風景の中にある〟と確信しました。彼らがやっていたことはまさしく里山復活へ向けての第一歩だったのです。

コウノトリは、かつて日本のどこの田んぼにもいる野鳥でした。そこを餌場として、里山に広がる雑木林で子育てをしていたのです。しかし一九六五年、豊岡で捕獲したひとつがいのコウノトリを最後に、日本のコウノトリは姿を消してしまいました。理由は田んぼの中干しと、過度な農薬による餌の減少です。

豊岡市は日本のコウノトリとDNAが同じだったロシアのコウノトリを譲り受け、人工飼育しました。そして稲刈りの後の秋から冬にかけて、いくつかの田んぼで水を抜かないことにしました。すると、さまざまな生き物が甦ってきたのです。農薬も使わない事にしたため、イネの大敵であるカメムシ（＊24）が大量発生しましたが、六月の中干しをやめ、七月にずらしたことにより、オタマジャクシから見事に成長したトノサマガエルが、それを捕食してくれた。そしてそのカエルこそが、コウノトリの主食だったのです。健全な食物連鎖が復活しました。

二〇〇七年、じつに四六年ぶりに野生のヒナが巣立ち、今では三十数羽のコウノトリが大空を舞う美しい里山の風景が豊岡市に広がっています。

やがてこの試みは「コウノトリ育む農法」と呼ばれ、田んぼは一年中水をたたえて生き物たちを再生させただけでなく、新たな〝ブランド米〟までも生み出したというわけです。

日本は、すっかり乾いてしまった国土を再び濡らさなければなりません。北方から四〇〇〇キロもの距離を渡って来た鳥たちが水辺を求めてさまよわないために。我々人間が生き物として弱ってきている今こそ、もっと弱いものに思いを馳せねばならないのです。

生き物と人間が共生する里山の風景は、何も田んぼや水辺に限ったことではありません。たとえばツバメ。昆虫が増える季節、ちょうど田植えの頃に日本に渡ってきます。そして彼らが巣を作るのは、森の中でも水辺でもなく、民家の軒下です。ヘビや猛禽類などの外敵が来ない場所は、人間の近くであるという事を知っているのです。

八ヶ岳倶楽部でも餌台や巣箱は人の見える所に掛けています。すると鳥たちは安心して餌をついばみ、巣作りをするというわけです。里山とはそういう場所なのです。

明治時代の始め、日本を旅したある外国人が「日本人はすべてガーデナーのようだ」と言いました。日本が世界に誇るべきはこの里山という、風致に富んだ風景そのものでもあると思うのです。

風力発電の問題

みなさんも見たことがあるのではないでしょうか、どこかの一流企業のグループ会社のコマーシャルで、その会社の環境問題への取り組みを伝えるためのイメージ映像として、荒野で風力発電の風車がワッと回っているところが映っているのを。風力発電は、エコなエネルギーの生産方法として確かに有益なものだと僕も思います。

しかし、それはアメリカの荒野やオランダの海上といった、生き物の生活にあまり関係のない場所に限ってのことです。日本ではどうなのかというと、この国は山あり谷あり。さっきまで風が南に吹いていたかと思うと、西側へ吹いたり北側へ吹いたり、不安定な風向きを生む地形です。どこまでも見渡せる地平線とか、樹が一本もない、鳥がまったく来ない、といった場所はほぼありません。日本で風力発電が成り立つような、いわゆる風の通り道というところは、その多くが渡り鳥たちの飛行ルートにもなっています。それは長い長い道のりを飛んで来る渡り鳥たちにとって、貴重な追い風であり、高速道路なのです。

たとえば鹿児島に出水というところがあって、そこには、世界に生息するナベヅル（＊25）、マナヅル（＊26）の八割ぐらいが渡って来ます。一万数千羽のナベヅルやマナヅルたちが、ロシアのシベリアや極東から、いくつもの家族で連なって四〇〇〇キロもの距離を飛んで来るわけです。

到着すれば、もうヘロヘロの状態です。それで、いざ着陸するぞという時、その通り道に、高さが四〇メートルぐらいもある巨大なプロペラが数十基回っていたらどうなるか。鳥の目というのは、もともと人間の目よりも回転するものをとらえる力が弱いですから、プロペラへのバードストライク（鳥が人工物に衝突する事故）が限りなく起きるのです。

欧州では、風力発電の設置場所を定めるために周辺環境の調査をしていますが、日本の環境影響評価法は、風力発電の場合、適用外（※編集者注）なのです。だからこういった、生き物の命をないがしろにするような開発が計画されてしまうのです。

エコ技術の発展は確かに素晴らしいことですが、ひとつの問題を解決することだけを考えて突っ走ってしまうと、思わぬところで新しい問題を生むことになります。ですから、何かひとつやるにしても、生態系を視野に入れて、また「鳥の身になって」取り掛からなければいけません。

＊7 【シジュウカラ】スズメ目シジュウカラ科の鳥。全長約15センチ。名前の由来は、「始終動き回る」ことから。

＊8 【コガラ】スズメ目シジュウカラ科の鳥。全長約10〜15センチ。山間部の森林に生息する。
＊9 【カラ類】スズメ目シジュウカラ科の鳥類をカラ類と呼ぶ。シジュウカラをはじめとし、ヒガラ、コガラなど多数。
＊10 【アトリ】スズメ目アトリ科の鳥。全長約15センチ。胸や脇は橙色。腰は白く、尾は黒い。山間部の森林および農耕地などに生息する。
＊11 【ウソ】スズメ目アトリ科の鳥。全長約15センチ。名前の由来は口笛を意味する「おそ」から来ている。
＊12 【オオマシコ】スズメ目アトリ科の鳥。全長約15〜20センチ。雄は、のどと頭頂部を除く全身が紅色。雌は全身茶褐色だが、頭部と腹部は紅色がかっている。
＊13 【レンジャク類】スズメ目レンジャク科の鳥類。キレンジャク、ヒレンジャク、ヒメレンジャクなどがある。
＊14 【キビタキ】スズメ目ヒタキ科の鳥。全長約15センチ。オスは眉斑、胸、腰が黄色。のどは橙色。背面は黒色で翼には白い斑紋がある。メスは全身緑褐色。
＊15 【アカゲラ】キツツキ目キツツキ科の鳥。全長約25センチ。雄は後頭部が赤く雌は黒い。キツツキと同じく嘴（くちばし）で樹皮をつつく。
＊16 【アオゲラ】キツツキ目キツツキ科の鳥。全長約30セ

＊17 ンチ。黄緑色の背で、頬と後頭部が紅色。

＊18 【オオルリ】スズメ目ヒタキ科の鳥。全長約15センチ。雄の背は光沢のある青。ウグイス、コマドリとともに日本三鳴鳥と呼ばれる。

＊19 【カッコウ】カッコウ目カッコウ科の鳥。全長約30～35センチ。草原や森林に生息する。別の鳥の巣に卵を産みつけ育てさせる「托卵」をすることで有名。

＊20 【コハクチョウ】カモ目カモ科の鳥。全長約１２０センチ。オオハクチョウよりひとまわり小さい。冬期、北日本や日本海側に飛んでくる渡り鳥。

＊21 【ガン】カモ目カモ科の水鳥の総称。日本ではマガン、カリガネ、ヒシクイが有名。

＊22 【トキ】コウノトリ目トキ科の鳥。全長約75センチ。学名「Nipponia nippon（ニッポニア・ニッポン）」。かつて日本の象徴とされていた鳥。環境省レッドリスト平成19年度版により野生では絶滅したとされている。特別天然記念物。

＊23 【オジロワシ】タカ目タカ科の鳥。全長約80～95センチ。翼を開くと2メートルにも達する大型のワシ。淡い褐色の羽毛と、白い尾羽、黄色の嘴（くちばし）が特徴。

【中干し農法】イネの生育期に水田の水を抜き、土にヒビが入るまで乾かす農法のこと。

＊24 【カメムシ】カメムシ目カメムシ科などの昆虫の総称。アオクサカメムシ、ナガメなどが有名。捕食されるなど、刺激を受けると悪臭を放つことでも知られている。

＊25 【ナベヅル】ツル目ツル科の鳥。全長90～95センチ。胴体の灰黒色が焦げた鍋に似ていることからこの名が付いた。特別天然記念物。

＊26 【マナヅル】ツル目ツル科の鳥。全長約１１０～１３０センチ。眼の周囲から嘴にかけて皮膚が赤く露出する。特別天然記念物。

※【編集者注】二〇二二年現在、法改正により、出力一万キロワット以上の風力発電所を新設する際には、事前の調査（環境アセスメント）が必要となっている。

人間と自然が共生する日本独特の“自然感”である雑木林。僕が幼い頃の風景を取り戻したい一心でこの林を造ってきました。もちろん30年前には、エコロジーなんて意識もなかったのがホンネだけれど……

南方熊楠と牧野富太郎の森を見る目線

時には屋根の上で野良仕事をすることも。まさに小鳥の目線です

僕が尊敬する人物に、牧野富太郎先生という、植物分類学の父と呼ばれる人がいます。

ある時、「柳生さんは牧野先生をお好きだそうですが、自分と似ていると思いますか」という質問を受けたのですが、僕は少し考えて、「まったく似ていません」と答えました。考えてみれば、僕と先生は植物好きという以外共通点がないのです。

先生は、背の低い野草の研究に全精力を注ぎ、常に腰をかがめて林を歩いていたといいます。つまり、林床を見ていたのです。そして、奥さんの名前を付けた「スエコザサ」など多くの新種を発見し、分類学という学問を確立しました。

一方、植樹をしてきた僕は、いつも目の高さか、地面よりやや上を見ている。言わば小鳥の目線なのです。だから同じ林の植物好きでも、見ている世界がまったく違うのです。

ところで粘菌研究で有名な南方熊楠（みなかたくまぐす）先生は、ナメクジみたいな目線の人で、岩の上や地面の上を這いずり回って、七〇種もの新しい菌類を発見し、世界の博物学に通じる研究を完成させました。奇抜な言動でも知られますが「歩くエンサイクロペディア（百科事典）」と呼ばれた偉人です。林の中の目線は、低くなればなるほど、世界に通じていく目線になるようです。

僕は何事に対しても大雑把（おおざっぱ）なので、学問として植物と接することはしません。直感的に、生き物同士として彼らに接しているのです。

第三章

リタイアという始まり
～いわゆる第二の人生のすすめ～

リタイアの先輩として

三〇年前、僕はこの八ヶ岳南麓に移り住み、いささか早い「リタイア」とも取れる生活をしてきました。とはいえ僕の場合、東京で役者生活も並行してやっていたわけですから、現役とリタイア生活をパラレルワールド的に体験してきたと言えるかもしれません。

しかし同時に、僕が八ヶ岳で過ごしてきた時間や、ここでやってきたことは、とてもじゃないけれどリタイアという言葉の本来的な意味にはほど遠いものだったように思います。だって日々はハードで、毎日が冒険のようなドキドキに満ちていたのですから。そしてそれは、七〇歳を越えた今でも何ら変わることはありません。

リタイアとは、生活の場所であれ心のありかであれ、自分のすみかを変えることなのだと思います。確かに今までやってきた仕事からは引退してしまうのかもしれません。でも、人生はまだまだ続きます。

高度経済成長を支えた、団塊の世代と呼ばれる人たちが定年退職を迎え始めました。また、早期退職制度などで、いち早くリタイア生活を始める人なども増えています。

そのまま住み慣れた都会で過ごしていくのもいいでしょう。でも、もし僕がこの八ヶ岳で家を建てて住み始めたように、山の中でもう一つの人生をスタートさせようと考えている人がいるならば、その毎日をより豊かなものにするための、何かしらの手助けになるようなことをお話ししたいとも思います。僕がそうだったように、毎日が冒険のような日々を味わってもらいたいのです。

リタイア後にお勧めする勉強

リタイアする人たちは、今までの人生の中で得てきたいろんな知識や情報、処世術などを身に付けているわけです。しかし、そんな人たちにも足りないものがたったひとつだけあります。それは、生き物の身になって考えるトレーニングです。僕はそのトレーニングこそが、今後の人生を豊かに送るための鍵になるはずだと思っています。

リタイアしたら、まず自分が育った頃のこと、親たちから聞いたいろいろな生き物の話を思い出してみてください。題材はなんでもいいのです。自分が好きな生き物——イヌでもネコでもいいですが、ペットとして身近な生き物よりも、自然の野山でしか見られないような生き物であれば、なおいいです。

団塊の世代は中学生くらいから人と競争することを強いられて、どうすれば人より得な人生を生きられるか、ということばかりトレーニングしてきたのではないかと思います。それで、自分の子どもたちにも同じようなトレーニングをして当たり前、という価値観をずっと持ってきたのではないでしょうか。

だからこそ、定年退職して仕事を離れる今をチャンスと捉えて欲しいのです。「競争を忘れて、これからはのびのびと生きるトレーニングをしよう」と。

そして可能であれば、生き物のことを勉強して欲しいと思います。この世代の人たちは大変な教養を持っていて、勉強することが得意なはずです。だから今、改めて学ぶことの楽しさを感じて欲しい。今までの勉強は競争に勝つためのものですから、楽しくなかったと思うんです。

子どもの頃、自分のおじいちゃんやおばあちゃん、親父やおふくろから聞いた話をしみじみと思い出し、野山に出て再び勉強することは、とても楽しいことです。

知っているつもりだったことに新たな発見があったり、自分にはまだこんなにも知らないことがあったんだと、きっと感動することだろうと思います。

分からないことがあれば、八ヶ岳倶楽部に僕の仲間たちを訪ねて来てください。たとえば鳥のこと、虫のこと魚のこと、そして森のこと、里山のこと。たくさんたくさんお話ししましょう。そして、僕たちの仲間になってください。

孫に好かれる方法

僕には今、七人の孫がいます。そして幸い、僕は孫たち一人一人に好かれています。僕と孫たちには、生き物の話という共通の話題があるからです。

「この間動物園へ行って、ゾウさんのウンチを見たら、そこにヤマアラシの針が刺さってたんだよ。ジイジ、ヤマアラシの針って何センチぐらいあると思う？」「一二、三センチくらいかな」「ブブーッ。二〇センチでした！」。

これは、遠く離れたバンコクにいる孫との、国際電話での会話です。ゾウの糞に残っている餌を食べにきたヤマアラシの針が、偶然刺さって残っていたんですね。でもそれを想像できないと、なぜそこにヤマアラシの針が刺さっていたのか分からない。そんな話で孫と通じることができるって、すごく素敵なことです。

世界にはいろんな国があって、そこではいろんな生き物同士が関わり合って生きている。僕はゾウの専門家でもヤマアラシの専門家でもないけれど、『生きもの地球紀行』という番組で九年間案内役を務めていたおかげで、かなり大雑把だけど、カンが働くんですね。だから、孫たちに世界のいろいろな生き物の話を聞かせることもできますし、どんな突飛な話を聞かされてもすぐに理解して、感動できます。

逆に、こういった話ができないと、コミュニケーションする手段がかなり限られてしまう。何せ僕と孫たちとは六〇年以上の年齢の隔たりがありますから。孫との繋がりが誕生日とかクリスマスの贈り物だけなんて、あまりにさみしい話です。

先日、ある証券会社のOBの方たちの前でお話をする機会がありました。年齢はまさに六二、三歳のリタイア世代です。僕は「みなさんお孫さんがいらっしゃる年代だからお尋ねしますが、これから先、お孫さんに好かれたいなと思う人、ちょっと手を挙げてみてください」って聞いてみました。そうしたら、世界の金融ビジネスのど真ん中でバリバリと働いてきた、厳しい顔つきをしたエリート証券マンたちのほとんどが、揃って「は〜い」って子どものように手を挙げたのです。

　そこで僕は、「僕には七人の孫がいるけれど、僕は孫たちのアイドルです。なぜか。自分が子どもだった頃の話をするからです。カエルの話とか、メダカの話とか、クワガタ、チョウチョ、トンボの話とか、できるだけ具体的に、熱く語るのです。そしたらすぐに、孫たちの憧れのおじいちゃんになれます。絶対にやってはいけないことは、株の話をすることですね」って言った。みんな馬鹿ウケです。もう大喝采だった。

　自分の小さかった頃、自然が豊かなところで育たなかった人は、自分の親父やおふくろから聞いた話、おじいちゃんの話、子どもが好きな虫とか魚や、懐かしい風景を具体的に話せばいいのです。それを語れる最後の世代ですから。そして、なぜ最後の世代になってしまったのかを、孫と一緒に考えることです。すっかり大人になってしまった自分の息子たちに話すことはもう無理でしょう。これから大切なのは孫と一緒に野山に出て、そして学ぶことだと思います。孫と一緒に生徒になったつもりで。そうすれば何十年の時の隔たりがあろうと、すぐに孫と友だちになれるはずです。

団塊の世代の後ろめたさ

高度経済成長と足並みを揃えて生きてきた団塊の世代は、今のこの自然破壊は、自分たちが工場を作って海や川を汚染したり、ガンガンCO_2を吐き出した結果だという後ろめたい気持ちを持っていると聞いたことがあります。けれども、僕は違うと思います。

　団塊の世代は、戦後の流れの中で、偶然その渦中に生まれてしまっただけで、そういう負のスパイラルに巻き込んでしまったのは、彼らのもっと先輩の世代ではないでしょうか。団塊の世代の人たちは、先達が作ったシステムのもとで頑張ってきただけなのです。ただ、〝団塊〟と言われるように八〇〇万人ほども人口があって存在感が大きい。だからあたかも、環境に対してとても悪いことをやってきたように見られている。団塊の世代は人数が多い中で育ったが故に、人間同士の折り合いのつけ方が上手です。しかし、あまりにも優秀な先兵だったがために、従順に競争をやってしまった。競争の論理とか損得の論理とかを身体に叩き込まれすぎていて、その結果、環境破壊に繋がることをやってきてしまったんですね。

でも僕は、そういうことよりも、もっと根が深いところに彼らの後ろめたさの原因があると思うのです。つまり、かつて親から子、子から孫へ伝えてきた生き物のこと、生まれ育った里山のことなど、人間として知っておかねばならない知識を、子どもに伝えることを怠った後ろめたさなのではないか……。

僕が子どもだった頃は、おじいちゃんやおばあちゃんたちから、野山の中でさまざまな生き物の話を聞きました。「春になればツバメが来るんだ」といった小さなことから、「もうウグイスの谷渡り（＊27）やってるぞ。上手になったな」とか、「カッコウが鳴いたから、もう霜は降りない。じゃあ、野菜を植えつけよう」だとか。

でも、団塊の世代はたぶん、そういうことは自分の子どもに教えていない。または、一緒に野良仕事を手伝いながら、叱られたり褒められたりしながら、身体で自然のことを学んだ経験がない。自然や生き物のことについて関わりがないから、その大切さや命の尊さが分からないのです。これは大問題です。

「日本でイヌワシが絶滅しようとしている」と叫んでも、いまいちピンと来ない。でも、幼かった頃に「イヌワシは生きた動物しか食べないんだ」「だから生きるのが大変な鳥なんだ」という話を聞いていたら、これはもう、生き物との距離感が格段に違うでしょう。

地球温暖化にしたってそうです。真吾が薪割りをしていたら、その薪の中からテッポウムシが出てきてみんなで大騒ぎしたことがありました。カミキリムシの幼虫のことですが、彼らは樹の中に卵として産みつけられ、餌となる樹の柔らかい幹の中で成虫まで育ちま

この美しい野山を、孫にも、その子孫たちにも、きちんと残してあげたい

す。だから別に出てきたって不思議ではないのです。ではなぜ驚いたか。それは、その薪が標高一三五〇メートルの八ヶ岳倶楽部に生えていた樹だったからです。

テッポウムシは寒さに弱く、標高一〇〇〇メートル以下の樹の中でしか成長できません。ここ八ヶ岳の南麓でも地球規模で気温が上がってきているということです。彼らが育った樹は、幹の中を縦横に食い破られて、枯れてしまうことがほとんどです。これがどんどん勢力を伸ばしていったら、八ヶ岳の植生ががらりと変わっていくことになります。

こんな話を僕の孫たちは、父親（真吾や宗助）から日常的に聞いている。すると、地球温暖化は世界のどこかで知らず知らずのうちに起こっている出来事なんかではなく、ごく身近な、家の裏山でも起きているレベルの問題として受け入れられるわけです。

リタイアした今こそ、こういうことをできるだけ多く、自分の孫たちに話して欲しいと思います。そして野山で一緒に遊んで欲しい。まだ間に合うのです。

都会暮らしでそういうフィールドがない場合は孫を連れてどこかの田舎へ——できれば自分の故郷へ出かけるといいと思います。日本中に里山回帰の活動や自然環境保護のボランティアをしている団体がありますから、一緒に活動に参加するのもいいかもしれません。

必要なのは、親と子の会話や、おじいちゃんおばあちゃんと孫の会話を通して、連綿と続いてきた日本の里山の生活というものを伝えていくことです。

里山の中で自然と折り合いをつけながら、季節の移ろいを感じながら、田んぼや畑、そして森の中にいる生き物たちをよく見て関係性を知る。そうすると自分たち人間も、大いなる自然の中のごく一部だということに気づくはずです。そんな謙虚さや、慎ましやかな誇り高さはとても大事なことだと思います。

ボランティアへの取り組み

リタイア後の一番の恐怖は、肩書がなくなることではないかと思います。「私はこれこれこういう組織の、こういう役をやっているものです」というのがなくなるわけですから、それまでは取り立てて考えたことがなかったとしても、失った途端、みんな気づいて驚くわけです。これは仕事熱心だった人ほど身に迫って感じると思います。

そこで僕がリタイアする方にもうひとつお勧めしたいのは、ボランティア活動です。情報を集め、その活動内容を詳しく調べてください。日頃から新聞記事を注意深く読んだり、インターネットで検索するのもいいでしょう。

人に対するボランティアをやっておられる方や、川があまりに汚いからきれいにしようとか、地域をもっと幸せなものにしていこうという人たちも大勢います。そういったボランティア活動に、実際に参加してみてください。

参加する形はなんでもいいのです。手弁当で実地の活動に協力することももちろんですが、そんな時間がない、体力もないというのであれば、寄付という形で参加してもいい。活動している現場に行って「頑張ってください」と応援するだけでもいいじゃないですか。

ここで大事なのは、名刺を捨て、新入りの一ボランティアになる。そして、決して蘊蓄を語らないことです。過去の自分の肩書とか、自分のやってきたことを得々と語っても邪魔になるだけです。するべきことは、勉強して、ただ感動する。そしてボランティア仲間の力になる。これは楽しいことです。

会社を引退してもずっと昔の名刺を持ち歩いている人が大勢います。僕の東京の家の近くにある公園で、ボランティアで清掃を手伝いに行った人と、その公園の清掃員との間で喧嘩がありました。清掃員の方が、その人に清掃の仕方を親しげに教えたら、その人が、「俺を誰だと思ってるんだ」と怒って、「俺はこういう者だ」と言って名刺を出した。おまけに「俺はお前たちの手伝いをしにきてやっているのに」とまで言い放ったそうです。こんなことを言われたら、清掃員だって当然頭にきます。彼は仕事でやっているのですから。

これは、ボランティアをやる時に絶対に言ってはいけない、やってはいけないことです。ボランティアをしながら勉強させてもらっている。そういう気持ちで臨んで欲しいものです。

八ヶ岳倶楽部は、基本的にスタッフに肩書がありません。「私は八ヶ岳倶楽部というところの部長をやっております○○です」なんていう人はいない。全部、個人対個人です。お客さんも、「今日はヨシダさんに会いに来たのよ」なんてやって来る方がとても多いのです。うちのスタッフはここに来て二年、三年経つと、自分の名前を言って訪ねてくれるお客さんをそれぞれが持つようになります。たとえば、「今日は中庭のカトウ君はいないの?」「すみません。今日はお休みをいただいてます。どうしました?」「こないだ買った苗のことで聞きたいことがあって」「柳生真吾ならいます」「じゃあ真吾さんでもいいわ」という感じで。

八ヶ岳の林、つまり自然の中では、やっぱり人は個人なんです。ひとつの生き物になるんですね。

たとえばアサギマダラに夢を感じる

孫たちと、生き物を介してコミュニケーションする方法をお話ししました。そこで今、僕と孫とで夢中になっている、ある生き物のことをお話ししましょう。

八ヶ岳に暖かくなるとやってくる、アサギマダラというチョウチョがいます。このチョウはまさに渡り鳥のように北上南下をくり返すチョウで、いまだにその飛行ルートがよく分かっておらず、目下研究中の生き物です。

アサギマダラは、夏の間をこの八ヶ岳近辺で過ごし、好物のリョウブ(＊28)の花にくっついてチューチュー蜜を吸うのですが、秋になって気温が下がるにつれ、山を下りて平野部に移動していくのです。そしてそのままどんどん、どんどん花を求めて南下し、なんと愛知県の知多（ちた）半島までも飛んで行く。続いて、渡りをするサシバ（＊29）などのタカが上昇気流に乗って、円を描きながら高度を上げていく時――この様をタカ柱と呼びますが――アサギマダラも一緒にサーッとそれに乗って、今度は紀伊半島に向かうのです。

そしてさらに本州を南下して、ついには遥か鹿児島から喜界島（きかいじま）に渡ります。喜界島にある滝川小学校では、アサギマダラの飛来時期になると、全校生徒で、南や北へ渡っていく途中のチョウを捕まえて、個体の羽にマーキングをしています。

じつは僕も同じことを孫とやっていて、羽にローマ字で「Yatsugatake」、そして日付と孫のイニシャルを書く。ですから、八ヶ岳倶楽部には、アサギマダラを捕るための虫捕り網が五カ所か六カ所に置いてあって、いつチョウが来ても捕れるようにしてあるのです。「ジイジ、アサギマダラがいたよ！」と孫が呼ぶと、僕はチョウを捕る名人なのでサッと行って捕まえるわけです。

春の八ヶ岳でアサギマダラを捕まえると、「喜界、○月×日、誰々」と喜界島の子のマーキングがしてある。これは、このアサギマダラが喜界島からここまで飛んできたという、紛(まぎ)れもない証拠です。まるで夢の中みたいな話でしょ。ほかのチョウも捕まえてみると、羽にはさまざまな地域のマーキングがされているなんて、ものすごく壮大な物語を感じるじゃないですか。子どもも大人も参加できる素敵なコミュニケーションで、しかも、科学の発見と喜びも体験することができるのです。

　このマーキング活動は、現在、たくさんの人がそれぞれの地域で参加して、まさに全国規模で行われています。その地道な活動の甲斐あって、アサギマダラの移動区間はどうやら南西諸島から東北地方ぐらいまでの地域にわたるということが分かったそうです。

　僕は、ＮＨＫの『クローズアップ現代』という番組でそのことを話して、活動がさらに広がるように宣伝もしました。これはテレビに関わっている者の、小さな役割だと思っています。

　このスケール感と、自分たちが科学の先端に触れているという感動は、なかなか味わえるものではありません。滝川小学校では、生徒全員でマーキング活動をしていますから、子どもたち全員が科学の最先端に参加していると言ってもいい。どんな教育方法よりもロマンがあって、素敵なことだと思いませんか。そして、きっとその子たちのおじいちゃん、おばあちゃんも、たぶん、僕のように孫と一緒に参加しているはずです。おじいちゃん、おばあちゃんたちは、ずっと前からそこに住んで、アサギマダラのことを見てきたわけですから、子どもたちに分からないことがあればすぐに聞けばいい。キーワードはネットワークです。

　こんなことを面白がる年寄りって、間違いなく孫たちに好かれます。ゴルフがうまい年寄りよりも、よっぽど情熱的に輝いていて素敵です。

農作業という野良仕事の楽しみ

最近、農業回帰ということを行政も含めて推奨していて、仕事を早期退職して農家になる人たちが増えています。僕はもちろん、そういう世の中の動きは歓迎します。しかし、リタイアして、一人の人間としていくらかのんびりと、家族と一緒に第二の人生を楽しみたいと思っているのであれば、僕はそこまで人生を賭けるようなことはやらないほうがいい、とも思います。もしやるのであれば、心から真剣に、脇目もふらずやって欲しい。

なぜなら、農業とはまさに生業（せいぎょう）。リタイアした方々が今までやってきた会社勤めとなんら変わらない、あるいはそれ以上に厳しい世界だからです。

僕は農家の生まれです。ですが八ヶ岳に田んぼや畑を作って、農作物を作ろうと思ったことはありません。その理由はとても簡単で、僕の本職が役者だったからです。

役者って、農業をやるのが難しいんです。農作物はつまりは生き物ですから、付き合いは毎日のこと。でも役者が一週間仕事を休んだら、舞台もやれなきゃ連続ドラマもやれない。ましてや、僕のような二地域居住で東京と八ヶ岳を行ったり来たりしているようでは絶対に無理。農業は、生き物と真剣に向き合って、自然の猛威や、さまざまな困難などに全力で立ち向かわなければいけない類（たぐい）のものなのです。

山の手入れは、極端な話、八ヶ岳に夜中に着いても、頭にヘッドランプを付けて夜通しやって、翌朝また東京に帰る、というぐらいでも、なんとかなるものです。しかし、農作物を育てるという行為は、片手間にはできません。というよりも、片手間にほかのことができないと言ったほうがいいでしょうか。まさに、清水の舞台から飛び降りるような覚悟でやらないとできない。農家のセガレである僕は、心の底からそう思っています。

また、僕が移り住んだこの場所の高度は、農業にはまったく適さないということもありました。

だから僕は、農業をやっている人の応援団になることにしたのです。前述の通り、僕は兵庫県の豊岡市で、コウノトリファンクラブの会長というのをやっています。この会は、別にコウノトリが大好きというファンクラブではありません。コウノトリと一緒に暮らそうと、半世紀にもわたる思いを込めてやっている農業者、漁業者、それから町の人たちの応援団という意味です。僕はその団長ということになります。

　環境破壊が世界的に叫ばれる時代に、コウノトリなどの生き物が復活し、生き残っているのは、農業に関わっている人たちが今まで踏ん張ってやってきてくれたおかげなのです。生き物たちの温床になる田んぼや畑を守ってきてくれた。頑張ってできるだけ農薬や化学肥料を使わないで、田んぼ一〇枚あるうち、二枚ぐらいは田んぼの水を残しておこうよって。生き物のことを考えながら、経営や経済の論理に反することをして、一文にもならないようなことをやって、生き物たちを守ってくれているのです。だから、これからリタイアする方々には、農業に〝転職〟するなんて簡単に考えないで、僕と一緒にそんな農家の人たちを応援して欲しいと思っています。

　じつは八ヶ岳倶楽部の若者たちは、少し下界に下りた標高八〇〇メートルくらいの場所に農地をお借りして、作物を作っています。規模は違いますが、都会のベランダでやるプランター栽培と同じです。農作業という野良仕事は、そんなレジャー感覚で楽しめば最高の趣味になることは間違いありません。彼らが手塩にかけた歪(いびつ)なトマトやキュウリを、僕もときどき、おいしくいただいています。

＊27【ウグイスの谷渡り】ウグイスが枝から枝へせわしなくあちこち飛び渡ること。またはその時の鳴き声。
＊28【リョウブ】リョウブ科リョウブ属の落葉小高木。樹高は8～10メートル。北海道から九州の山間部などに生える。
＊29【サシバ】タカ目タカ科の鳥。全長約45～50センチ。夏期、本州から九州にかけて飛来。9月末から10月初頭にかけて、大群で南方へ渡りをする。

チーム JAPANの 応援

ユニフォームを着て。背筋を伸ばして
テレビの前に座る。かみさんも一緒だ

僕は昔から、野球やサッカーなどのスポーツ観戦が大好きです。

とりわけ、日本代表チームが世界を舞台に戦う国際試合を見ていると、もう熱くなってしまって、喜んだり、悲しんだり、怒ったりと、まるでチームの監督にでもなったかのように、熱中して見ています。

二〇〇九年の春も「ワールド・ベースボール・クラシック」は全試合テレビ観戦。あまりにも僕がチームに入れ込んであだこうだと言うので、スタッフがとうとう日本代表の背番号「11」、ダルビッシュ有のユニフォームを買ってきてくれたほどでした。大会中はずっとこれを着ていましたから、八ヶ岳倶楽部を訪れた皆さんは、さぞ不思議に思ったことでしょう。

肝心の大会結果はというと、宿敵韓国との決勝戦で、大会中あまり調子がよくなかったイチローの、晴れ晴れとした復活弾とともに見事勝利。優勝を勝ち取った瞬間、僕とかみさんは感動して泣いてしまって、同じ野球好きの友人たちに次々と電話して、その喜びを分かち合ったのでした。

そういえば、僕は今まで、役者の仕事はもちろん、テレビのドキュメンタリー番組や、ごく個人的な八ヶ岳南麓への移住ですら、仲間たちとチームのように団結してやってきました。

八ヶ岳倶楽部もそうですが、こんなふうに、チームで何か困難なことに取り組み、そして達成するということが、僕はどうやらずっと以前から大好きなようです。

第四章

森の仲間たち

パートナーになってきた真吾

八ヶ岳に暮らし、八ヶ岳倶楽部を作り、僕たちの生活を前著で綴ってから、一五年という時間が経ちました。施設が大きくなり、雑木林が豊かになり、そこに訪れる鳥たちの顔ぶれが変わってゆくように、そこに住む僕たち人間にもさまざまな変化がありました。

東京から八ヶ岳に連れてきた頃は、人見知りで僕の足にしがみついているような子どもだった真吾も四〇歳を越えました。ちょうど僕が家族を連れて八ヶ岳にやってきた頃の歳になったわけです。

最近僕は、真吾が言うことや、その行動に尊敬に近い感覚を覚えることが多くなってきました。たとえば僕は、どんな時もあまり物事を熟考はしません。わりと感覚的に、ポンと答えを出すことが多いのですが、彼の場合は、今あのスタッフはこういう状況だからとか、このセクションが動くとあっちの人たちはどうなるだとか、こちらが「なるほど」と感心するくらい、いろんなことに対して気遣いをして、物事を考えてから発言するのです。彼は、かつて自分のフィールドを持ちたいと言って、僕のもとにいなかった数年間があります。その頃の経験が生かされているのだろうと思います。

植物についても、僕は専門的には何も勉強していません。あくまでも自分の直感と、昔じいさんから教わったことを思い出しながら森に分け入って、八ヶ岳に自分の理想とする雑木林を造ってきました。大きな声では言えませんが、林学者が言っていることはあまり信用しないし、農学者が唱えることも参考にしません。

一方、彼は東京の大学で農学部に通い、学問として森のこと、植物のことを学んできたわけです。卒業後は生産農家に入ってめいっぱい勉強し、八ヶ岳に戻って来たと思ったら、今度はＮＨＫの『趣味の園芸』という、四〇年以上も続いている、園芸の教科書とも言える番組のキャスターを八年間務めました。

中庭のテラスでスタッフの加藤くんと鉢植え談議。
彼は植物好きのお客さんにとってよきアドバイザーでもあります

園芸というのは「業」です。生産して販売し、お金が生まれます。これを生業として生活をしている人たちがたくさんいる、そういう大きな産業の中に彼はいました。だから、さまざまな産業に携わる人、経済や業者のことも含めて、同時に考える訓練をしてきたのかも知れません。

そんなわけで僕は最近、何かを決める時、彼に意見を求めるようになりました。僕にはない視野の広い意見を言ってくれるからです。

ところで最近の真吾は、僕も感心するくらい面白いことに取り組んでいます。

ジョン・レノン&オノ・ヨーコの『ダブル・ファンタジー』というアルバムをご存じの方も多いでしょう。このタイトルの語源は知っていますか。じつはフリージアの品種のひとつに「ファンタジー」というのがあり、その八重咲き(やえざき)をダブル・ファンタジーと言うのです。

一九八〇年、ジョン・レノンが息子とともにバミューダ諸島に行った時、その花を見つけ、タイトルにしたのだそうです。ある時真吾は、埼玉県にある「ジョン・レノン・ミュージアム」の方からその花のことを詳しく調べて欲しいと依頼されました。

それで彼が調べてみると、どうやらこの八重咲きのフリージアは、今では世界のどこにも咲いていないらしい。でも真吾はそれに興味を持って、きっとどこかに今も咲いているはずだと、八丈島で昔、ダブル・ファンタジーを栽培していたというおじさんに会いに行ったり、ロンドンに行ったりと、世界を股にかけた、彼の「ダブル・ファンタジー探し」が始まったのです。

やがて、ダブル・ファンタジーを見つけて咲かせようという真吾の活動に興味を持った仲間が何百人も集まって盛り上がり、目下、プロジェクトが進行中です。NHKもそれを面白がって、ニュース番組で取り上げてくれたりしています。

そんな姿を見ていると、日本野鳥の会やコウノトリファンクラブで野鳥を追いかけている自分と、なんだかとても似ている部分があります。彼のダブル・ファンタジーも、僕の野鳥の会も、まったくのノーギャラです。柳生真吾は、柳生博の進化形みたいな感じがすごくするのです。

真吾や宗助が子どもの頃、アメリカの西部開拓時代のパイオニアスピリットの話で盛り上がっていたことがありました。でも、それを端で聞いていた僕は、「ちょっと待て。それは違う」と意見した。「今お前たちがイチから何か新しいことをやって、パイオニアスピリットで世の中に挑んでいく、というのはあまり好かん」。

僕らの世代には、偶然、終戦やその後の高度成長期がありました。仕事というものに対する価値観が大きく変貌した時代です。僕は偶然役者の道を選んで今に至っているけれど、息子たちには、僕や先人がやってきたことをベースにして、そこから進化していってくれなきゃ困るのだと。

これは要するに、僕がやってきたこと、学んできたことを、息子は息子なりに吸収して、さらにその上を目指して欲しいという意味です。もちろん役者の後を継げということではありません。生きていく上での話です。

好むと好まざるとにかかわらず、僕たち親が生き物として築いてきたものがあり、それはやっぱり、彼らにも生き物として引き継いでもらわなければ困るのです。でなければ、親たちが生きてきたことが無駄になってしまう。

真吾は、自分でも言っていますが、いつまでたっても反抗期の息子でした。僕が何か言うといつも反抗する。しかし周りの方々にとっては、ふとした時に僕に「そっくりだ」と思わせるところがあるらしく、たとえば真吾がテレビなんかに出ると、言っていることも仕草も気持ち悪いくらい似ているらしいのです。じつは僕も、最近はそう感じています。

息子というのは、自分が親に似てくれば似てくるほど逆に煙（けむ）たがったり、反抗したくなるわけです。ところが、この頃ふと気が付くと、「オヤジのアイデアいいよね」と、わりとはっきり賛成したり、反抗しなくなってきたのです。それどころか「それはオヤジ、こういうことだと思うよ」なんて僕の足りない部分を補ってくれて、僕も「そうか、そういう考え方もあるんだ」と逆に頷（うなず）くというような、建設的な話し合いができるようになりました。

僕と真吾は、普段そんなに会話の多い父親と息子ではなかったのですが、だんだんと、朗（ほが）らかで深い仲になりつつあります。

宗助の結婚と記念植樹

ちょうど真吾夫婦が東京を離れて八ヶ岳に住むようになってから、間をおかずして次男の宗助が結婚しました。

宗助は、第一章でお話ししたように、大学二年生の時に八ヶ岳倶楽部へ〝留学〟して来ました。その時ここにアルバイトに来ていた直子と知り合って恋仲になり、結婚にまで至ったのです。僕は当時、二人の関係にまったく気付きませんでしたが、二人の恋はとても八ヶ岳倶楽部風の、静かで、温かな恋だったようです。

二人はこの場所でどうしても披露宴をしたいと言い出しました。そこで柳庵のテラスに大勢の人に集まってもらい、宗助が好きなディキシーランド・ジャズのバンドを招いて、音楽が林に流れる結婚披露宴をやったのです。みんな、いつもの林には似合わないタキシードを着て。それは素敵な光景でした。

披露宴の最後に、この日を記念して二人で結婚のメモリアル植樹をしました。花嫁の直子が白い花嫁衣装に長靴を履いて、『聖者の行進』が流れる中、柳庵の下の林にカツラの樹を植えたのです。

花嫁が、白いウエディングドレスを――おしとやかにじゃなくガバッとまくり上げて、長靴を履いた足を丸出しで、スコップで土を掘っている姿はなんともかわいくて絵になる。みんなニコニコ笑顔の、幸せな結婚式でした。

でも、不思議なことにこのカツラの樹、植えた時から枯れもしなければ育ちもしないのです。そのほかの記念樹はみんな大きくなっているのに。もちろん夫婦仲はとても円満です。もしかしたら、このカツラの樹も、当時の二人の恋のようにゆっくり育っているのかもしれません。

孫第一の典型的なおじいちゃん

真吾の子どもたちの実可子(一五歳)、耕平(一一歳)、希実子(九歳)、紗英子(八歳)の四人に続き、宗助たちにも三人の子どもが生まれました。まず長女が生まれて、名前は真子(一一歳)。続いてわんぱくな長男の周助(七歳)。次女の奈々(三歳)も生まれました。今は外資系企業のサラリーマンである宗助は、二年前に一家を連れてバンコクへ転勤になりました。

彼らがバンコクへ行って間もない頃、真子から国際電話がありました。そして僕が出るなり、突然彼女は聞いてきたのです。

幹に絡み付くイワガラミのたくましい姿が分かりますか？今では毎年花を咲かせてくれます

「ジイジ、イワガラミ咲いた？」。

イワガラミというのは、断崖絶壁の谷間の岩などに生えている蔓状の樹で、岩やほかの樹に絡まって育ち、白いアジサイのような花を咲かせます。真子が生まれる七、八年前に、僕が八ヶ岳倶楽部のテラスのすぐそば、一番みんなに見てもらえる場所に、大人の背丈ぐらいの樹を植えました。

成長したイワガラミは、すぐ横に生えている栗の樹に絡みつき、一〇年経って初めて花が一輪咲いたのです。真子はそんなイワガラミのことをよく覚えていて、僕に聞いたわけです。「咲いたよ」と答えると、「いくつ咲いた？」「今年はね、豊作で一七か、一八咲いたよ」。

そうしたら彼女、電話の向こうでベショベショ泣いているのです。「よかったね、よかったね」と言いながら。真子がまだ三歳ぐらいの時、初めて花が咲いて、僕があまりにも喜んだことを覚えているのですね。

その時、「何でジイジ、そんなに嬉しそうにしているの？」って言うから、「これはジイジが、みんなが触れるぐらいのところで、もしイワガラミが咲いたら、お客さんも宗助も直子もきっと喜ぶと思って植えたんだ。咲かないかもしれないと思っていたけど、やっと咲いたんだよ」ということを話したのです。

　イワガラミは、この辺りではトレッキングシューズを履いて相当な覚悟で山深く入らないと見られない植物です。でも、それをここで、テラスからコーヒーを飲みながら見られるようになった。それを思い出して、真子は思いっきり爆発して泣いてしまったのです。

　僕もうろたえてしまって、「ママに代わって」って言ったら、直子も一緒に泣いている。「お願いだから、あんまり八ヶ岳の話をしないで」って。八ヶ岳の鳥の話、花の話、樹の話、スタッフの話、野良仕事の話、真子はここの物語をみんな知っています。知らない異国で、当時小学校三年生という、感じやすい時期にカルチャーショックを受けていたのでしょう。言葉は全部外国語ですし、友だちもいない。そんなところで頑張ろうって思っている時に、八ヶ岳の話をするのは酷なことだったのです。

　第一章でも少しお話ししましたが、七人の孫たちが生まれてからというもの、僕は、孫のことを常に一番に考える、典型的なおじいちゃんになってしまいました。しかし、ジジバカと言われようが何と言われようが、もうしょうがない。これもある意味、一五年間で起こった一番大きな変化と言えるかも知れません。一五年前は孫は一人もいなかったのですから。

サンクスコンサート

前著でも紹介した息子たちの恩師である「自由学舎」の下田秀明先生のバンド「ＴＡＳＴＹ」のコンサートは、今も変わらず続いています。

　一番忙しいお盆の時期が終わると、八ヶ岳倶楽部のお客さんはそれまでの半分くらいになるので、その頃を狙って、二〇年間もここでコンサートを開いています。メンバーは若干変わりましたが、ビートルズのナンバーを中心に、名演奏を毎年僕たちに聴かせてくれます。

このコンサートは、お客さんへの日頃の感謝を込めて、いつしかサンクスコンサートと呼ぶようになり、無料で開催しています。この日ばかりは、いつも静かで穏やかな八ヶ岳倶楽部も、歌って踊って盛り上がって、大騒ぎをします。小さいけれど、立ち見客が出るくらい人気の、それは素敵なコンサートなのです。

僕の孫たちは毎年交代で、ジョン・レノンの『イマジン』の朗読をやっています。

演奏がすべて終わった後で、「みなさん、最後はジョン・レノンの『イマジン』です。今年は真子ちゃんに読んでいただきます。柳生真子ちゃん、おいで」と、下田先生がその年の朗読を務める孫の名前を呼びます。真子はステージに行き、下田先生が和訳してくれた歌詞を朗読し始めます。

「イマジン。朗読、柳生真子。――考えてごらん　天国なんてないんだと。そう思ってみれば簡単なこと。この地の下に地獄なんてないし、この地の上にはただ空があるだけ――」。

子どもの無垢(むく)な声で読むと、『イマジン』の歌詞が透明感を持って表現されるように思えて、本当に感動的です。さまざまな番組のナレーションを手掛けてきた僕も、これにはかないません。子どもが読む詞というのは、上手に読もうとしなければしないほど、歌手が読むより、誰が読むよりも心に沁(し)みます。

終わったら、お客さんに向かってぺこりとおじぎをする。朗読している間は下田先生がずっとバックで、ギター一本で『イマジン』を弾き、朗読が終わると、英語で歌い出す。みんな涙を浮かべてそれを聞いています。

孫たちはみんな、このコンサートのハイライトとも言える朗読をやりたくてしょうがないようです。孫たちにとっては、年に一度やって来る大きな晴れ舞台なのでしょう。ですから、僕のこのコンサートにおける実質的な役割は、朗読の先生です。

分からない言葉もありますから「ジイジ教えて、ここどうやって読んだらいいの？」って孫たちが聞きに来る。そうすると「この言葉をみんなに聞いてもらいたいから、ここで間をあける」「間って何？」みたいな感じで朗読の特訓が始まります。

すると特訓を横で聞いていたほかの孫たちが、「来年は僕だよね」とか、「私もいつかはやらせてもらえるんでしょう」とか言いながら、「僕のほうが歳が何カ月上だから次は僕だ」なんて揉めています。

サンクスコンサートで演奏する曲は、やはりジョン・レノンとビートルズが中心ですが、たまに日本の曲もやります。最近感動的だったのは『世界に一つだけの花』でした。みんなSMAPが大好きですから、これは嬉しかった。下田先生が、孫たちの誰かにステージを手伝って欲しいということで、真吾の一番上の子、当時中学二年生だった実可子がバイオリンで参加することになりました。

実可子は女優をやっていたうちのかみさんに似て、とても通る声をしています。ですから、イントロダクションだけバイオリンを弾いて、歌に入ったらマイクに向かって歌うことにしました。ギターとシンセサイザー、パーカッションをバックに。これが大好評。バイオリンって限りなく人間の声に近い楽器ですから、その音色が加わると、人間の感性の部分にふっと入りやすい。そしたらまた、僕もやりたい、私もやりたいって孫たちが言い出して、その整理が大変です。

八ヶ岳倶楽部にやって来る若者たち

八ヶ岳倶楽部を知った若者が、野良仕事の手伝いにどんどん来てくれるようになりました。ここ二〇年ほどは、何か自然と触れ合うことをしたいという気運が、全国的に高まってきた時代だったのかもしれません。今の若者たちも、かつて僕が八ヶ岳にやってきた時のように、都会の中でバランスを崩していくことが多いように思います。

今、店長をやってくれているキヨスは、大手企業に勤めながら、有給休暇や夏休みを使ってアルバイトで

20年という歳月を経て、八ヶ岳倶楽部の雑木林は建物を覆い隠すほどに成長し、僕たち"森の仲間"をも優しく抱きしめてくれています

大好きなカウンター席で仲間と乾杯。
僕の最高の時間です

来たのが始まりでした。彼はお金が欲しかったわけではなくて、八ヶ岳の自然の中で林の手入れをして、生き物の息遣いとか、自然の移ろいを肌で感じて、自らも生き物としてのバランスを取り戻すために来ていたのです。

ここに来る若者たちは、動機のほとんどが「柳生さんの野良仕事を手伝いたい」という感じです。ギャラリーで接客をやりたいとか、喫茶店を開くための修業をしたいとか、厨房で料理を作りたいと思って来る人はあまりいません。僕たちの、林に樹を植えたりする野良仕事の風景が、とても楽しそうに見えたんでしょうね。

ただし、八ヶ岳倶楽部でアルバイトとして働くには、ある才能が必要です。

まず、虫や獣（けもの）がいても平気かどうか。もしくは我慢できるかどうか。毛虫やヘビを見ても「キャーッ」と言わないでいられるかどうか。もうひとつ、もっとも必要とされる一番大きな才能は、共同生活ができるかどうかです。と言うよりも、人が好きかどうか、ということでしょうか。

たとえば、八ヶ岳倶楽部のアルバイトは男子寮と女子寮の大部屋で生活しなければなりません。これはルールです。ベテラン以外には、個室は与えません。人と一緒に着替えたり、寝姿を見られたり、そんな中で生活する。昔と違って、今は家族でさえ大勢でひとつ所で寝起きするなんてことはないでしょう。子どものうちから人工空調の効いた個室の中で、ほかに生き物がいない生活をしている。大勢の匂（にお）いの中に身を置いて暮らした経験がまったくないほうが普通なのです。

これに耐えられない人は、いくら自然や野良仕事が好きでもやっていけません。現在二十数人いる八ヶ岳倶楽部のスタッフは、その状況を「やっと人と繋がることができた」と思える人たちばかりなんです。そういう意味で、彼らは現代においての〝少数民族〟なのかも知れません。

八ヶ岳倶楽部のスタッフは、北は北海道から南は九州まで、全国あらゆるところから集まっている。スタッフの人数は季節により違うが、だいたい25名前後。「ギャラリー」と「中庭」のスタッフが大集合だ

忙しい「レストラン」を支えてくれるレストランスタッフ一同。繁忙期には、たくさんの人出が必要だ

様々な作家の作品を扱う「ステージ」と「総務」のスタッフたち

ここへ来て三年ぐらいになるスタッフで、ユウコちゃんという女の子がいます。東京で本屋さんに勤めていましたが、彼女は人との関わりを持つことがとても苦手でした。最近増えている若者の典型だったわけです。でも、彼女は八ヶ岳へ来て、一瞬にしてマッチングしました。来て一週間も経たないうちに、人が変わったように朗らかな女の子になったのです。

八ヶ岳へ行ったきり帰って来ない彼女を心配した友だちが遊びに来たことがありました。すると、その友だちは彼女が目の前で働いているにもかかわらず、「あまりにも表情が違って朗らかなので、ユウコだと分からなかった」って言うのです。ユウコは「人と一緒に話をすることが、楽しくてしょうがないの」と答えたそうです。

ユウコは、お客さんをお迎えする時には走って行って、僕が野良仕事をしていると、走って手伝いに来ます。そういうふうに人と関われるようになった。ここには心のバランスを整えてくれる、不思議な力があるようです。

スタッフの将来

日本の会社では、いまだに終身雇用が美徳とされています。しかし、八ヶ岳倶楽部の場合、人はどんどん入れ替わっていきます。これは決して寂しいことではなく、むしろ「もうそろそろ出て行って、自分で何かをやれ」というのが、僕のスタッフに対する姿勢です。

僕の本を読んで感銘を受けてここへ来たなんていう場合、その若者はものすごい情熱に駆られているわけです。直立不動で、「ここで柳生さんと一緒に野良仕事をやりたい。ここに骨を埋めるつもりで頑張りますから雇ってください」と。そういう時、僕はちょっと強面になって言います。「君の骨をここに埋めるわけにはいかない。もっと楽な気持ちで来なさい」。

だって、こんな山の中で働こうと思うこと自体が、そもそも大変な覚悟なんです。都会のコンビニや工場でのアルバイトとはまったく違い、仕事も生活も、全部ここ。みなさん相当入れ込んで、人生を変えるようなつもりで来ます。でも八ヶ岳倶楽部という場所は、別に人間を高める教育の場ではありませんし、僕は人生訓をたれるつもりもありません。

魂のある場所としての八ヶ岳倶楽部

八ヶ岳倶楽部は恋の始まる場所、あるいは、恋を終わらせる場所だということを前著で書きました。それから一五年が経っての大きな変化は、たくさんの人から出産の報告を受けるようになったことです。出産は、家族にとって一番大きなイベントです。僕はその現場にたくさん関わってきました。「あの時、一緒に写真を撮っていただいた子がこんなになりました」といった成長の報告も受けるようになり、報告してくれる家族の中には、ここで出会って、結婚して、出産して、という人たちも大勢います。

出産報告に並んで、ここでみなさんから報告を受ける機会が多いのは、ご家族の訃報です。年数を重ね、出会いと別れということにおいて、八ヶ岳倶楽部の密度は濃くなりました。男女の出会いと別れから、人間の誕生と死という出会いと別れへ。それは、ここが二〇年という時間を経て来た、ひとつの証しであると僕は思います。

毎月のように八ヶ岳倶楽部へ来ていたご夫婦がいました。それほど高齢ではなかったのですが、ある時からパッタリといらっしゃらなくなった。僕やスタッフはみんなそのご夫婦のことを知っていますから、とても心配していました。すると、ある日突然、その奥さんが一人で八ヶ岳倶楽部に来たのです。

姿が見えないご主人のことを尋ねると、亡くなって一年以上経つと言います。「毎日泣いて暮らしていました。自分たちにとって楽しかった思い出といえば、八ヶ岳への旅だった。ここには、あまりにもあの時の思い出が多すぎて、来るのが辛かったです」と、泣きながら話してくださいました。ご主人は仕事のお忙しい方でしたから、たまの休みの日に「八ヶ岳倶楽部でも行こうか」と言って来ていたそうです。

都会に暮らすお年寄りのご夫婦に、「ここは私たちの故郷なの」と言われることがよくあります。伴侶を亡くした時、そんな二人の思い出が詰まった場所には、辛くて来られなくなるのも当然かもしれません。

ゆっくりお話をされると、そのご婦人は「来てよかった。いろいろなことが、すごく楽しく思い出されました」と言ってくれました。それからは毎年、春、夏、秋の一番いい時にホテルを予約されて一日の半分以上をここで過ごしていかれます。今ではご主人との思い出話を笑顔でされるようになりました。僕らは愛を込めて彼女を「しーちゃま」と呼んでいます。

僕は、ご主人や奥様、親や、自分の大切な人を亡くした方のお話をゆっくり聞くのが好きです。「あの人はこんな人だった。辛いこともあったし、本当はあんまり好きだと思わなかったんだけど」みたいな話に、テラスのカウンターでお茶を飲みながら、耳を傾けるのです。東京ではそんなお話を聞く機会なんかまったくありません。そんな空気がないのです。

誰が子どもを産もうが、誰の連れ合いが死のうが、儀礼的に何か言葉はかけるでしょう。だけど、残された人から、しみじみと話を聞くなんて、めったにないことです。ここではそれがとても自然なこととしてあるのです。

今の八ヶ岳倶楽部という場所は、それぞれの家族のためにあるのかもしれません。悲しいことはできれば少ないほうがいいけれど、夫を亡くして来る人、親を送って来る人、ここで結婚を決意して子どもをもうけ、家族となった人たちのふるさとのような場所なのでしょう。

自分の変化

年齢のわりに昔と変わらないですねなんてよく言われますが、僕ももう七二歳。それなりに年はとってきているつもりです。ただ、年をとることイコール老いることでも、老いることイコール滅びていくことではなくない、と思っています。

　バンコクにいる孫と電話で話しました。すると、きっとかみさんか誰かから聞いたのでしょう。開口一番、「ジイジ最近変わったんだって？」と言うのです。僕には何の事だか分かりますから、「そうみたいね」と答える。「ジイジ掃除やってるんだって？」と孫。かみさんも息子も孫たちも、それまで、僕が掃除をしている姿なんてのは見たことがありませんでした。ましてや、台所に立っている僕なんか想像もつかない。ところが最近は、食事した後、お客が来ていようがいまいが僕は片付けものをやっているのです。今までは、食器を片付けに台所へ立つなんてことはもちろん、掃除すらしたことがなかった。これは別に、かみさんへの意地悪でもなんでもなくて、柳生家は昔から「男子厨房に入るべからず」の、笑っちゃうほど古い精神でやってきたからです。

「そういうあなたが好きよ」と言われたことはあったけれど、「掃除しなさい」「片付けものやってよ」と言われたことはなかった。それが今、ゴミを自分で出している。「パパやだ、どうしちゃったの？」って言われますが、「いや俺変わったんだよ」と僕は答える。理由を聞かれても、それはふとそういう気になったというだけのことで、説明のしようもないのです。

　今では、電話をしてくる孫は僕のことを、受話器の向こうから「もしもし、ニュージイジ？」と呼ぶようになりました。

　おかしいのは「ジイジ、お掃除のコツはね」なんて生意気に言うんですね。「雑巾(ぞうきん)絞る時、どうやったらいいか分かる？」とか。「ジイジはきっと、お顔洗う洗面台に栓をして、そこに水をためて雑巾を洗って絞るんでしょ？」。なんて、今、僕がやってきたことを、まるで見てきたかのように言う。「それは違うの、ジイジ。洗面台でやるんじゃなくて、お風呂で使う桶(おけ)があるでしょ。それにお水を入れて、その中で絞るのよ。そうすると、洗面台の白いところが汚れないでしょ」と。小学生に七二歳の僕が教わっているのです。僕はというと、そうかあ、確かにそうだよなあ、と頷くことしきりです。

捨てるということ

今、僕がやろうと思っている一番大きなテーマは、「捨てる」ということです。捨てるっていうのは何も難しい哲学の話ではなくて、単純に家の中のゴミの話です。一昨年、インタビューで「柳生さんが今一番夢中になっていることは何ですか？」って聞かれた時、僕は淀みなく「ゴミを捨てることです」と答えました。

ちょうどその頃、かみさんが病院に検査入院したのです。彼女はこれまで、怖いからとか恥ずかしいからとかいう理由で、一回も健康診断を受けたことがありませんでした。

幸い何事もなかったのですが、その時にふと、「もし、突然僕がいなくなったらどうなるのだろう」と考えました。漠然とした不安です。

僕はその頃ちょうど、ＮＨＫで認知症の特別番組にゲストとして出演していました。人間がこれだけ長生きするようになると、当然脳の細胞もさらに老化して壊れていく。そうすると人格までもが変わるのです。これは恐ろしいことです。

「僕だってもしかしたら認知症になるかもしれない」。

かみさんが入院している間、一人いろんなことを考えました。それで、不安でいてもたってもいられなくなって「そうだ！　捨てよう！」と思い至ったのです。鬱積した自分の人生の垢のような物たちを捨てることで、身軽になりたかったのかもしれません。

まず、僕は本に囲まれて暮らす人生だったので、たくさんの小説や辞書、百科事典、それと地図を捨てることにしました。すると、本だけで家の玄関がびっしり埋まってしまった。それらを残さずすべて捨て、次に洋服、古い書類、ビデオテープなどを次から次へとゴミ袋に詰めていきました。

あらかた片付け終わった後に数えてみると、東京都指定のゴミ袋が合計二七袋にもなっていました。まさ

言葉にすると気恥ずかしいですが、「まだまだこれから」そんな思いで日々を過ごしています

に玄関はゴミの山です。この調子で、翌日また二〇袋。その後も毎日のように一〇袋、二〇袋と出しました。そうしたらまあ、家の広いこと。埋もれていた床が見えてきて、本当にスッキリしたのです。かみさんは口癖のように「家が狭い、狭い」って言っていましたが、それはゴミの中に住んでいたからでした。

本なんかは、読みたかったら図書館へ行って読めばいい。思い出の洋服なんていうものも、あの時、あの場所でどういうのを着ていたかなんて、もうそんなことどうだっていいのです。それに買うだけ買って三年、五年、場合によって一〇年も着ていないものが大事にとってある。まったく意味のないことでしょう。踏ん切りをつけて全部捨ててしまいました。新しく生きていこうという思いが一番表れるのは、洋服と本だと僕は思います。何十年も前の百科事典を片手に、蘊蓄(うんちく)を傾けていたら笑われてしまうのと一緒です。

野鳥の会会長になる

「野鳥の会の会長をやってくれませんか」というお話をいただいた時、かみさん以下、家族に猛反対されて一度は断りました。息子にも「親父、何かあったらテレビや新聞記者の前で謝らなきゃいけないんだよ」と言われ、正直そこまで考えていなかった僕は、改めてことの重大さに気付き、丁重にお断りしたのです。

しかし、その後も何度も何度もお誘いを受けているうちに、次第に考えが変わってきました。自分が、あと何年ぐらい生きられるのか、また、その残った時間で自分は社会のために何ができるのかということを、考え始めたのです。そしてもうひとつ、そろそろそういう大きな社会貢献をするべき時が来たのではないか、という思いからでした。

人間とは不思議なもので、年齢を重ねれば重ねるほど愚鈍（ぐどん）な精神はなくなり、まっすぐで繊細な感性を携え始めるのです。もし一〇年前にこのお話をいただいていたら、僕は一も二もなく断ったでしょう。ひょっとしたら五年前でも早かったかもしれません。

さまざまなことを考えた末に、「よし、やってみよう」と決断することができたもうひとつの理由は、とりあえず、今の自分には憂（うれ）いがない、ということでした。息子たちはもう立派に大人として家庭を守っていましたし、かみさんも元気です。孫たちも健やかに育っている。そんな晴れやかな自分の人生の中で、神様も「やりなさい」と背中を押してくれているような気がしたのです。今は朗らかな気持ちを持って、大好きな鳥たちのために何かをしたいのです。

ボーイズ・ビー・アンビシャス

北海道・札幌の羊ヶ丘展望台に立つ像で有名なウィリアム・スミス・クラーク博士の「ボーイズ・ビー・アンビシャス」という言葉があります。「少年よ、大志を抱け」という意味のこの言葉には、じつは続きがあるらしいのです。

ある日、友人のKさんが僕に問いかけました。Kさんは大手企業の重鎮ですが、まさに教養が洋服を着ているような人です。「柳生さん、その後のフレーズ、知ってる？」僕はさっぱり聞いたことがない。「ボーイズ・ビー・アンビシャス！　そしてクラーク博士はその後、小さな声で言ったんだ。ライク・ディス・オールドマンって」。本当だったら素敵なことです。すると彼は、「本当のことです。資料もある。そして、これはあなたのことだと僕は思う」と、僕を指さすのです。反射的に、僕もKさんを指していました。

Kさんは、僕にすごくスピリットを分け与えてくれる人で、経済界においては珍しく、損得以外のお話を僕にしてくれます。さらにその奥さんまで笑って「そうよ。柳生さんのことよ」なんておっしゃるから、なんだか嬉しくなってしまって、僕もつい調子にのって「いったいどこらへんが似ているんですか」なんて聞いてしまいました。

クラーク博士は明治時代初期に、高い志を持って日本の農業に西欧の科学を持ち込み、まだまだ原始的な生活を送っていた日本人にさまざまなことを伝えてくれた人です。その冒険心と意志が、かつて確かに存在した日本人の雑木林での生活、さらには「里山」を復活させようとしている僕にだぶったのかも知れません。

クラーク博士が本当にそう言ったのかいまだに半信半疑ですし、僕自身がそんなにすごいことをしているとも思いませんが、それらを差し引いたとしても、素晴らしい言葉として大切に心にしまってあります。

じつは僕は、「生き物と自然短歌フォーラム」という会の委員長を務めています。日本全国からはもとより、アメリカや中国など海外からも二〇〇〇首を超える短歌が集まるのですが、今年、僕が選んだ大賞がこれです。

「急行の停まらぬ駅で少年は満月見上げ涙を流す」

僕らボーイズは、大志を抱き続けています。若者たちが「あの老人のように」と感じ、一生懸命生きるためのお手本になれるように。

カウンターの特等席

すみっこのここが僕の指定席。
じつは夕日のあたる林が一番
きれいに見える場所なのです

八ヶ岳倶楽部のテラスには、僕専用の特等席があります。ここは、ちょうどレストランの壁の裏側に当たるところで、屋内にいる人たちからは見えません。別に隠れているわけではないのですが、ここからは、八ヶ岳倶楽部の林の景色の中でも、僕が大好きな、秩父連山の尾根をバックにしたパノラマがよく見えるのです。

このカウンターは、木彫作家の田原良作さんの家へ遊びに行った時、彼の作品の材料だった木材をもらってきて造りました。この木材は、パドックというとても硬い木。あまりにも硬く密度も高いので、彼は軒下のぬかるみに橋代わりに敷いていたのです。

ですから、このカウンターは、どれだけ雨に当たっても腐ることはありませんし、汚れても、サッと拭けばすぐきれいになります。

僕は、朝のバードウオッチングを終えるとここに座って、ゆっくりコーヒーを飲みながら、一時間くらいかけてブランチの玄米のオートミールを食べるのです。特別健康に気を使っているわけではありません。タバコは孫ができた時にやめましたが、お酒も食事もたくさんいただきます。が、このオートミールだけは、黒砂糖や乾燥したヤマブドウ、木の実がたっぷり入って、とてもヘルシーです。これが僕の、唯一の健康法と言えるかも知れません。

そうして夕暮れ、落ちていく夕日に美しく染め上げられる林を眺めながらビールを飲んで、酔っぱらっちゃうのです。

第五章

森での暮らしを始めるために

～建てて住む心得～

森に居を移す前に

前著『八ヶ岳倶楽部 森と暮らす、森に学ぶ』を読んで僕の考えに賛同し、さらには触発されて、八ヶ岳へ移住してくる人たちが増えたことは素直に嬉しかった。だって、あの本に書いたことは僕のとっても個人的な、なんてことはない生活の姿に過ぎなかったのですから。そして今でも、僕たち家族のように、ここに住みたいんだと仰ってくれる人が後を絶ちません。

でも、こういう山深いところに生活の場を移すのはとても勇気のいることです。ここには美しい自然や生き物たちがいますが、都会生活に慣れ親しんだ身体には過酷な世界であることは今も変わりありません。僕の本をきっかけに、半ば衝動的に「俺も、山で暮らすんだ！　その時が来た！」と思う人がいたら、僕はあえて、「早まるな」と言いたいのです。

自然の中で暮らすとか、家族でそこに引っ越すなんていうことは、考えてみればものすごく大それたことなのです。自分だけの問題ではなく、奥さんや子どもの世界、そして、それぞれが思い描いている未来をも一変させることになるわけですから。

「行くぞ！」と意気込んで、昔風の亭主関白とか、やんちゃなオヤジの勝手な決定だけで、山での暮らしを始めて欲しくはないのです。もしそれをしてしまったら、絶対にうまくいきません。

かく言う僕も、ほとんど勢いに任せて八ヶ岳と東京との二重生活を始めました。実際、八ヶ岳には同じような人がいっぱいいます。しかし、そうやって移住してきた人たちが、こちらに来てからどれだけ家族に対してフォローしたことか。

都会を打ち捨てて田舎暮らしを始めようと本気で思うのであれば、まずは全エネルギーを費やして、家族を説得していただきたいのです。奥さんや子どもを誉めて、言うことも聞いて、「君たちの気持ちも分かる、だけど俺はここに住みたいんだ」ということを、どれだけ熱く表現し説得するかです。

僕たち家族が、今までで一番濃密に話をしたのは、子どもが生まれた時と、さあ山へ住もうという時でした。男と女が結婚するなんてわりと簡単なことです。若いオスとメスは、すぐくっつく。言うなれば、偶然その女房であり、偶然その亭主であるわけです。逆に考え抜いて結婚したなんていうのは、僕はあんまりいい結婚だとは思わない。

結婚して子どもができるのも当然の理です。赤ん坊を真ん中に置いた夫婦は、円満そのものです。めいっぱい子どもに気持ちを向けている時、家族はもっとも生き物らしくあるわけです。赤ん坊を真ん中に、グダグダとくだらない喧嘩をしている夫婦なんて僕は見たことがありません。

しかし、山への移住は生き方の選択の問題です。野良仕事が好きだから山へ行く、というのでは単なる趣味と変わりません。山で自然と一緒に暮らすとは、生き物としての本来の生き方に立ち返ることなのです。

自分の家族にも都会でのそれぞれの生活があり、経済的な問題もあり、「お父さんはそう言うけど、現実はね……」と反対したくなるいろんな事情がある。それを説得するのは至難の業（わざ）ですが、もし説得できて、家族そろって山で暮らしたいと思えたなら、山には、生きててよかったと思えるほどの幸せな未来が待っていると、僕が保証します。

移住後の経済問題

山での暮らしに奥さんが反対する大きな理由は、おそらく経済的な問題でしょう。一般的なサラリーマンが、定年前に早期退職で会社を辞めて退職金をもらっても、現実的な話、そのお金は、土地を買って家を建てたらほとんどなくなってしまうわけです。でも、とりあえず家は建てたけれど、あと何十年と続く人生、食べていかなきゃいけない。それで、山で仕事を探すことになります。いろんな手段があると思いますが、たとえば自分たちで何かお店をやるっていう方法はどうでしょう。それについては、僕は大いに勧めます。

僕が思うに、世の奥様の半分以上は、自分の好きなお店を開きたいという気持ちがあるのではないでしょうか。たとえばそれが洋服を売るお洒落なお店であっても、バーであっても、八ヶ岳倶楽部のように自分の好きなものを並べて買ってもらうお店や、あるいは自分の作品を展示して販売するお店であってもいい。お店って、作る人の身の丈にあったあり方を、自由に選べるところがいいのです。これは家族の了解を得るひとつの手だてでもあります。

たとえば奥さんの得意料理がシチューだったとして、これがひいき目を抜きにしても、そこらのお店より美味しかったとします。きっとどこの家庭にもそんな味があると思います。そうしたら、これは単純に、シチューの専門店としてお店を始めてみればいいのです。シチューが本当に美味しければ、どんな辺鄙（へんぴ）なところでも人は来る。評判が口コミで広がって、全国からお客さんが集まるのです。

じつは八ヶ岳倶楽部のある北杜（ほくと）市は移住者が多く、小学生の半分近くが外から来た人たちの子どもです。ですからお客さんの半分は観光客ではなく、「都会出身の地元の人」だと思えばいい。わざわざ地のものや、郷土料理にこだわる必要はありません。

それにここ八ヶ岳では、移住してきたからといって、もとから住んでいる人たちにしっぽを振るようなことをする必要もありません。それが地元の人に対する礼儀でもあるからです。僕は三〇年前からここに住まわせてもらい、とても感謝しています。しかしだからと言って、一事が万事、土地のしきたりや、風習だけに従うというのはちょっと違うと思うのです。

何と言っても八ヶ岳南麓（なんろく）は、ポール・ラッシュ（＊30）の開いた開拓地です。だからもともと、品物もサービスも八ヶ岳南麓流なんてものはなくて、真に価値を持ってさえいれば、すべて自分流でいい。これは八ヶ岳ならではの、とても開放的な環境だと思います。

八ヶ岳倶楽部から山を少し下ったところに、「おにがわら」という名前のお好み焼き屋さんがあります。

八ヶ岳でお好み焼きですよ！　なんとフリーな考え方でしょう。ここのご主人は、かつて東京で会社勤めをされていて、早期退職でもらった退職金を元手にお店を開き、ご本人と奥さんと、美人の娘さんの三人だけでお店を切り盛りしています。彼には、「自分たちだけでできることしか、この店ではやらない」というポリシーがあって、その言葉通り、誰も従業員を雇っていません。身の丈にあった経営をしていくという、とても朗（ほが）らかな意思です。

最近は八ヶ岳倶楽部の近くにもスーパーマーケットなどが増えてきたので、早期退職したらそういったところに再就職する、というのもひとつの方法です。八ヶ岳で送る新しいサラリーマン生活というのもいいものかも知れません。いずれにしろ、山で何らかの生業（なりわい）を持って生活していく時に意識して欲しいのは、都会の経済感覚はあまり持ち込まないということです。

たとえば収入が、今まで都会でもらっていた給料の半分になったとすると、都会の生活より半分貧しくなると思いがちです。経済はグローバルスタンダードなんだという固定観念があるから、どこでも全部一緒だと思ってしまう。日本で暮らすのと、マダガスカルで暮らすのとを比較しても、同じお金をもらって同じお金が出て行っていると錯覚しがちなのです。

しかし、実際に山でのお金の消費を考えると、明確な違いがあります。八ヶ岳で言うと、出て行くお金は東京などの都会に比べておよそ半分以下です。工夫すればもっと少なくて済むかもしれない。月々二〇万円で生活をしている人が、月々一〇万円以下の生活費になるのです。そもそも山ではお金を使うところがないわけですから、都会生活者のように、お金を使うことでストレス解消、というわけにはいきません。その代わり、それ以外のことは満ち満ちている。

山暮らしを始める前に、人工空調の効いた都会のマンションの中で、お金の心配はしないほうがいいと僕は思います。恐る恐る土地を買って家を建てるなんてことをする前に、まずはとにかく山に来て、テントを張るなりオフシーズンに安宿に泊まるなり、友人がいるなら泊めてもらいながら、少しずつ山暮らしを知っていくことです。

家族のことも、たとえば奥さんが大事にしている世界を全部奪い取って、どうやって山へ連れて行こうかなんて、考えること自体が不遜です。でも、ひょっとしたら今はもう愛していないかも知れないけれど、かつて愛して子を生(な)した亭主が、オスとして熱く山暮らしを説得したら「一月に一回くらいなら行ってもいいわよ」と折れてくれるかもしれない。それもいいと僕は思います。夫婦だから一年中一緒にいる、なんてことを考えなくていいじゃないですか。

時間をかけて、自分がいかに素敵なオスか、素敵な生き物かっていうことを妻にアピールすれば、「結構あなた素敵ね」と、もう一回なびいてくれるはずです。子どもたちも「お父さん結構いいじゃん」とか、「都会ではダサかったけど、ここにいるお父さんて素敵。あんな男性と結婚したい」となるかもしれない。

とにかく、あんまり思い詰めて移住はしないでください。少しずつ軌道修正をしながら、家族でゆっくり歩んでいけばいいのですから。

森の移住者――深川生まれの江戸っ子、池葉さん

僕が日頃から親しくさせていただいている、お二人の話をしましょう。

ＪＲ甲斐大泉の駅から長坂のほうへ少し下って行ったところにある、「とんかつ 二葉」のご主人、池葉(いけば)孝さんは、東京は深川、下町生まれの生粋の江戸っ子でした。彼は、小学生の時から料理人になろうと決めていたほど料理が大好きで、生まれ育った東京で二〇年以上店をやっていたのですが、一三年前に店ごとこちらに引っ越して来ました。

聞くと、もともと八ヶ岳に住みたいと考えていて、友人の別荘に遊びに来がてら土地を探し、いつか住む土地をあらかじめ買っておいたそうです。しかし、店の忙しさもあって、なかなか移住の機会をつかめずに

いた。そんな時に、僕の前著を偶然手に取って熱くなり、その年の夏に八ヶ岳に居を移したのだそうです。

最初、池葉さんは自分一人で八ヶ岳に住み、商売を軌道に乗せようと頑張っていました。しかし、もちろんここは東京ではありませんし、客商売というのは、お客さんが付くまでの数年間は辛抱の期間ですから、最初は本当に辛い。冬は信じられないくらい寒いし、ももひきを二枚重ねて寒さをこらえながら、店の駐車場の雪かきをしたり、掃除をしたりしていたそうです。

東京から移り住んだ人にとっては厳しく慣れないことばかりですが、でもこういうことをコツコツ真面目にやらなければ、お客さんからの信頼は得られません。この辺りのお店にとって、駐車場は最初にお客さんをお迎えするところ。ここがいつもきれいになっていれば、お客さんは入りやすい。選ばれやすくなるのです。

池葉さんが八ヶ岳に住み始めて数年がたった頃、僕は何の気なしに、お客さんの車のナンバープレート、地域の割合を聞いたことがありました。すると、山梨ナンバーの車が大半だと言う。それはつまり、土地の人にこのお店が定着したということで、シーズンの浮き沈みに左右されることなくお客さんがやって来てくれるようになったということなのです。努力の甲斐あって、池葉さんのお店は土地の人に認められました。

今では八ヶ岳での暮らしも落ち着いて、奥さんもこちらに移り住み、〝働く別荘〟であるお店も盛況です。池葉さんは僕のことを〝ゴッドファーザー〟（大いなる誤解ですけどね）なんて言って慕ってくれていますが、同士のような感覚で仲良くさせていただいています。

八ヶ岳の救急パトロール隊、中島さん

前出の「お好み焼き おにがわら」を営む中島信義さんは神奈川県で生まれ育ち、ずっと東京の企業に勤めてきた人でした。ですが、八ヶ岳南麓の自然に魅せられて土地を買い、移住してきたのです。それで、彼はここでの生活の糧を得る方法として、関西出身の奥

さんの影響もあってお好み焼き屋さんを選びました。

八ヶ岳への移住を考え始めた頃、広島に転勤となり、ならばちょうどいいということで、奥さんが広島風のお好み焼き屋さんで修業して、関西風だけでなく、広島風のお好み焼きも食べられるお店にしようということになりました。これはとてもいい考えだと思います。八ヶ岳には、全国からお客さんが来ますから、メニューのバリエーションも多いに越したことはないのです。

そしてもうひとつ、中島さんは八ヶ岳倶楽部のように、パブリックスペースとしての要素をお店に持たせようと考えたのです。つまり、お好み焼きを食べるだけでなく、そこでいろいろなこと、文化だとか教養の交流の場にしようと考えた。だから「おにがわら」の店内はゆったりした造りになっていて、掃除も行き届いています。

お好み焼き屋さんというのは、本来、お客さんの回転率とかを考えて、効率的に経営していかなければならないものです。客単価の低い商売ですから。ところが中島さんの考え方は、そうではない。一見、無駄なように見えますが、こうすることによって、いろいろなタイプのお客さんがやって来る場所になり、結果的にお店は繁盛するのです。

中島さんを語る上で忘れてはいけないことが、AEDの救急パトロールのボランティア活動です。ご存じの方も多いと思いますが、AEDというのは、「自動体外式除細動器（Automated External Defibrillator）」のことで、平たく言えば、心筋梗塞の発作を起こした人などの救命のための、電気による心臓マッサージの医療機器です。今では空港や駅など、さまざまなところに配備されていますが、中島さんはこれが一般に普及するずっと前から、自分の店に設置していました。

それだけではありません。彼は自分の車やオートバイにもAEDの機器を取り付けて、無償で八ヶ岳周辺での救急救命隊のお手伝いを買って出ているのです。その献身的な姿には本当に頭が下がる思いで、何しろ、出動要請があれば、お好み焼きを焼いている最中でさ

池葉さんは僕の言葉をいつも手帳に書き留めてくれる。ちょっと今度見せてよ

これが中島さん（右）の正装！八ヶ岳ではおなじみです。AEDを積んだこの黄色い車もトレードマーク

え、コテを放り出して人命救助に向かうというから驚きです。かく言う僕も、彼に教えられてもうずいぶん前に八ヶ岳倶楽部にAEDを設置しました。

中島さんは、AEDのボランティアを通して、この八ヶ岳南麓に住まわせてもらっている恩返しをしたいのだと、笑顔でおっしゃっていました。八ヶ岳という場所は、決して気難しい、よそ者を受け入れないような場所ではありませんが、そんなふうに、この土地にとって何かいいことをしたくなる、そんな場所なのですね。

山での家の建て方

家を建てる前に住みたい場所にテントを張って、一週間か一〇日ほど、そこで暮らしてみることだというお話をしました。テントの外はまさに自然ですから、土地の息づかいを身に染みて感じられますし、これから家を建てようとする場所に、どんな風が吹いていて、どんな生き物の気配がするか、それを謙虚に受け止め、そこに生きている先住生物たちに敬意をはらう。まず第一にやるべきことはそれだと、今も変わらず僕は思っています。

植物図鑑や野鳥図鑑を持って、そこにすむ生き物たちがどういう名前で、どういう生き方をしているかを知るのもいいでしょう。よく知った上で、お邪魔します、という気持ちを持って家を建てるわけです。人間は、生き物たちにとっては侵入者ですから。また、その集落の風習、文化も調べて、それに失礼に当たらないようなものを建てることも重要です。

さて、いざ家を建てる時の大きなコツは二つ。ひとつは、あまりお金をかけないことです。自分たちが料理をしたり食事をしたりする部屋をひとつ、あと雑魚寝をする部屋をひとつ、そんな最低限の造りで建てる。夫婦の部屋と子どもの部屋を別々にしないほうがいいと思います。これは家族で雑魚寝（ざこね）をする、またとないチャンスです。もうひとつは、後々、増築可能なように建てることです。子どもが結婚したら増築していけるような構造を考えながら、未完成な家を造る。

家造りのすべてを業者さんに任せてしまうことは、僕はあまりお勧めしません。業者さんというのはプロですから、引き渡しをする時には、あらゆることを想定して完璧でないといけないわけです。これは、「小さな家を造って少しずつ大きくしていきたい」という気持ちにはそぐわない。第一、そんな不完全なものを設計士さんに頼んでも断られるでしょう。

造園で考えれば分かりやすいかもしれません。庭は植物たちの集まりですから、生き物なわけです。ですから、「これが今、最高の状態です」なんて庭はありえない。できたところから育つ。家だって同じです、これから育っていくのです。

未来を描く設計図

山に建てる家は、その方法にも二通りあると思うのです。ひとつは、これは当然ですが、自分たちが暮らしやすいものにすること。もうひとつは、山暮らしが憧れだった場合は、それを具現化した家にする。男だったら絶対にログハウスがいいとか、ロフトが欲しい、屋根裏部屋を造りたいとか、天窓が欲しいとか、そういう思いをすべて盛り込むのです。

人というのは、これまで自分が触れてきた映像とか活字が積もり積もって作り上げた、理想のイメージを持っています。だから、自分が何かものごとを決める時、心の声を聴きながらその場で決断しているわけではないのです。

たとえばログハウス。確かに格好はいいですが、あれは、大工さんもいなければ、樹を板状に切る技術もなかったアメリカの開拓時代に、開拓のために切った丸太を、皮をむいて積み上げて造った北米大陸のものです。だから日本でそれをやるならば、よっぽど湿気の管理に気を付けないといけません。

土地の風土に合った建物を造る時、一番参考になるのは、その集落に昔からある家の造りです。八ヶ岳であれば、日本の、標高一〇〇〇メートルとか一三〇〇メートルで、どういうふうにして人は住んできたのかという姿をよく観察することです。すると、そこの自然に合った建築とはどういうものか、そこに長年住んできた人たちの生活はどういうものかが見えてきます。

　建てる家の設計図は、自分たちで描くべきです。最初から建築家に頼むべきではない。自分たちの家なのですから。僕の流儀は、前にも話しましたが、新聞紙。これを広げて、筆ペンでいろいろな家の絵を描くのです。何でもいいから、思いついたものを一〇〇枚くらい描く。そして、どれがこの場所に似合う家かを考えるのです。この方法はいろんな人から、家を建てることに対する姿勢として「目からウロコが落ちた」なんて言われますが、描いているのは子どもの絵みたいなものなのです。でもそれでいいのです。

　描けたら女房や子どもに見せて、みんなでああしたい、こうしたいとか言い合う。「あたしはこういう台所がいいわ」なんて女房が言ったら、口説き(くど)はもう成功です。子どもが、「ロフトが欲しいな」って言いだしたら移住はもう決定なのです。

　家を建てるのは自分たち家族です。新聞紙に描くのは、自分たちの輝かしい、これからの人生です。一番楽しいこの作業を人任せにするなんて、もったいないですよ。

雑木林に親しむ家を建てる

　山の斜面に家を建てるとしたら、建物は敷地の一番高いところに建てましょう。一番低いところに家を建ててしまうと、おのずと林から遠ざかってしまいます。人はわざわざ傾斜を登って裏山には行きません。

　無理をしてでも上のほうに住まいを造って、自分で野良仕事をしたあとや、林で子どもが遊んでいるのを、ビールでも飲みながら見ているのは楽しいものです。林の中で高いところから遠くの樹々を見下ろすと、樹々の天辺が重なり合っているのが見えます。自分が鳥になったような感覚を覚える、僕のお勧めの林の鑑賞法です。

都会ではなく山に家を建てる時というのは、自分の未来と正面から向き合う時です。自分の人生や将来に対して前向きな気持ちになれます。これからの人生を作り上げようとする時に、後ろ向きになる人はいません。自分は、いや、自分より大事な女房とこれから二人でどういうふうに生きていこうか、まだ小さいけれどこの子が大きくなった時にどういうふうに生きていくだろうか、この子に子どもが生まれた時には――。そんなことを考えながら家を建てていくことは、この上なく充実した作業なのです。

僕は好きが高じて、自分や家族以外の人の家を建てるお手伝いもたくさんやってきました。一五年前、前著を書いた後、多くの人たちが家を建てる相談にやって来たのです。あの頃は若かったですから、一〇軒くらいの他人様の庭を造ってきました。家族団らんの中心となる庭の炉(ろ)も。この炉についてのお話は、前著に詳しく書きましたから興味のある方はどうぞ読んでみてください。

僕が相談にのる時は、奥さんとか親、子どもたちのことを知るために、まず会ってお話をしたり食事をすることから始めます。家族の喜びとか哀しみ、恨み辛みとか、すべてを背負って、果たしてどんな庭だったら穏やかにみんなが暮らしていけるのか、そんなことを考えながら造るのです。

ただ僕もさすがに七〇歳を越えましたし、スケジュール的にも手に余るので、庭を造ることはもうやめてしまいました。でも、いい家を造るためのアドバイスが必要でしたらどうぞいらしてください。八ヶ岳倶楽部のテラスでビールでも飲みながらお話ししましょう。

野良仕事入門

さて、家族を説得して家を建てたら、次は本命の野良仕事です。まず手はじめに草刈り鎌を買いましょう。砥石(といし)も買い、自分の敷地の中の草を刈ってみるのです。

最初はどんなふうに刈っても構いません。思うままに鎌を動かしてみればいい。刃はすぐに切れなくなりますから、隣には水を張ったバケツを置いておき、砥石で鎌を研(と)いで、また刈っていく。

そのうちに疲れてクタクタになります。なぜなら、日中の草というのはクタッとしていて刃に絡みついてしまい、なかなか刈れないのです。そこで、「そうか、朝早く、日が昇る前に草刈りをやればいいんだ」と気が付く。夜露に濡れた早朝の草はピーンとしています。それを刈ってみると、今度はシュパッシュパッとじつにスムーズに進む。僕は東京から連れてきた息子に、まずそれを教えました。草刈りの極意です。

またちょっとでも刃の切れ味が悪くなったなと思ったら、すぐに砥石で優しく研ぐ。そんなことを繰り返しているうちに、自分が住む土地にどんな草が生えているのかとか、どんな虫がいるのかということを体感できるようになります。植物の匂いや感触にも、至近距離で触れ合えます。庭の植生を管理するのも草刈りです。自分が育てたいと思う草をどう残すか、または、その場所の生態系として、どの草を刈って、どの草を残すのが一番いいか。それはすべて、草刈りを通して分かることなのです。

続けるうちに、頭でっかちの人間の頭がどんどん小さくなって、身体が敏感になってきます。この草刈りが、じつは野良仕事の中でもっとも簡単で、もっとも難しい。自分の庭の草の刈り方が分かってくると、楽しくてしょうがなくなってくるのですけどね。

日本人には、草刈りはもともと馴染(なじ)み深い行為です。日本人はいつも草を刈り、木を切り、自然のいろんなところに手を入れてきた。それを「手入れ」と言います。背の高い草を残しておくと、背の低い草は勢力を伸ばすことができません。それを切ってあげることによって、違う種類の植物、生き物が生きてくるわけです。その結果でき上がったのが、二〇〇〇年の歴史の中で作られていった日本の里山の風景です。

一通り草刈りが終わったら、きれいになった地面を眺

きれいに草刈りをすると、さまざまな植物が顔を出す。見慣れたこの雑木林でも毎日新発見があります

めながらビールを飲みます。できたら植物図鑑を片手に、「俺が切ったあの植物はなんだろう」と自分で調べながら。こういうことって、人から教わってもすぐに忘れてしまいますが、自分の手で植物に触り、図鑑のページをめくって調べたことは忘れないものです。

充実した気持ちで眺めていると、庭の片隅にハート形のスミレの葉っぱを見つけたりします。背の高い草の間でじっと耐えていたんですね。すると、もう一週間もしないうちにスミレがどんどんランナー（地表を這って伸び、繁殖する茎）を伸ばして、みるみる広がってくる。ある日気が付けば、そこにはスミレの絨毯が敷かれていることでしょう。そんな感動が味わえるのも、草刈りの魅力なのです。

＊30【ポール・ラッシュ】アメリカの宣教師。辺境の開拓者として知られる。山梨県の八ヶ岳南麓、清里に清泉寮を創立し、高地農業と青年教育に大きな足跡を残した。

屋根裏部屋からの眺め

屋根裏部屋のカウンターにて。
誰も僕がここにいるとは気づきません

真吾家族やスタッフたちにどんどん居場所を取られた結果、住み始めた秘密の屋根裏部屋ですが、じつはここ、とても素晴らしいところなのです。まず、「屋根裏部屋」という、男にとって何とも魅力的な響きを持つ空間だということ。これには七〇歳を越えた今でも、なんだかワクワクしてしまいます。

そしてなんと言ってもここは、東西南北それぞれの窓から眺める八ヶ岳や南アルプス、富士山などの景色が、言葉では言い表わせないほど素晴らしいのです。

この屋根裏部屋は、八ヶ岳倶楽部で一番高いところにあります。ですから、林を上から眺めることができるのです。普段人間は林を下から見上げることしかできません。しかしこの高さから見ると、樹冠(じゅかん)という、緩(ゆる)やかに続く美しい樹の稜線を見ることができます。

これは鳥とまったく同じ高さの目線です。ですから、鳥たちはもちろん、彼らの日頃見ている花や、芽吹く直前の若芽だとかを、その開く音がバリバリと聞こえるくらい、至近距離で見ることができるのです。

屋根裏部屋のさらに上階に、小さな寝室があります。八ヶ岳倶楽部の林の樹々よりもちょっと高い位置です。この部屋は三方を窓に囲まれていて、カーテンを開けておくと、まるで八ヶ岳の空の上にいるような、不思議な感覚になります。僕はかみさんと、最期を迎えるならこんなところがいいね、なんて話しているのです。

第六章

雑木林を造り続ける

～いまだ終わらない自然への回帰作業～

野良仕事は「野が良くなる」仕事です

都会生活の中で日本人が健(すこ)やかな未来を迎えることは、とても難しいことなのではないかと僕は考えています。

各家庭がコンクリートの壁の中にすっぽりと収まって、お隣さんの顔も名前もあまり知らない。外へ出ても、アスファルトに覆(おお)われた道路の上には生き物の気配がしない。そんな環境の中で日本人が、その子孫たちが、健やかに生き続けていけるとは、どうしても想像できないのです。

そんなことを考える時、やはり僕は、かつて日本に多く存在した〝里山〟の生活の中にこそ、幸せな未来があるように思うのです。

里山には田んぼがあって畑があり、小川が流れ、裏山には雑木林が豊かに茂っている。そしてたくさんの生き物たちがいて、人間たちの集落がある。生態系がきれいな円を描くように形成されていて、その中でそれぞれの生き物が、過不足なく生きていくことができる場所です。

里山には、自分のことだけ考えている人はあまりいません。集落では仕事も寝起きもみんなともにしているわけですから、誰もが家族みたいなものです。お隣さんは親戚よりも仲がいいし、子どもたち同士も兄弟同然です。集落全体を見渡しても、知らない人なんか一人だっていないのです。

干ばつが続けば、みんなでなんとか田んぼに水を引こうと川から水路を掘ったり、雨が続くと今度は洪水のことを心配して、力を合わせて堤防を築いたり、助け合って生きている。それは確かに大変な生活ではありますが、人と人の繋がりの強さは何ものにも代えられません。

それに野良仕事というのは、どんな世代にとっても、やってみると楽しいものです。子どもに野良仕事を手伝わせると、彼らは、それは楽しそうに、張り切って仕事をしてくれます。たとえば僕の孫が一番喜ぶのは、

僕は孫と野良仕事をするのが大好き。ついつい顔がほころんじゃいます

「明日はこういう仕事をする。だからお前はこれをやってね」って言うと、遠足の前の晩みたいにウキウキして、「こうやったらダメなの？」とか「道具は何を使うの？」とか、目をキラキラさせながら段取りを考えます。それも、「お前の力が必要なんだ、手伝って欲しい」と対等にお願いしたらなおさらです。「ジイジは林で野良仕事やってるけど、お前に手伝ってもらいたいみたいなことを言ってたよ」なんてことをうちのかみさんに言われたりすると、もうやる気満々になるのです。

日本はつい一〇〇年前までは、ほとんどが農家でした。日本人の身体には、ほぼ全員に農家の血が流れているのです。里山で野良仕事をして、命を繋いできたことが、遺伝子レベルで生き続けている。ですから、野良仕事を一度子どもと一緒にやってみてください。里山の暮らしをきっと気に入るはずです。

今、七二歳の僕が子どもだった六五年くらい前、里山の風景は、日本中どこにでもあるものでした。終戦直後には東京都内にもいっぱい畑や空き地がありましたし、三面張りの護岸工事がされていない川もいっぱいあった。これがとても当たり前の姿だと僕は思います。野良仕事とは「野が良くなる仕事」です。今からでも遅くはありません。一緒にやりましょうよ。

懐かしい風景を取り戻す方法

では、懐かしい里山の風景を取り戻すためには、何をすればいいか。

まずやるべきことは、とにもかくにも田舎に行く。現場に行くことです。故郷でも、憧れの場所でもどこでもいい。先祖たちが生活していた現場へ足を踏み入れ、鳥になったつもりで、客観的にその場所を鳥瞰するのです。すると今、いかに自然が荒れているか、今すぐ手を入れなかったらどれだけの大事なものが失われるかが分かります。都会でテレビの映像を見ながら考えるのではダメです。現場を、鳥になって飛ぶイメージを持ちながら歩き回って、自分でイメージするのです。

そこで生活を営んでいるお年寄りたちとお話しする機会が持てたら、なお素晴らしい。彼らは季節の美しさや厳しさ、里山での暮らしの悲喜こもごも、そして、今の里山の荒廃した現実などについて、静かに話してくれるはずです。あなたはそれを聞きながら、鳥のさえずりとか、川のせせらぎといった自然の音に耳を傾ければいい。話に心を動かされたなら、荒れた林の草刈りなど、少しでも手を入れるお手伝いをしましょう。

荒れ果てた田んぼは、草刈りをやっただけで水が出てきます。少しずつ、少しずつ、水が潤ってきてやがて水溜まりができる。そうなれば、今度はもう一枚下の田んぼを潤していくことができるのです。生き物もみるみる集まってきます。僕はそんな光景を何度もこの目で見てきました。

二〇〇四年に真吾と二人、NHKで『柳生博・真吾 熊野古道をゆく』という番組をやった時のことです。熊野古道のひとつである伊勢路は、一帯がスギの人工林になっています。樹間を透かして見ると、かつて谷間に棚田を形作っていた石垣が見えて、田んぼだったであろうところにスギがびっしりと生えている。戦後、急激に国が復興する際に建材としてのスギが足りなくなり、一本植えるといくらかお金がもらえるという国の政策がありました。それで、ここの人々は棚田を潰し、代わりにスギの樹を植えていったのです。しかし、植えてから何十年も経ったにもかかわらず、そのスギたるや、幹の直径が一〇センチぐらいにしか育っていないものもある。まるでモヤシのようです。中には枯れているものさえありました。

案内をしてくれた土地の持ち主のおじいちゃんに、「何でここにスギ植えちゃったの」と聞いたら、「金くれるっていうからな」と泣きそうな声で言う。そういう、悲しい時代があったのです。

「昔はきれいな景色だったのでしょうね」と水を向けると、「そら、柳生さん、きれいだったよ。こんな暗い森じゃなかった。特にこのうちの田んぼはな、光が差してな、それで、いろんな生き物がいたんだよ」「どんな生き物?」「トンボだ、チョウチョだ、カエルだ、エビまで、とにかくたくさんいたんだよ」と、かつての美しい風景を語り始めたのです。涙を浮かべながら、長い長い時間をかけて。

そんな話を聞いて、僕たちは「昔みたいに田んぼを造ろうよ。日が燦々と当たって、いろんな生き物がいっぱい出てくるようなのを」と言いました。するとおじいちゃんの目がパッと輝いて、「やろう、もう一度田んぼを造ろう」という話になったのです。

しばらくして二回目に行った時は、町の人たちが集まって、田んぼのスギの樹を切っているところでした。何本かまだ残っていて、僕も真吾も手伝いをしました。チェーンソーを使って樹を切るのはお手の物ですから。

すると、おじいちゃんの話の通り、田んぼに太陽の光がサーッと差しこみ、棚田が光り輝いて見えるのです。そして水の通る道を造り、田んぼに水溜りができると、さっそくトンボが飛んで来ました。僕が水の上をズンッズンッと歩くと、ちっちゃなエビが次から次へと出てくる。石垣の間にまだいたんですね。

かつて田んぼだったこの地には水があったから、ほんの少し手を入れただけで蘇りました。でも、これは何も特別な例ではありません。手を入れるって、じつはこのくらい簡単なことなのです。

難しく考えすぎるからなかなか行動に移せないだけで、少し前まで自分たちの普通の暮らしの中でやっていたことをそのままに行動すればいい。そうすれば、すぐにでも自然は元通りになるのです。まずやってみること。これが大切です。

何もしないでは得ることができない確かな価値がそこにある。懐かしい風景ってそういうものだと思うのです。確かな未来は、人間が〝生き物〟としての感覚を取り戻した先にあるのです。

そう、そろそろ人間以外の生き物たちのことも考えましょうよ。

八ヶ岳倶楽部の雑木林の未来

第一章の終わりに、八ヶ岳倶楽部の、パブリックスペースとしての未来についてのお話をしましたが、「営繕する」という考え方は、雑木林に対しても変わることはありません。

建物や、人間が造った施設の営繕というのは、わりと簡単なことです。修理し、よりクオリティーを高くしていけばいいだけの話だからです。しかし、林というのはそうはいかない。何しろ樹は一本一本が生き物であり、しかもお互いに密接な繋がりを持っているひとつの大きな生命体だからです。

今の八ヶ岳倶楽部の雑木林について確実に言えることは、あと数年でクライマックスを迎えるということです。つまり、今植わっている樹のいくつかが、その命をまっとうする時期が近付いている。日本の雑木林の美しさは、樹を切ることで維持されてきました。切って常に新しい林へと更新し、どんどん生まれ変わらせ

はじめはこんなに立派な雑木林になるとは思わなかった。じつは、この林はもうすぐ成長のピークを迎えるのです

ていかなければならないのです。

かつて雑木林の樹は、実用的な目的のために切られてきました。薪や炭に、あるいは生活の道具とするためです。切る周期はだいたい、一八年から二〇年です。それぐらいたったら切り、その切り株から新芽が出てきてまた二〇年たったら切っていく。持続可能な社会の、まさに教科書のような営みです。そして、そんな手入れを続けてきたのが先人たちの偉大さなのです。

八ヶ岳倶楽部の雑木林は、今、まさにその変遷期にさしかかろうとしています。

これからクライマックスを迎えるあの林を、それが過ぎた後どうするか。

正直なところ、僕には分かりません。

それは僕ではなく、次の世代が考えてやってください。

たとえば真吾に、今の悩みは何かと質問したら、あの林をこれからどうするか、どの樹を切るかを考えることだと答えるはずです。僕にときどき「親父、どれを切るか教えておいてくれよな」って聞いてくるのですから。

僕は、荒れた人工林を、人間と自然が折り合いをつけて仲良く共生していけるような雑木林にしたかった。それが人間にとっても、林にとっても、鳥にとっても、ベストだと考えたからです。そのための手入れをしてきました。

今後、八ヶ岳倶楽部の林が機嫌良く生きていくために、どの樹を切るのか。これからの大きな課題です。でも僕は、「知るかそんなもの」と思うようにしています。だって、ここから先は息子や若いスタッフたちが、この林をどんな林にしていきたいかという考え方次第なのですから。

この場を借りて、息子たちや次代の八ヶ岳倶楽部を担っていく若者たちにメッセージを伝えます。

「自分でやるんだ。お前たちの好きなようにやったらいい」。

それでもあえて、この先二〇年後の八ヶ岳倶楽部の雑木林を想像するならば、それは光をいっぱいに浴びて、土の養分をいっぱい吸収し、ぐんぐん、ぐんぐん伸びて再び立派に再生していく、そこにはたくさんの生き物たちが集う。そんな若々しい林です。

〝僕たちが造った森〟は、クライマックスを迎えます。でもそれは、終わりではなく、始まりです。

僕が大好きな季節、秋。八ヶ岳倶楽部の雑木林は、あの燃えるような命の移り変わりの季節を迎えようとしています。新しい、次の世代の森をかたち造っていく時なのです。

樹木にも寿命があるのです。永遠ではありません。
いつまでも健全な森であるために、手助けしてやれるのは次の若い世代です

孫たちのトマト売り

お客さんが通るたびに声を張り上げて口上を言う。なかなかの度胸です

「トマトいかがですか。徳永さんの完全無農薬で有機栽培の朝採りトマトです。一個一〇〇円、一袋五五〇円。トマトいかがですか。井戸水で冷やしてあります」。

八ヶ岳倶楽部の次世代を担っていくのは、息子や若きスタッフ。そしてそこに孫たちが加わってくれれば、こんな幸せな事はありません。

この口上で行うトマト売りは、七人の孫とその友だちの、夏のビッグイベントです。お盆休みの前後一〇日間、孫たちが八ヶ岳に勢揃いし、お友だちが入れ替わり立ち替わりにやって来ては毎日行います。八ヶ岳倶楽部の夏の風物詩ですね。

僕はこのトマト売りをなるべく彼らに任せるようにしています。八ヶ岳の新住民である野菜農家の徳永さんが精魂込めて作ったトマトを、期間中の毎朝、若いスタッフや子どもたちに仕入れに行ってもらいます。リーダーは宗助の長女・真子。毎年同じこの口上も、自分たちで考えました。売り上げの管理もやらせています。時にはお金が合わず泣きべそをかきながら、でも心の底から楽しんでいるようです。

これは、彼らの人生初のお手当をもらえる「労働」でもあります。決しておままごとではありません。

どんな仕事でも、協力し合いながら、また少しでも楽しみを見つけながら、朗らかに務めて行く事を覚えて欲しいのです。

そんな前向きな大人に育ってくれれば、八ヶ岳のジイジは本望です。

第七章

それからの森の作家たち

八ヶ岳倶楽部の立て役者、木彫作家・田原良作さん

八ヶ岳倶楽部が今日までやってこられたのは、紛れもなく森の作家たちのおかげです。そもそも、ここを始めることも、彼らがいてくれなかったらできないことでしたし、やろうなんて考えもしなかったでしょう。彼らもここがあったからこそ、作品を発表し、たくさんの人から認めてもらうことができたと言ってくれています。八ヶ岳倶楽部と森の作家たちとは、表裏一体、切っても切れない深い絆で結ばれているのです。

この章では、彼らの作品とともに、僕たちとの出会いのエピソードについてお話ししましょう。

僕らと田原良作さんは、出会うことがなかったらまったく別の人生を送っていただろうと想像できるほどに、出会いそのものがお互いの人生に大きな影響を及ぼしました。

東京で偶然入った、まだフランスでの修業から帰国して間もない頃の田原さんの個展。その木彫家具の素晴らしさに心奪われた僕たちは、展示してあった美しいベンチを、かなり無理をして買わせていただきました。田原さんは会場にはいなかったのですが、何日か経ってから、こんな素晴らしい作品を作る作家にどうしても会いたくなって、僕たちから電話をしたのです。八ヶ岳に移り住むずっと前のことです。

その後、東京の家を建てる時に、テーブルなどを作ってもらったりと、いろいろお世話になりました。後から聞いた話ですが、僕たちが初めて見に行った個展が、じつは田原さんが木彫家具をもうやめようと心に決めた、区切りの展覧会だったというから、運命というのは不思議なものです。

八ヶ岳倶楽部でかみさんが作家たちの作品を展示して販売すると決めた時、一番親身になって話を聞いて、一緒にやろうと言ってくれたのは彼でした。そして彼の作品のおかげで八ヶ岳倶楽部はギャラリーとして成り立っていくことができたし、結果的に作品が売れてお互い豊かになっていくことができたのです。彼は今、

ステージのテラスに並んだ田原さんの作品。いつ見ても色っぽいラインだね

八ヶ岳倶楽部から少し下った所に工房を持ち、今でもギャラリーの作家たちの中で一、二を争う人気作家です。そしてもちろん僕の盟友であり、これからもその付き合いは続いていくことでしょう。

彼も僕と同じく、樹と向き合って仕事をする人ですから、いろいろと話は尽きません。

こんな面白い話があります。樹は地面に植わって生きている間はもちろん、家具や彫刻になってからも、常に形を変えていくのだと言うのです。材料である樹は、まず使う大きさや厚さに切ってから、製品にしたあと伸縮などの誤差が生まれないように乾燥させますが、これが大変に時間がかかる。厚さ六センチの木材を完全に乾かすのに、三カ月だそうです。しかも、厚みが増せば乾燥する期間は倍々ゲームで長くなる。途方もない時間がかかることになります。

これは、木材の水気と言うよりも、木材の中の樹液がなかなか乾きにくいからで、それを何とか早く乾燥させるために、わざと水に浸けて、樹液が水の中に溶け出すようにするのだと教えてもらいました。

たとえば、西洋家具などでよく使われるウォールナット(クルミ科クルミ属の落葉高木を加工した木材)は、完全乾燥状態にするのはほぼ不可能に近いと言います。だから、家具として形を成した後、長い年月を経てから変形し、歪みが生じる。ウォールナットを使った家具は、何十年と使っていくうちに何度か家具職人に修正作業をしてもらい、歪みを直しながら、何代も使い続けていくものなのだそうです。

僕は、かつて真吾に「一〇年、二〇年という先を想像して見る能力がある」と言われたことがありますが、田原さんのような木彫作家や職人はそれ以上に長い年月の先を見越してものを作っていく能力に長けています。この樹に対する考え方は、僕の「営膳」に通じるものがあって、非常に興味深いお話でした。林も、家も、家具も、すべて人が手を入れて、長い時間をともに過ごしていく。これはとても素敵なことだと思うのです。

そうそう三十数年前、彼の作品と出合った個展のタイトルは「触展」でした。どうぞ八ヶ岳倶楽部で彼の作品に触ってやって下さい。

田原さんから木材の話を聞く時間はとても楽しい。いつも勉強させられる

田原良作／たはら・りょうさく

一九三八年岐阜県生まれ。多摩美術大学卒業後、高等学校教諭を経てパリ国立美術学校コラマリーニ実材教室入学。多摩美術大学講師、共立女子大学助教授などを務める傍ら作品制作を続ける。一九九二年、有限会社良工房設立。

野鳥をかたどったバターナイフ。こんな日用品も、田原さんの手にかかれば、たちまち森の芸術品に変わる

未来の森の作家たちへ

二〇年の間にたくさんの作家たちがここで成長し、独り立ちしていきました。今もなお、一年を通して、林に咲く花のように色とりどりの個性を持つ作家たちがお互いを刺激し合いながら、研鑽（けんさん）を重ねています。

僕やかみさんはというと、ここを始めた当初と何ら変わることなく、これからも作家たちの応援団をやっていくつもりです。その思いは衰えるどころか、日増しに強くなっていくばかりです。

もし、これを読んでいる人の中に、自分の精いっぱいの力を注いだ作品を世に出したいと考えている作家がいるなら、ぜひその自信作を僕たちに見せて欲しい。八ヶ岳倶楽部のギャラリーの扉は、そんな未来の森の作家たちに向かって、いつでも開かれています。最初は少々手厳しい応援団ですけどね。

今では七〇名を超す作家とお付き合いがあります。代表的な方々を何人か紹介してみましょう。

和田隆彦さん ― 熱意と涼感の鍛金造形家 ―

和田さんとの出会いは、30年近く前。かみさんが、多摩美術大学の学生たちの展覧会を見に行った時に遡ります。若い作家たちの作品の中で特にかみさんが気に入ったのが、彼の鍛金造形でした。

鍛金造形とは金属を叩いて延ばし、器物を作る技法のこと。鉄は数ある素材の中でも、造形にかけられる時間が極端に短い。なにせ熱して柔らかくしてもすぐ硬くなってしまいます。だから一瞬一瞬が真剣勝負です。彼はほとばしるような熱意で硬い鉄をなんとも柔らかく、風のように涼しげに造形するのです。

お付き合いが始まってから、僕たちは彼に多くの作品を特注で造ってもらいました。たとえば店名の入ったプレート、ギャラリー入り口の看板……数えればきりがありませんが、八ヶ岳倶楽部とともに、いつまでも朽ちることなく輝き続けてくれることでしょう。

和田隆彦／わだ・たかひこ
東京都八王子市生まれ。
多摩美術大学大学院美術研究科を修了。
ザンスカール工房を設立し制作活動を続ける。

和田さんの作品には何とも言えない
静謐な空気感がある

まるてんぼう ― デニムウエアの芸術 ―

名前の通りユニークな作品を作る「まるてんぼう」さんは、ご家族でデニムウエアの創作を続ける作家集団です。「宇宙への旅立ち」をテーマにしたという作品は、どれもこの世にひとつだけの、個性あふれるものばかりです。

最初僕たちは、ギャラリーで洋服を扱う気はありませんでした。なぜなら洋服には流行というものがあり、八ヶ岳倶楽部という、自然に抱かれた普遍的な空間には似合わないと思ったからです。

でも、彼らの熱意に押されて作品に触れていくうち、デザインの中に込められたメッセージや丁寧な仕事、意外なほどの機能性に気付いたのです。そしてその意匠の根底にあるのは流行廃りではなく、作品への情熱だと理解しました。それからは虜になって、僕たちもここの服やバッグを愛用し、お店でも評判になっていきました。

アートデニム工房「まるてんぼう」
1986年より工房「まるてんぼう」創設。
東京と長野県塩尻市で、
父、母、4人の娘の6人で創作活動を続ける。

デニムにここまで手を加え、なお自然と調和する。
不思議に魅力あるデザインです

高泉幸夫さん ― 恋を実らせた水彩画家 ―

和田隆彦さんの紹介で知り合った画家の高泉さんは、当時ある女性に恋をしていました。彼曰く、「スミレのような女性」でとても美しい人だったようです。結婚まで決意していました。

しかし、当時彼は売れない画家。女性のお父さんはなかなか首を縦に振ってくれません。それで和田さんが、友人の恋をなんとかしようと高泉さんを八ヶ岳倶楽部に連れて来て、作品を見せてくれたのです。

するとこれがもう、かみさんが一目惚れし、胸に抱えてしまうほど美しい。深みのある色彩で描かれた素晴らしいスミレの絵だったのです。一も二もなく展示することにしたら、思った通りまたたく間に完売。彼はたちまち八ヶ岳倶楽部の人気作家になってしまいました。やがて経済的にも安定し、堂々とスミレの君と結婚することができたのです。

高泉幸夫／たかいずみ・ゆきお
岩手県一関市生まれ。
岩手県立一関第一高等学校卒業後、昭和美術研究所にて修学。八ヶ岳倶楽部にて毎年新作展を開催。

シリーズ「倶楽部百景」。彼は八ヶ岳にいる間、
ずっとスケッチブックを片手に“取材”しています

流郷由紀子さん ― 運命的に知り合った絵師 ―

八ヶ岳倶楽部の作家たちは、みんなかみさんが見つけてきた人たちです。でも、流郷さんだけは、珍しく僕が先にお知り合いになった作家でした。ある新聞記者の友人に彼女の作品の写真を見せてもらい、その繊細なタッチに一目惚れしたのです。

その後、彼女は阪神淡路大震災に遭って、そのショックから立ち直れないままひっそりと暮らしていました。それを聞いた僕は彼女を訪ね、八ヶ岳倶楽部で作品を展示してみないかと勧めたのです。

八ヶ岳に帰ってかみさんにそのことを話すと、なんとかみさんも、雑誌で紹介されていた彼女の有田焼の絵に一目惚れしていたというから驚きです。すぐに僕たちが応援団になって作品を紹介していきました。そうして流郷さんは作家として、見事震災のショックから立ち直ったのです。

流郷由紀子／りゅうごう・ゆきこ
広島県生まれ、京都府育ち。
池坊短期大学卒業後、同染織研究室勤務。西嶋武司先生に師事。各公募展にて入賞、入選を重ねる。

流郷さんを代表するモチーフ「リンゴ」と「バラ」。
色の濃淡が質感を繊細に表現します

菅原任さん ― 世界的に有名なステンドグラス作家 ―

菅原さんは、あのティファニーで働いて、メトロポリタン美術館や、ノートルダム寺院のステンドグラスを修復したりと、世界で活躍するステンドグラス作家でした。しかし、それを知らない僕とかみさんは、彼の作品を展示することをずっとお断りしていたのです。作品の素晴らしさはよく分かるのですが、ここは自然を見てもらう場所。ステンドグラスのキラキラした美しさが、雑木林の素朴な美しさと喧嘩するように思えたのです。

でも、いくら断っても、林の中を追っかけてまで作品を見てくれと言う。根負けして見せてもらうと、白硝子と繊細な枠組みのとてもかわいいランプシェードでした。存在感はあるのに、華美なところが一つもない、植物たちと仲良くやっていけそうな、そんな作品でした。それから菅原さんと僕たちのお付き合いが始まったのです。

菅原任／すがわら・わたる

東京都出身。スタンフォード大学卒業。
ディール・ティファニー工房などを経て帰国後「我楽須（がらす）工房」を創設。

思い出のランプシェード。今も倶楽部のレストランで、食卓を優しく照らしています

棚機津女さん ― 先人のぬくもりを伝える ―

棚機さんは、古布を細かく裂（さ）いて麻の糸などと一緒に織っていく、「裂織（さきおり）」という技法の作家です。最初、彼女がかみさんに作品を見せに来た時は、センスは素晴らしいものがあったんですが、まだまだ荒削りで洗練されていませんでした。僕たちは、その才能を見込んでいましたから、新作ができるたびに見せていただき、たくさんの話をしました。そんなことを1年、2年と続けていくうちに、僕たちはすっかりその作品の素晴らしさと彼女の人柄に魅了されていたのです。3年経った頃には、ぜひこちらからお願いしたいというほど素晴らしい仕上がりになりました。

それからというもの、いろんな作家が彼女の裂織技法を後追いしましたが、一切の追随を許さない不動のナンバーワンを維持しています。

僕とかみさんはもちろん、スタッフも、日頃から愛用して、この懐かしくて優しい古布の魅力を楽しんでいます。

棚機津女／たなはた・つめ

三重県生まれ。
ノートルダム女子大学卒業、川島テキスタイルスクールで織を学ぶ。名古屋造形芸術短期大学染織科を卒業。

僕愛用の一着です。僕がテレビに出る時、一番多く着ているのが彼女の作品

あとがきにかえて――柳生耕平記

ジイジは天狗様の友だちだった。

もちろん、幼い子どもに言い諭(さと)す時に使うたわいもない戯(ざ)れ言(ごと)に過ぎないのだが、それが嘘だと分かってからも、僕にとって、なぜかジイジは随分近寄りがたい存在だった。

ジイジにとっても、七人いる孫の中で僕は異色の存在だったに違いない。根っからの野球少年だった僕は、きょうだいや、いとこたちが熱心にやっていた八ヶ岳倶楽部の夏の恒例行事「トマト売り」も、じつのところは苦手だった。僕が大声を出していたのはいつも学校のグラウンドで、グラウンド以外では調子が出ない。だからなんとなく、ただ突っ立っているのが常だったのだが、そんな僕を、意外にもジイジはちょっと誇らしく思っていたという事を聞いたのは、ごく最近の事だ。

僕が生まれる前に出版された『八ヶ岳倶楽部　森と暮らす、森に学ぶ』を初めて読んだのは、小学校六年生の冬。我が家と倶楽部のバイブルであるこの本は、六年生になると読まされるのが柳生家の習わしだった。

同じ冬、二〇〇八年一一月――。小雪混じりの八ヶ岳に、五藤正樹さんがジイジを訪ねてやって来た。彼は『森と暮らす、森に学ぶ』を作った編集者。久々の再会を果たした二人は、旧交を温め深夜まで話し込んでいたが、それは今にして思えば、一五年前のあの〝熱い季節〟が再び始まるのだという予兆でもあったのだ。

やがて季節は春になり、新緑を経て夏。みんなが近寄りがたい、張り詰めた空気の中で本作りは進んでいった。若き編集者の篠田享志さんと講談社の名越加奈枝さんが、途中からメンバーに加わった。

――事件が起きたのは、ちょうど本作りが佳境にさしかかった頃だったらしい。

「ジイジが入院した！」。

何しろそれまでのジイジは健康が長靴を履いて歩いているようなもの。入院だなんて大事件中の大事件だ。でも、家族がオロオロと慌てふためく中、じつは僕だけは冷静でいたのを覚えている。漠然と、きっと何者かがジイジを守ってくれると思っていたのだ。

入院中、ジイジは、〝他人に身を委(ゆだ)ねる幸せ〟を感じたのだという。

その意味は、僕にはよく分からない。「初めて信頼できる誰かに身を任せられた幸せだよ。じつに摩訶不思議な体験だったんだ。三〇年間、自分に身を委ねてくれた八ヶ岳の森の気持ちが分かっれてしまった。

たんだ」とジイジは説明するが、僕にはますます分からない。そしてそのうち、ジイジの言葉は忘

事件から一二年。僕は二三歳になり、ジイジは八四歳。雑木林の中で、陽に灼けたハゲ頭が光っている。

今、この森は更新の時期を迎えている。朽ち果てる寸前のシラカバなどを僕とオヤジで幾本も切り、やがて切り株から芽吹いた新芽を大切に守ってきた。重い枕木をジイジやオヤジに持たされてヒィヒィ言っていた僕も、どうやら最近では野良仕事の相棒と認められつつあるみたいだ。

ジイジといえば、いつものカウンター席に座って僕らが野良仕事をしている雑木林を眺めながら、今日もビールを飲んでいる。思えばあの時、ジイジが病室で身を委ねていたのは八ヶ岳の森の天狗様だったのかもしれない。野良仕事が板に付いてきた僕は、この頃そう想像することが多くなった。

天狗様のおかげで無事完成したあの本は、『八ヶ岳倶楽部2　それからの森』と名付けられ、僕らの二冊目のバイブルになっている。

二〇二一年春

八ヶ岳倶楽部にて

『柳生博　鳥と語る』

●2005年9月1日発売／ぺんぎん書房
　協力／安西英明（財）日本野鳥の会）

「日本野鳥の会」会長時代に書き下ろしたエッセー。
愛すべき鳥たちを通して、八ヶ岳での自然と共生した日々を綴る

目次

柳生博　鳥と語る

コウノトリ

コウノトリは日本各地にいた鳥で、かつては浅草の浅草寺境内にも巣を作っていました。それこそ日常的に見られる、ごくありふれた鳥だったわけです。

彼らは春になると樹上に枯れ枝を運び、体に似合った直径一・五メートルにもなる巣を作りました。当時の人々は、コウノトリによく似たツルと混同することが多く、営巣している様子を「ツルの巣ごもり」と言ったり、松の枝にとまっているコウノトリを「松上のツル」と、間違えて呼んでいたこともあるようです。

日本のおめでたい絵として、松の枝にとまるツルという構図をよく目にしますが、あれは大間違い。聞くところによると、当時人気の中国人の画家が松にとまるコウノトリの頭を赤く塗ったため、「松上のタンチョウヅル」になってしまったという説もあるそうです。

タンチョウなどのツルの仲間は、足の指が枝をしっかりつかめるような形状にはなっていません。つまり、タンチョウが木の枝にとまることはないのです。

「松上のコウノトリ」ならどこでも見られる構図でしたが、明治時代になってから乱獲が進み、一九六〇年代初めは兵庫県の豊岡(とよおか)市に一一羽、福井県武生(たけふ)市に五羽、小浜(おばま)市に五羽の計二一羽が確認されるのみとなりました。そして、最後に確認されたのが豊岡市のつが

い。一九六五年にそれを捕獲して人工飼育を試みましたが成功せず、ついに日本のコウノトリは絶滅してしまったのです。

その後、DNAが同じだということが分かり、豊岡市がロシアのコウノトリを六羽譲り受けて人工飼育に取り組んで、かなりの成功をおさめました。

ちょうどそのころ、絶滅した鳥を復活させるための第一回国際会議で、カリフォルニアコンドルの放鳥に成功したという発表がありました。アメリカの研究チームが、人工繁殖後のカリフォルニアコンドルを放鳥したその場所は、人の住んでいないグランドキャニオンでした。

しかし、日本のコウノトリは里山の田んぼや小川をすみかとし、里山の雑木林にある松の枝に営巣していたのです。

つまり、彼らは二〇〇〇年にわたってわれわれの祖先が営々と築いてきた里山に対応できるように進化し、田んぼで、小川で、雑木林で、とことん人間を信じきって生きていました。コウノトリに限らず、日本の生き物の多くが里山と折り合いをつけることで生き残ってきたのです。

けれども世の中の機械化が進み生活が便利で豊かになってくると、人間は里山の歴史や風景を変えてしまいました。稲がある程度育つと田んぼから水を抜いてしまったり、川の形をまっすぐに変えてしまったり、雑木林をひと色(単一種)の林にしてしまったり。その結果、生き物たちは確実に餌を失い、すみかを失っていきました。

そうやって信頼を裏切られた生き物たちの代表格が、絶滅してしまったコウノトリやトキです。

そのコウノトリを人工飼育で一二〇羽近くまで増やしてきたわけですが、いくら増やしたところで、彼らが自然のままに暮らせる場所がなければ復活させたとは言えません。

そこで豊岡の人々は里山をつくり直す、あるいは、自分の生き方を変えることにしたのです。最初は二、三軒の農家で話し合って始めたことですが、次第に賛同者も増えていきました。

それから約一〇年、皆本当にがんばったと思います。除草剤を使用しない代わりに、いわゆるアイガモ農法を取り入れたり、農薬の代わりに、害がある虫は他の虫に食べさせるようにするなど、試行錯誤しながらも着実に成果を上げていきました。そして、この運動をボランティアで終わらせるのではなく、永続させるためにも「お金を稼ごう！」という話にまで発展しました。

彼らが考えたのは「コウノトリの舞」という名のブランド米をつくることでした。コウノトリの住むところで作ったこのお米は、当然無農薬です。安心で安全なお米ですよ、というのを売り文句にすると、次第に注文が増えていきました。それはそうでしょう。少々高いけれど、そういう米なら僕だって孫に食べさせたいと思いますから。

さらに、スーパーなどには出せない形の悪い野菜を、おじいちゃんやおばあちゃんたちが収穫して兵庫県立コウノトリの郷公園に運び込み、野菜市場も開きました。すると、これがまた売れること、売れること。午前中にはなくなってしまうほどでした。隣町にある城崎温泉（きのさきおんせん）の行き帰りに寄る人や、日曜・祭日にわざわざバスに乗って買いに来る人もいて大賑（にぎ）わいです。

コウノトリの郷公園は、県が豊岡市に残っていた雑木林とその周辺を買い上げたもので、ここにかつての里山の風景が再現されています。魚が気持ちよく住める川があり、鳥が餌をたくさん捕れるような環境の中、コウノトリを飼育している様子も全部見られるようになっています。

キーワードは何といってもコウノトリ。コウノトリを中心に、昔ながらの里山の姿にどんどん変えていったのです。

電線も地中に埋めたそうです。ツルやハクチョウなどの大型の鳥の渡来地では、電線にぶつかって翼を折るような事故が少なくありません。大きな鳥にとっては、電線をよけるのはたやすくないでしょう。コウノトリにも同じ被害が及ばないようにとの配慮です。

こうしてコウノトリが豊岡市のシンボルになるとともに、豊岡市一帯はコウノトリの暮らしに適した場所となりました。

地域を挙げての努力が、ようやく報われるときが来たのです。

二〇〇五年秋、市では外国からのお客も大勢迎えて、念願の放鳥を行う予定になっています。コウノトリファンクラブ会長である僕にとっても実にうれしい、晴れがましい日になるに違いありません。

ところで、二〇〇二年の八月五日、豊岡に野生のコウノトリがやってきました。きっと、ロシアから渡ってきた一羽でしょう。来た月日にちなんで「ハチゴロー」と名づけられた彼は、人工飼育しているコウノトリのケージ付近をいつも飛んでいました。

人工飼育で大きくなったコウノトリは風切羽(かざきりばね)(翼の一部で飛翔に使われる羽)を切って、遠くまで飛べないようにしてありました。そこでケージの屋根をはずしてみると、ハチゴローがケージの中に舞い降りてきたそうです。

ハチゴローは仲間たちの前で、上下のくちばしを何度も叩くクラッタリングという独特のコミュニケーション手段を披露したり、愛情表現のダンスを踊ったりしました。つまり、野生のハチゴローの見せる動作が、人工飼育のコウノトリたちにはちょうどいいお手本になっていたわけですね。

ときどきロシアから日本に渡ってくるコウノトリは、日本で繁殖することなく、必ず北へ帰って行くそうです。ところが、なぜかハチゴローだけは帰らず、巣作りまで始めてしまったというから驚きです。

人間のほうが「ごめんなさい」と言って、冬でも田んぼには水を張り、農薬を使わない農法を選び、虫や鳥たちが機嫌よく暮らしていける昔のような環境を取り戻そうと、歯をくいしばって努力してきた結果がハチゴローの日本定着ならば、何て素晴らしいことでしょう。

また、人々が生き方を変えたがために自然環境が良くなり、魚や鳥たちが集い、農作物までがよく売れるようになったのですから、これ以上の相乗効果はありません。

そしてそして、二、三年たったら、放鳥されたコウノトリが各地の里山に舞い降りるかもしれません。

コウノトリは飛ぶのにひと苦労

ヨーロッパで赤ちゃんを運ぶとされるシュバシコウ（朱嘴鶴）は赤いくちばしをしていますが、アジアのコウノトリは黒いくちばしをしています。彼らのように大きな鳥が空を飛ぶのは、実は大変なこと。一〇グラム未満の小鳥が海を越えて渡るという事実もすごいのですが、大きな鳥が飛ぶにはそれ相応の労力と、飛ぶための技術や経験がなければなりません。特に、群れで飛ぶときはお互いにぶつからないようにするのがひと苦労。小さい鳥なら互いの翼が少々ぶつかっても平気ですが、大きい鳥同士がぶつかると、簡単には体勢を立て直せないからです。コウノトリなどの大型の鳥が飛ぶときに整列するのは、間隔を保って規則正しく飛ぶことで、お互いがぶつからないようにしているわけです。

私たちは大きい鳥のほうが強いと思いがちですが、それは人間の感覚。自然界を見ると、その勝敗の決め手は大きさではなく、気合だと思います。小さい鳥でも、ヒナを守るために大きな動物に向かっていくことがありますから。大型の鳥ほど餌の量やすみかのスペースも必要ですし、さらに融通のきかない面もあるため、人間の影響によって絶滅の危機に瀕しているものが多く、ツル、ワシ、ガン、シマフクロウ、けものでも、ゾウ、サイ、トラなど枚挙にいとまがありません。このような大きな生物が生き残れるような自然こそ、真に豊かな自然と言えるのではないでしょうか。

（安西英明）

ツバメ

人の出入りする軒下にツバメの巣ができて、親鳥が忙しくヒナに餌やりする姿は、初夏の風物詩と言ってもいいでしょう。

人のいるところには、ツバメをおびやかすタカやヘビも近づきません。ツバメはそのへんをきちんと学習し、人間のそばにいれば安心できると思うようになったのでしょう。また、日本家屋の構造も営巣にピッタリでした。

軒下が深いために風雨をしのげ、目立たない上、出入りもしやすい。さらに、やさしい日本人は自分の家の軒下を喜んで提供し、子育てする様子をあたたかく見守ってくれました。ところが、ここ何十年の間に日

本の家屋は西洋化して軒が浅くなり、特に都市部では巣を作ることが困難になってきました。

毎年、ツバメが渡ってくる日を楽しみにしていた人も、その姿が見えなくなると、次第に彼らに対する思いが希薄になってしまうのでしょうか。二〇〇三年冬から二〇〇四年春にかけての鳥インフルエンザ・パニックでは、ツバメたちが騒動の矢面に立たされ、人間からとんだとばっちりを受けてしまいました。

二〇〇三年一二月末、山口県の養鶏場で高病原性鳥インフルエンザの発生が確認されたのをはじめ、二〇〇四年二月末には京都の養鶏場でも同じ型のインフルエンザが発生。

同年三月、カラスの死体から高病原性鳥インフルエンザ・ウイルスが検出されたころから野鳥に対する不安感が高まり、感染の続いていた東南アジアから渡ってくるツバメもウイルスを運んでくるのではないかと、日本中がパニック状態に陥ってしまったことは、皆さんの記憶にも新しいことでしょう。

マスコミでは、鳥インフルエンザについての正しい知識を伝える前に、「野鳥っていうのは危険なのだ」とセンセーショナルに報じ、またテレビでは、学者たちの「(鳥からの感染の)可能性は否定できない」という発言のみがクローズアップされてしまいました。その結果、日本では何が起こったのでしょうか。

軒下からツバメの巣をかき落とす人がたくさん出てきてしまったのです。幼稚園でも同じことが起こりました。園児たちが「かわいいね」と言って見ていたツバメのヒナは、ずっと信用してきた人間たちにいわれなき罪を着せられ、命まで奪われてしまった。あまりにも悲しいことです。

何でこんなことになってしまったのか。正しい知識さえ持てば、人がほとんど触れることのない野鳥から、高病原性鳥インフルエンザ・ウイルスが人へ感染することなどあり得ないと分かるはずなのに。また、いまの日本は、家畜と人が同じ部屋で暮らすような劣悪な衛生環境にもありません。

僕はこみ上げてくる悲しみとともに、怒りを覚えました。

もし、アカトンボが病原菌を媒介する可能性があると言われたら、アカトンボを全部殺すのでしょうか。メダカが何かの汚染物質を持っていると流布されたら、メダカを目の敵にするのでしょうか。

それって、ちょっと違うよなあ、というぐらいの常識は持ってほしいと思います。マスコミ報道や専門家と称する人たちが、物事の一面をとらえて「野鳥は怖いんだ！」とあおり立てても、自分なりにいろいろな角度から検討し、冷静に判断していただきたいものです。

もともと日本人は教養豊かな国民のはず。ずっと昔からたくさんの生き物たちと折り合いをつけながら生き、この世から何かを抹殺しようなどとは決して考えなかったはずです。それはまさに里山の教養であり、相手を尊重する普遍的な思想でした。

日本人は自然界に畏敬の念を持ち、生き物たちとも共存共栄できる、世界でも珍しい国民なのだと僕はこれからも信じていたいのです。

ツバメたちにとって居心地のよい軒下が都会にもっとたくさんあったら、そして、ツバメが一生懸命にヒナを育てる様子を皆が間近に見ていたら、あのようなことは起きなかったかもしれません。

ともあれ、あまりにも理不尽なこの事件が、僕が財団法人 日本野鳥の会会長を引き受ける動機の一つとなったことは間違いありません。ついでに、僕の背中を押してくれたさまざまな事柄についてもお話ししましょうか。

ある日、唐突に「日本野鳥の会の会長をやってくれませんか」というお話をいただいたとき、僕は「冗談でしょ」と一笑に付すつもりでした。が、その後何度もお誘いを受けるうちに、僕もまじめに考えざるを得なくなりました。

かみさんに相談してみると、思ったとおり「あなた、何ふざけてるの」という感じで即反対。絶対反対。断固反対！「そんなに言うなよ……」と、思わずこぼすくらいの大反対です。さらに、かみさん以上に反対したのが長男の真吾でした。

「親父、何かあったら、テレビや新聞記者の前で謝らなきゃいけないんだよ」。

つまり、組織というものはトップが全責任をとらなければならない、と言いたかったのでしょう。正直言って、僕はそこまで考えていなかったので、ああ、やっぱりやめておこうかなと、気持ちが引いてしまったのは確かです。

それでもはっきりと断れなかったのは、やはり歳のせいでしょうか。この歳になると、あと何年ぐらい生きるのかな、と考えます。また、その残った生命を使って世の中のために自分は何をしたらいいのだろう、とも考えます。

意外に思われる方もいらっしゃるかもしれませんが、年齢というのは実に繊細なもので、歳をとればとるほど感性は豊かになっていきます。いろいろなことを考えながら感じる能力といいましょうか。人間は自分のことばかり考えている間は決して感性豊かではないのです。ですから、もしこの話が一〇年前にあったとしたら、僕は絶対に引き受けなかったでしょう。まだ感受性が熟していなかったからです。五年前でも早すぎたと思います。

そういうさまざまな思いが重なりあって、最終的に「よし、やろう！」と決めたきっかけは、とりあえず憂いがないことでした。

女房は何とかついてきてくれましたし、子どもたちも人並みに育ってくれた。それぞれがステキなお嫁さんをもらって、孫もできました。皆、健やかに楽しく生きています。お金にもそれほど困っていません。本当に何の憂いもない中で、「やりなさい」と神様も後押ししてくれているような気がしたのです。

また、鳥には何といっても愛嬌（あいきょう）があります。動物の中で一番目立つのが鳥であり、国境のない世界を飛び回る鳥こそ環境指針動物だと考えていた僕は、鳥を通してなら自然環境の大切さを訴えることができると思ったのです。話はそれで決まりました。

渡りの不思議

ツバメは全長が十七センチあるのに対し、体重は一三グラムほどしかありません（スズメの全長は一五センチ、体重は二〇グラムほど）。ただ、羽が長いので大きく見えます。飛んでいる虫を餌にしているツバメは、冬の日本では生きていけません。夏に子育てを終えると、冬でも虫のたくさん飛んでいる東南アジア方面へ渡っていきます。このように、春にやってきて子育てをし、秋に去るのが夏鳥。逆に、ロシアやアラスカのような寒いところで子育てをし、秋に渡ってきて春に去るのが冬鳥です。その他、春の北上と秋の南下の年二回、渡りの途中で日本を通過していくシギなどは、旅鳥と呼ばれています。これらの渡りについては「なぜ渡る？」「どうやって渡る？」など、まだ分かっていないことが少なくありません。ただ近年、ツバメたちが南の国から北上してくるのは、四季のはっきりした地域には春夏に餌となる虫が集中して発生するため、子育てに有利だからと考えられるようになりました。

一年中姿が見られる鳥を留鳥（りゅうちょう）と言いますが、同じ鳥が同じ場所にずっと留まっているのかどうかは分かっていません。例えば、スズメの若鳥の中には、秋になるとかなりの距離を移動するものがいるようです。それは、近親交配を避ける遺伝子の拡散という面ではプラスかもしれない、と考えられています。

（安西英明）

タンチョウ

ある団体から頂戴した寄付をもとに、日本野鳥の会は釧路湿原（くしろしつげん）にテレビカメラを据え、タンチョウの生態の生映像をインターネットのホームページで見ていただくことができるようになりました。

すると、野鳥の会ホームページへのアクセス数が以前は日に八〇〇件くらいだったのが、一〇倍の八〇〇〇件になるという、うれしい悲鳴を上げる結果になりました。記者会見を開いて「皆さんも、どうぞアクセスしてください」と発表した効果もあるのでしょうが、やはり貴重な自然へ、みなさんの関心が集まっているからではないでしょうか。

あまりの人気に、地元の鶴居村（つるいむら）ではアクセス回線がパンクしてしまったそうです。後日、寄付をいただいた団体へお礼に伺う際、その成果を分かりやすくお伝えしようと、われわれは大画面を用意して行きました。

挨拶もそこそこに、まず見ていただきましょうと大画面をセットし、映し出したまではよかったのですが、かんじんのタンチョウがどこにもいません。画面の動きもスムーズではありません。あとで分かったことですが、アクセス数が多すぎるとスムーズな映像にならないのだそうです。

「あれっ、ツル、いないじゃないか」。

「申しわけありません」。

なんていう会話があって、さすがに焦っていたそのときです。大きなタンチョウが三羽、大画面を圧倒するように舞い降りて、カメラの前でダンスを始めたではありませんか。寄付に感謝したタンチョウが、わざわざ踊って見せてくれたのかと思うほど、ドラマチックなシーンでした。

お集まりいただいたたくさんの方たちにも、自分たちの寄付によって、東京にいながら北海道のタンチョウのライブを見られる素晴らしさを感じていただけたのではないでしょうか。普通のテレビで見るのとはひと味もふた味も違うシーンを、心から楽しんでくださったと思います。

実はあのダンス、タンチョウのペアが愛情を確認するためのもので、ちょうどそういう時期だったようです。偶然とはいえ、本当に幸いでした。

優雅なダンスに「ステキだなあ」「きっと、あれは喜んでいるんだよね」などと言って目を輝かせる人たち。僕がタンチョウの住む湿原のことや、同じく保護の必要なシマフクロウの話をして、環境の危うさと大切さを訴えている間中、大画面のタンチョウはずっとダンスを続けていてくれたのです。

現在、野鳥の会がタンチョウの営巣環境の保全を目的として設置した野鳥保護区が、北海道東部に九カ所あります。総面積は約一五〇〇ヘクタール（二〇〇五年現在）。一九八五年ごろから、多くは寄付によって土地を買い上げてきた結果ですから、本当にありがたいことです。

日本野鳥の会は、いわゆる免税団体です。寄付をする人もされるほうも税金がかからないという特典があります。鳥の好きな方や自然を守りたいという方が、一〇〇〇円単位から数千万円単位で寄付をしてくださいます。僕は会に関わるようになって初めて、世の中のためにいいことをしたいという人の多さに驚かされました。

中には、身内の方を立ち会わせて「私が死んだら、これだけの遺産を寄付します」と言ってくださる方もいらっしゃいます。その人が亡くなるころには僕は会長としてやっているかどうかも分かりませんし、もうこの世にいないかもしれません。何だかマンガみたいな話ですが、そう言ってくださる気持ちがうれしいではありませんか。「会長」とはいっても、その実態は野鳥の会の広報部長だと思っている僕は、このような席には極力同席させていただくことにしています。寄付をしてくださった方とともに鳥の素晴らしさ、美しさを語り合うことが好きなんです。

鳥はどこに住んでいるのだろう、何を食べているのだろう、どこまで渡って行くのだろうという素朴な疑問や、ステキだよね、きれいだねということから環境や自然に興味を持っていただきたい、と常々考えています。

逆に、このままだと絶滅してしまう、だからダメなんだ、もうカウントダウンだと環境問題を刺激的に語り、人の心を惑わすようなことはあまりしたくありません。特に、子どもを脅かすなんて愚の骨頂です。そうやって声高に叫べば叫ぶほど、子どもは心を閉ざしてしまいます。否定的な言葉で脅かすより、まず鳥たちのはかり知れない能力について語りたいのです。

例えば、シギ科のトウネンはスズメぐらいの小さな鳥ですが、初夏に北極圏で生まれて秋に日本を経て、冬にはオーストラリアの南のほうまで渡って行くのだそうです。生まれてから半年の間に、たった三〇グラム程度の体で何千キロもの旅をするのですから、想像を絶するすごさです。

自分がその鳥となって、大空を南へ飛んで行く様子を思い浮かべると、イマジネーションはどこまでも広がっていきます。それが感性豊かな子どもたちなら、なおさらでしょう。そんなふうに鳥に興味を持つことで、子どもたちは自然に環境問題を考えるようになっていくと思うのです。

タンチョウは夫婦でダンス

多くの鳥は夏に子育てを終えると、ペアも親子の関係も解消します。「おしどり夫婦」で有名なオシドリも「つがいの相手は毎年変わっているらしい」と紹介すると、「かわいそう」と言う人がいる一方、「うらやましい」と言う人もいます。ただ、ツルやハクチョウは例外。冬までは親子が一緒に暮らし、ペアの関係はその後も続きます。タンチョウのダンス、いわゆる「鶴の舞」は、春に新たな繁殖を控えたペアが愛を確かめ合うという意味があります。鳥のダンスはオスが求愛のために踊るのが一般的ですが、タンチョウの場合は夫婦で踊るわけですね。

野生の命の原則は、他の生物の餌になることです。生き延びるのが当たり前のように考えている私たちには想像しにくいのですが、私たちが出合う野生生物は厳しい環境を生き延びてきた一部でしかありません。食う側も食われる側も、生き残ったものだけが子孫を担う(食う側が餓死することも少なくない)ので、特定の生物だけが増えすぎることはありません。それが生命あふれる奇跡の星、地球の「共存の原理」と言えましょう。

哺乳類と鳥類には子育てという習性があります(それ以外は産みっぱなし)が、それでも生存率が低いので、親子やペアなどの関係を保つ期間は短くて当然。ツルのペアの関係が続くということは、野生生物として生存率が高いほうなのでしょう。

(安西英明)

タゲリ

あるとき、日本野鳥の会・神奈川支部の会員から、田んぼにタゲリが来ているという連絡がありました。チドリ科のタゲリは、稲刈りのすんだ秋冬の田んぼや河原に渡ってくるハトくらいの大きさの鳥です。

　飛んでいるときは白黒にしか見えませんが、近くで見ると背はグリーンに茶や黄色が混ざったような、実に美しい色をしています。また、頭の黒い羽が後方に立ち上がっている姿は、まるでかんざしを挿しているようで、ミュー、ミューというネコのような鳴き声もユニークです。

　タゲリなど多くの鳥がやってくる田んぼは、稲刈り後にカラカラになっている乾田ではなく、水がずっと張ってあって二番穂が出るような昔ながらの田んぼです。

　子どものころ、僕の家から見えた風景は、手前に田んぼがあって、その向こうに霞ヶ浦（かすみがうら）が見え、さらにその向こうに筑波山（つくばさん）を望むという、絵に描いたような関東平野の田園風景でした。

　その田んぼから黄金色の稲が刈り取られてしばらくすると、一〇羽から二〇羽のタゲリがフワフワと舞うようにやってきたものです。秋に向かってちょうど色のなくなってきた風景の中で、田んぼに集うタゲリの姿はえも言われぬ美しさ。独特な鳴き声と相まって、その存在感はなかなかのものでした。また、遊んでいる僕たちのすぐそばにいるのが当たり前の鳥だったのです。

　野鳥の会の会員らが地元・神奈川で自然保護団体を立ち上げ、農家の方や購入者に「もっとタゲリがたくさん来るような田んぼをつくろう」と呼びかけました。都市近郊なので、まず農家に水田を続けてもらう必要がありましたが、開発のための用地買収の誘いに対して「タゲリがいて、皆さんにお米を買ってもらっているため」と断ってくれました。乾田工事をしないで湿り気を残し、休耕田を復活させました。そこで獲れたお米「湘南タゲリ米」には予約が殺到したそうで、聞くだけでも楽しい話ではありませんか。いまでは、農家の後継者の小学生が、僕もお米を作るよと言ってくれているそうです。

　結局、農業のあり方がいかに環境を左右するか、また、農業に携わる人たちの生き方がいかに大事かということでしょう。

　最近、僕は鹿児島県の出水（いずみ）市で久しぶりにタゲリの姿を目にしましたが、何て田んぼに似合う鳥なのだろうと改めて感じ入りました。

チドリ科のタゲリの千鳥足

チドリの仲間はシギの仲間とよく似ていますが、くちばしはシギほど長くありません。シギは長いくちばしの先の触覚を頼りに、下を向いて餌となる湿地の小動物を探しながら歩きます。一方、チドリは視覚で餌を探し、見つけると走り寄って短いくちばしでつまみ上げます。「チドリの顔のほうがシギよりかわいい」と言う人もいますが、それは視覚中心のチドリの目がシギより大きいことも関係しているのでしょう。ちなみに、千鳥足という言葉は、チドリが立ち止まっては走り、走っては立ち止まるのをくり返すためで、その足跡がジグザグになるところからきたようです。

視覚に優れ、色にも敏感な鳥は、色が分からない哺乳類よりも色彩が豊かですから、見分けようとすると、どうしても色や模様に注目してしまいがち。でも、野外では距離や光の具合で色がよく見えないことが多いため、体型や動作も見分けるポイントになります。例えば、細長い翼でゆったり羽ばたいていれば、それはカモメの仲間。風の強いところで飛びながら餌を探す彼らは、短い翼、幅広い翼では生きていけません。また、ウグイスの仲間のような日陰者（茂みの中にいて姿を見せない）は、声の違いが識別に役立ちます。カッコウやホトトギスのように見た目がそっくりでも、鳴けばすぐに分かる「百見は一聞にしかず」という鳥もいるのです。

（安西英明）

野生の尊さ

野生の生き物は尊いものだ、と皆が考えるようになったのは、ここ一〇年ぐらいのことではないでしょうか。一九三四年に、中西悟堂(なかにしごどう)先生が「野の鳥は野に」と言って日本野鳥の会を立ち上げた頃は、そんな考えはとても主流ではありませんでした。

野の鳥は捕って食べるか、ペットにして愛(め)でるか、あるいは、子どもがいじめて遊ぶかのどれかでしかなかったと思います。野鳥という言葉さえなかったくらいですから。

時代の変化とともに環境問題を憂える人が増え、その延長線上で野生生物に対する考え方が変わってきたのかもしれません。

NHKの『生きもの地球紀行』という約一〇年続いたテレビ番組で、取材とナレーションを担当し、お腹の中の回虫から、ミジンコ、シロナガスクジラに至るまで見つめてきた僕は、野生の生き物ってすごいなあと感じ入ったものです。

何て美しいんだ。何て素晴らしいんだ、キミたちは！その感動を声を大にして語るのがこの番組のフィロソフィーであり、

「左手にサイエンス！　右手にロマン！」がポリシーでした。つまり、生き物たちの生態をより具体的に科学の目で見つめ、詩人の魂をもって語ること。

海外ロケの現場や国内の飲み会で、

「それじゃあ柳生さん、乾杯の音頭、よろしく」。

「おう！　左手にサイエンス！　右手にロマン！　カンパ〜イ」と、何度声を張り上げたことか。

僕は野生の素晴らしさを視聴者にありのままに伝え

たくて、取材には可能な限り同行しました。それができないときは、スタッフとひんぱんに連絡を取り合い、ロケを終えたスタッフが帰ってくると、待ってましたとばかり、ギンギンになって話に耳を傾けます。

ときには一晩中、徹夜で聞いたこともあります。暑かったか寒かったか、蚊に刺されたかから始まって事細かに何でも聞き、聞き飽きるということがない。とにかく僕は彼らの話を聞くのが大好きで、それをナレーションにどう生かすかをいつも考えていました。

いろいろな国へ行ってロケをしましたが、不思議なことに生き物は僕が近づいてもほとんど逃げません。「柳生さんは特殊ですね」とよく言われました。一日、二日付き合っていると、動物のほうで「あ、こいつは害のあるやつじゃないな」というのが分かるのでしょうか。

理由はどうあれ、僕のこの〝特技〟によって、映像的にはずいぶんいいものが撮れたのではないかと自負しています。

例えば、ハチドリを撮影しようとしてカメラを構えたとき、カメラの前に僕がいて、そのずっと後ろにハチドリがボヤッと見えている。ピントを合わせて初めてハチドリの様子がクリーンに見える、つまり、柳生越しのハチドリという図式が普通でしょう。

しかし、僕が取材したときの映像は、そういう図式になっていません。カメラの前には生き物がいて、その後ろに僕がいる。動物たちは、必ずカメラと僕の間にいるわけです。彼らと僕がよほどフレンドリーでないと、なかなかこういう映像は撮れません。

マダガスカルでは、真っ白な体と黒い顔を持ち、横っとびに走るシファカを撮影しましたが、そのサルの後ろに人間らしきものがぼんやり見える。そちらへカメラのフォーカスを合わせると、ビックリしたような僕の顔が映るという具合です。なぜ、そんなふうにできるのか、何かコツでもあるのかとよく聞かれますが、生き物を近くに感じたとき、僕はいつもやっていることがあります。

それは、僕という存在を知ってもらうために、最初からずっと僕の気配を出しておくことです。「日本から来たよ〜」「柳生っていうんだけどね〜」みたいなことを、その生き物を発見する前からグチュグチュしゃべりながら、ダラダラと歩く。少なくとも、突然大きな声を出したり、極端な動作をすることは禁物です。

八ヶ岳（やつがたけ）の森の中でも、動物や動物の気配に遭遇すると、僕はその場で独り言を言うようにつぶやきます。「な〜んだ、カモシカかぁ。お前、いつも俺のこと見ていただろう。じゃあ、お前にカモちゃんって名前をつけようか」なんてやっていると、シューシューという カモシカの息づかいが聞こえ、そっと近づいてくる。そして、投げ出していた僕の足の先のほうを、ちょっと突ついてみたり……。

ある日、野良仕事を終えて「じゃあ行くか、カモちゃん」と言ったら、フッと顔を出したこともあります。また、木に手を当てて寄りかかっていると、ゴジュウカラが僕の指をチョンチョンと突ついたりもします。いつもこんなふうですから、どこの国へ行っても生き物たちとフレンドリーな関係をつくりやすいのかもしれませんね。

番組では、獲物を捕るシーンと交尾のシーンを必ず入れよう、というのも絶対的なポリシーの一つでした。ハイエナとかライオン、ヒョウのような肉食獣が、顔中血だらけにして肉をむさぼる姿や、まともに交尾している姿を映し出すことは、それまでの取材番組ではあまりなかったことです。案の定、これらのシーンは非常に評判が悪く、苦情の電話が何本もかかってきました。

「食事中なのに、なんであんな血だらけの残酷なシーンを出すんだ」。

「子どもが一緒に見ているのに、交尾のシーンを出すなんて……。教育上よくありません」。

口を血だらけにして食べるシーンは、確かに気持ちのよいものではありませんし、哺乳類の交尾のシーンはある種、人間に似ていますから、教育に悪いという意見も分からないではありません。

しかし、重要なのは、彼ら生き物が何のために生きているのかということです。それは命を繋げて子孫を残すため。それ以外の理由はありません。だとすると、命を繋げることは食べることであり、子孫を残すのは交尾をすることです。野生の生き物からこれらのシーンを省いてしまったら、〝科学の目で具体的に見る〟という番組のポリシーが崩れてしまい、僕たちの表現したいことも伝えることができません。

命の尊さ。僕たちが番組を通して表現したかったのはこの一点です。だからこそ皆、命がけで取材に出かけて行ったのです。表現者である僕たちが、表現すべきことを放棄するわけにはいきません。苦情にはよくご説明した上で、

「それでもいやでしたら、チャンネルを変えてください」という対応をしました。僕自身も何度か苦情の電話に出たことがありますが、やはり答えは「チャンネルを変えてください」。僕は天才バカボンのパパと同様、「これでいいのだ！」と心の中で叫びながら……。

オオムジアマツバメ

南米のアルゼンチンとブラジルの国境に、落差八〇メートル、幅二・七キロメートルに及ぶ馬蹄形をしたイグアスの滝というのがあります。その滝を遠くから双眼鏡でのぞいてみると、まるで昆虫のように何百、何千という群れになったオオムジアマツバメが、滝へ突っ込んでいく姿が見られます。

滝のカーテンに跳ね返されて落ちるやつもいて、ときには死んでしまうこともあるでしょう。命の危険を冒してまで、彼らはなぜ滝に突っ込んで行くのか。そんな疑問をもっての番組の撮影でした。この滝によって、あたり一帯に熱帯雨林が形成されているくらいですから、そのしぶきたるや、ものすごいとしか言いようがありません。

滝の下からオオムジアマツバメのいるところまでは、当然登って行けません。どうやって取材するのだろうと思っていると、スタッフが「上から行きます」と言う。えっ、ホントかい！　ごうごうと音を立てて落下する滝を見ながら、僕は呆然としてしまいました。

しかし、よく見てみると、幅二・七キロの滝のところどころに大きな岩があって、滝の割れ目みたいな部分があります。僕らは川の上流からそこまで、ガイド付きのゴムボートで行って岩にワッとしがみつき、さ

らに、岩をロープ伝いに下りて行きました。

このときは、うちのかみさんも参加していました。海外ロケに行くとき、僕はできるだけかみさんを連れて行くことにしています。海外ロケといってもほとんど人間のあまりいないようなところばかりで、夜はテントの中で寝袋にくるまって寝るという、女性には過酷ともいえる場所がほとんどです。

何でそんなところに連れて行くのかと聞かれれば、お互いに〝死ぬときは一緒だよ〟みたいな思いがあるから、と言ったらキザでしょうか。

ときには夫婦一緒にドキドキしたり、逆に、例えようもない豊かさを味わったりすることも必要なのだ、と僕は思っています。

「君にも来てほしい。死ぬときは一緒だから」。

「本当に行っていいの?」。

しかしまあ、こんなに危険なロケ現場までついてこなくてもいいのですが、一緒に行くのです。

僕はかみさんに肩を貸し「手はこっちだー!」「足はここへのせろー!」などと叫びながら、アルゼンチンやペルーの人を含む多国籍軍のような取材スタッフとともに、そろそろと下りて行きました。

滝のカーテンの隙間を下りて行く間にも、ドーン、ドーンとものすごい勢いでオオムジアマツバメが大瀑布に飛び込んできます。その速さは時速一〇〇キロ以上ともいわれ、尋常なスピードではありません。

彼らはカーテンの内側で、子どもに餌をやっているはずです。

「柳生さん、どうせここまで来たんですから、滝の中まで入りましょうよ」。

スタッフの言葉にのせられて、僕は水中カメラを持って滝の内側へ入って行きました。そのとたん、

「僕はいま、水の空気を吸っています! 見てください!」とコメント。もちろん、声は滝の音に消されてしまいましたが、放送にはアフレコでしっかりと入れておきました。滝のカーテンの内側は岩壁と滝の間に空間があり、飛び込んできて岩にしがみつくオオムジ

アマツバメの表情がはっきりと見てとれます。

ダーンとすごい勢いで滝の中へ入ってきたオオムジアマツバメは、その大きな瞳をハーッと温めるかのように細め、同時にくちばしの付け根がクッと上がったようになって、まるで笑っているかのように見えます。そして、安全な岩棚にいるヒナに、目を細めながら餌を与えるのです。

その光景を見ていて、僕は突然理解しました。生き物というものは自分の子孫を残すために生きている。それ以外の理由は微塵(みじん)もないのだと。

それまでの僕は、いつも疑問に思っていました。生き物たちは何でこんなにがんばっているのだろうか。何でそんなに苦労しているのか。そして、何のために生きているのか。

オオムジアマツバメにしても、何でそんなに危険な思いをして滝のカーテンに突っ込んで行かなければならないのだろう。そんなに苦労しないで、八ヶ岳へおいでよ。もっと楽な生活ができるよ、と人間の論理で考えてしまうところがありました。

しかし、目の前のオオムジアマツバメが、笑ったような表情でヒナに餌をやっている姿を見て、僕は得心しました。滝の内側に入ってくると、彼らの緊張はあられもなく解けます。滝のカーテンさえ突き抜ければ、そこにはテンもイタチもヘビもいない。つまり、天敵がいないから、ゆっくりと子育てができるのです。

これは本当に分かりやすかった。そうか、そうなんだよなあ。八ヶ岳へは来ないよなあ。八ヶ岳へ来たらヤバイものなあ。

オオムジアマツバメは、イグアスの滝へ突っ込んで行く繁殖方法を選択して、いまそこで生き延びているのです。僕は僕なりの荒っぽい言い方で、これを〝進化〟と呼びます。いま、この世に存在する生き物は、その生き物の進化の頂点にいるのです。

メダカは「いつかクジラになるんだ!」と思って、努力してきたわけではない。メダカはあの姿、あの行動、あの生き方を選択してきたのです。また、ハチドリは、一秒間に何十回も羽をバタバタさせる生き方を選び、ナマケモノはナマケモノなりに、ホエザルはホエザルなりに、チーターはチーターなりにそうなのです。

いま進化の頂点にいる彼らが「命をつなげ、子孫を残す」という最大にして唯一の目標のためにだけ一生懸命生きていることが、オオムジアマツバメの生態を見て、とてもよく分かるようになりました。すると、今度はいとおしい気持ちでいっぱいになりました。本当に僕は、すべての生き物がいとおしくて仕方なくなりました。

ただ、どうしても人は鳥に対しては、なぜか特別な気持ちを持ってしまうことも確かにあるようです。例えば、サンゴとか魚とかカマキリとか、一匹で何千個、何万個という卵を産んで、その中から四つか五つだけが生き残るという進化の戦略を選択した生き物もいます。彼らは卵を産みますが、子どもが育つかどうかは子どもの運次第。親は産んだところで力尽きてしまいますから、当然、子育てはできません。

しかし、鳥はある期間、すごい量の餌をやりながら子育てをします。たった二週間とか数カ月の間にすさまじい餌運びをして、子どもを一人立ちさせるという行動をとります。暑いときはこう、寒ければこう、雨が降ればこう、と実に細やかに見えるその子育ての行動は、スピードこそ違え、まさに人間の子育てと共通する点があります。

だからこそ、人間は鳥に親しみを感じ、自分たちの気持ちを鳥に投影して、ついつい擬人化したくなってしまうのではないでしょうか。

オスとメスが協力しあって、日に何百回となく餌を運ぶ姿を見ていると、何だか泣けてきてしまいます。彼らは夫婦の情愛でそうやっているのではない。ただただ確実に子どもを育て、生き残らせることに専念している。つまり、子孫を残すことしか考えていないのです。

そのひたむきさが、僕にはとても尊いものに思えます。

キガシラペンギン

百数十年前までのニュージーランドは、国土の九〇パーセント以上が森に覆われた生き物たちの楽園でした。しかし現在、かつてあんなにあった森は二十数パーセントに激減し、人の手の届かない山岳地帯や断崖絶壁にかろうじて見られる程度です。

入植したイギリス人によって大規模な森林伐採が行われ、それに代わって牧草地がどんどん広がっていったためです。

楽園に生きていた生き物たちは次々にすみかを追われ、姿を消してしまいました。かつてニュージーランド固有の鳥で、飛べない鳥たちが二七種類もいたそうですが、現在生き残ったのは「キウイ」「カカポ」「タカヘ」だけ。それももう数えるほどしか生息していません。

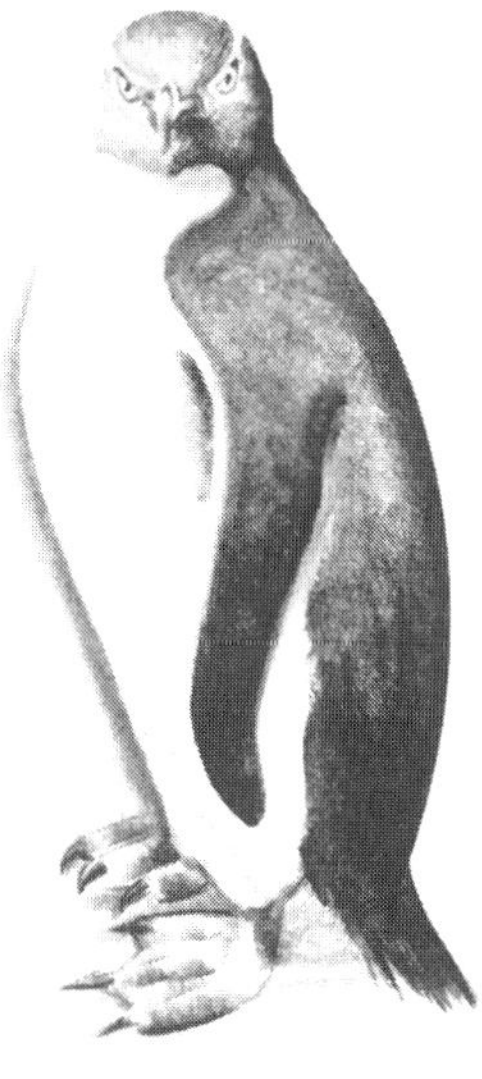

キウイというのは外見が果物のキウイフルーツに似た鳥で、ニュージーランドのシンボリックな鳥として知られていますから、テレビなどでご覧になった方も多いでしょう。ちょうどチャボぐらいの大きさで、くちばしだけがビューッと突き出たキウイを抱いたときは、ハリネズミのような感触がいとおしくて、僕はもう涙が出そうでした。

日本ではフクロウオウムと呼ばれるカカポは、その名のとおりオウムなのにフクロウのような夜行性の鳥で、その低い鳴き声は何キロメートルも通ることで有名です。タカへは黒い体に赤いくちばしの、見るからに美しい鳥です。

飛べない鳥の仲間としてはもう一つ、キガシラペンギンもがんばっています。僕は彼らを取材したときのことを思い出すと、いまでも切ない気持ちでいっぱいになります。

繁殖の時期になると、夕方彼らはものすごい勢いで沖合から陸を目指して泳いできます。かつては空を飛んでいた彼らが泳ぐようになったわけですから、信じられないような進化を遂げたものです。

魚を捕るために魚よりも速いスピードを身につけ、その泳ぎはまるで弾丸のよう。陸上での直立した姿しかイメージできないわれわれには、同じ生き物とは思えないほどで、海の中を泳ぐと言うより飛んでいると言ったほうが適切かもしれません。

まさに飛ぶように泳いできたキガシラペンギンの群れは、海岸に到着するやピョンと立ち上がり、砂浜をあの短い足でヨッチヨッチヨッチと、体を左右に振りながら断崖を目指して行進します。

やがて、目もくらむような絶壁を登り始め、かろうじて残った森とは名ばかりのブッシュに入り込んで巣づくりを始めます。一〇〇年以上前までの彼らは、ニュージーランドに広がっていた森の木の根元で繁殖行動をしていたのでしょう。

しかし、豊かだった森がなくなってしまい、いま、その場所は何とも危なっかしい断崖絶壁。体を横にして少しずつ岩をよじ登る様子はいかにも辛そうで、見ているだけで胸が熱くなり、

「おい、お前、落っこちるなよ」と、思わず声をかけてしまいます。

中には、登りきれないで落ちてしまうものもいるでしょう。そうしたら死ぬほかありません。彼らはもう空を飛べないのですから。

黄色の太い眉を頭の横まで一直線に引いたような羽

衣が鋭い目と相まって、彼らは憤怒の形相です。

「何で自分たちは、こんな危険な目に遭わなければならないんだ。いったい、誰がこんなふうにしちゃったんだ」。

われわれ人間に怒りをぶちまけているように思えてなりません。傷ついて保護されていた一羽に至近距離で対面したときも、その血走ったような目でにらまれ「このやろう!」と叱られているような気分になりました。

百数十年の間、人間が何の疑いもなく森を切り開き、自分たちにとって都合のいい牧草地にして家畜を放してきた過酷なツケが、いま彼らの生活をこれほど困難なものにしているのです。

あるべき自然を破壊しつくしてしまったという大いなる反省にもとづいて、ニュージーランドでは国を挙げて絶滅寸前の生き物たちの保護に取り組んでいます。

日本の場合、幸いにしてそこまでの破壊はありませんでしたが、里山に生きてきた生き物たちの生活は、近年急激に危うくなっています。小さな虫や魚、それを食べる鳥たちが激減し、山の中のクマが里へ下りてくるなど、森に生きる動物たちにもさまざまな異変が起こっています。

せっかく生き残ってきた彼らが、昔のように人間を信用しながら一〇〇年後も、一〇〇〇年後も機嫌よく暮らしていけるような環境に戻すには、まず何から始めればいいのか。僕も真剣に考えているところです。

シマフクロウ

北海道で活躍する獣医さんの奮闘記がテレビドラマ化されたとき、僕は主人公・竹田津実(たけだつみのる)先生の役をやったことがあります。

一カ月以上にわたる地元でのロケは、竹田津先生の家をベースに行っていましたが、そこにはケガをして持ち込まれた動物がいろいろいて、元気になるまで先生が面倒を見ておられました。その中で、ひときわ異彩を放っていたのが天然記念物のシマフクロウです。

ケガはだいぶ良くなっていたようで、ケージの中でいつもピシッと姿勢を正し、ゆったりとこちらを見ていました。僕とスタッフは毎朝起きると、そのケージの前に立って「おはようございます」と、挨拶するのが日課でした。

「いよっ！」と、軽く声をかけて通り過ぎるのは失礼だと思わせるような、圧倒的な存在感がシマフクロウにはあります。神々しさが漂っている、と言っても過言ではないかもしれません。

実際に、シマフクロウはアイヌの人たちによって、湿原へ流れ込む川やその周辺の森の神、ひいては村の神〝コタンコロカムイ〟としてあがめられてきました。

アイヌの人たちは、自然を構成する人間以外の有形無形すべての存在を、魂を有するカムイ（神）とみな

し、何らかの役割を持つそれぞれのカムイと密接な関係の中で生きてきたのです。

ちなみに、湿原の守り神であるタンチョウはサルルンカムイ、クマゲラは木を掘る神でチプタチカップカムイというふうに、自然のすべてを神とみなす敬虔(けいけん)な思想があったのです。シマフクロウはそういった神々の頂点に位置する、まさにキング・オブ・キングスの存在でした。

その昔、彼らは湿原に流れる底の浅い小さな川のほとりに、オーバーハングしたように生えている大木のウロに巣を作り、川の魚を捕って食べていました。そこはまさに、神が住むにふさわしい大木の残る美しい森だったはずです。

しかし、北海道の森はその後どんどん伐採され、大木はみるみる少なくなってしまいました。それだけではありません。森が消えていくとともに、魚の姿も少なくなりました。以前は、サケの大群やオショロコマなどが遡上(そじょう)する豊かな川でしたが、人間の手によってダムの建設、河口でのサケ漁などが進むとともに、ほとんどサケの遡上してこない川になってしまったのです。

体の大きなシマフクロウは、はっきり言って動きがドンくさいですから、ピチピチした元気のいい魚を機敏に捕ることができません。北海道弁で〝ほっちゃれ〟と言われる、産卵後の弱って死にかけたサケが、昔のようにたくさんいないことには生きていけないのです。シマフクロウにとっては、まさにダブルパンチでした。住環境と食環境を同時に奪われてしまったのですから。

そのために、シマフクロウはどんどんその数を減らし、現在道東を中心に推定一〇〇羽から一三〇羽、つがいにして三〇つがいを数えるほどになってしまいました。これはもう、一~二年後にいなくなってもおかしくない数字です。

日本の環境省のレッドデータブックでは「絶滅危惧種IA類（ごく近い将来に絶滅の危険性がきわめて高

い種)」に、日本野鳥の会がパートナーとなっている国際組織、バードライフ・インターナショナルによるレッドデータにおいても、「近い将来、野生での絶滅の危険性が高い種」とされています。

二十世紀の初めごろまで、北海道全域に生息していたシマフクロウは現在、知床(しれとこ)、根室(ねむろ)、十勝(とかち)の三地域に分断されて細々と生きながらえています。

日本野鳥の会は二〇〇四年七月、初めてシマフクロウの生息する根室市の山林一三ヘクタールを、寄付をもとに保護区として購入することができました。シマフクロウは神経質なため、カメラマンなどが押しかけて何かあってもいけませんから、詳しい場所はお知らせできません。「ここにシマフクロウがいるので、保護のために買い上げました」などと言ったら、すべては水の泡なのです。

環境省記者クラブでの発表でも、奥歯に物のはさまったような説明しかできませんでした。実際に生息しているシマフクロウの写真もお見せできないので、故薮内正幸(やぶうちまさゆき)氏の描いたシマフクロウの細密画をその代わりとしました。

ともあれ、アイヌの人々がカムイとしてあがめてきたシマフクロウを、われわれの時代に絶滅させてしまうことはできません。あの威厳に満ちあふれた姿を、もっと多くの人たちがごく普通に見られるような環境を、一日も早くとり戻したいものです。

ところで、シマフクロウを見たことのある人は非常に少ないと思いますので、ここでその大きさを説明してみましょう。

全長は約七〇センチ、翼を広げると一七〇センチ以上になります。イヌワシのメスが羽を広げると二一〇センチぐらいありますから、それよりは小さいのですが、シマフクロウの翼のほうが幅広なので、見た目にはイヌワシより大きく感じ、翼を広げるところを近くで見ると、思わず「ウワッ!」とのけぞりそうになります。

ちなみに、魚を捕らえるときのシマフクロウはバサバサと羽音を立てますが、けものを狩るフクロウの仲間は、大きな体に似合わず音もなく飛びます。音もなくサーッとやってきて、地上の獲物をさらって行くのです。

なぜ、フクロウは羽音がしないのかという疑問から、羽根の構造などを研究し、騒音の少ない新幹線のパンタグラフの開発につながったということがあるそうです。フクロウのあの大きな体と音のない飛行のギャップが、人間の探究心をかき立てた成果とも言えましょうか。

体もそうですが、シマフクロウは顔も大きい。人間の顔ぐらいはあります。人間のように平面的な顔で、両目とも前方に向いています。耳も前についていて、首がグルッと回り、行動は実に思慮深く見えます。

童話などに出てくるフクロウなどは大変な物知りで、何か聞かれると泰然として「そうだよ、ホー」「それは違うよ、ホー」などと言って、皆を納得させてしまうような賢いイメージがありますね。どんなことにも過剰に反応することはなく、いつも堂々としています。ある種のフクロウやタカ、ワシなど、肉食の鳥たちはハンティングのためだけに進化してきたというような怖さというか、すごさがあります。

が、彼らとシマフクロウとはまったく異質の観があり、ひと言でいうとシマフクロウは「沈思黙考して事に至る」みたいな感じでしょうか。これが、僕にはたまらない魅力であり、畏敬の念を覚えるゆえんです。

「どんな鳥が好きですか」というアンケートをとると、小さくて形も色もかわいらしいカワセミのような鳥を選ぶ人が少なくありません。しかし、鳥に詳しい人や、自然の奥行きの深さを常々感じている人にとって、シマフクロウはやはりシンボル的存在のようです。

同じフクロウの仲間でも、シマフクロウに対し、畏敬の念を持って人々にあがめられるシマフクロウ、アイドル的な人気を持つのがシロフクロウです。ほとんど全身白いので〝空飛ぶ雪だるま〟と呼ばれている鳥ですが、このシロフクロウがうちの孫たちによく似ているのです。

赤ん坊の脇の下に手を入れてまっすぐに抱き上げると、色白な上に白い産着を着ているのと、首だけクルクルッと回すしぐさが本当にそっくり。特に、何番目かの孫はまるでシロフクロウそのもののようで、僕はいつも抱きながら「シロフクロウちゃん」と呼んでいたものです。

他にも、草原でハンティングをするフクロウや、昼間活動するフクロウなど、地球上にはたくさんの種類のフクロウがいますが、どの国でも知恵の象徴としてあがめられ、良いイメージを持たれているという点で、鳥の中でも別格の存在と言えましょう。

鳥の巣には近づかないで

日本では北海道だけにいるシマフクロウですが、この仲間には広範囲に分布するものもあります。「ホーホー」と鳴くハトサイズのアオバズクは、青葉の季節になると神社などに渡ってきます。「ゴロスケホッホー」と鳴くフクロウは一年中森にいますが、カラスサイズなので大きなウロのある大木がなくてはなりません。最小は「ブッポウソウ」と鳴く、夏鳥のコノハズク。スズメよりひとまわり大きいくらいですから、小さなウロがあれば十分と思われるのですが、なぜかその数は減少しているようです。問題は日本だけでなく、越冬する東南アジアの森が減少していることも影響しているのかもしれません。

さて、シマフクロウのような珍しい鳥を写真に撮りたいという人は多く、最近はそれが大きな問題となっています。そもそも人が野鳥の巣に近づいたり、撮影しやすいように巣をいじったり、フラッシュをたいたりすると、親鳥が子育てを放棄することがあります。そのため、日本野鳥の会では「近づかないで、野鳥の巣」と、フィールドマナーを呼びかけています。特に、数の少ない鳥には決定的なダメージになりかねませんから、ぜひ守っていただきたいものです。北海道の自然保護の先駆者・三浦二郎（みうらじろう）という人は、「シマフクロウは特にデリケートだから、見たり追いかけたりしてはいけない」という信念を持ち、シマフクロウの生息地に住みながら、ついに一度も見ないまま亡くなりました。

（安西英明）

里山の話

僕が初めて八ヶ岳へ行ったのは中学二年生の夏休み、一三歳のときでした。親父からまとまった金を渡され、一カ月間の一人旅を命じられたのです。それが柳生家の仕来り（しきたり）であり、いわば元服式の意味合いがあったようです。

僕は震えるような気持ちで山を目指しました。

長い時間をかけて中央線・小淵沢（こぶちざわ）駅から小海線に乗り換え、清里（きよさと）駅に行き着きました。初めのうちこそ、祖父の知人宅に泊めてもらいましたが、その後はほとんど野宿をするか、駅のベンチで夜を明かしたものです。そして、目が覚めると周辺の野山を歩き回ったり、植物採集をしたりして過ごしました。

そのときにビックリしたのは、「海を見たことがない」という土地のおじいさんやおばあさんの多いことでした。茨城県・霞ヶ浦の南岸、遠くに筑波山を見ながら湖や海で育った僕には不思議な感じでしたが、ついこの間まで、自然と人との付き合い方はそういうものだったのでしょう。

ひと山かふた山越えれば向こうに海があるのに、彼らは海へ行かない。生まれ育った狭い地域を何代にもわたって慈しみ、決して滅ぼさないように、そこの自然や生き物と折り合いをつけながらやってきました。それが里山の歴史なのです。

だから、他の地域のことは知らなくても、その地域の自然の移ろいや生き物に関しては超のつくスペシャリスト。里山の人々は営みの場として水田を造り、八百万（やおよろず）の神に祈りを捧げながら暮らしていたのです。

最近実感していることですが、文明国といわれる中で、人が自然と折り合いをつけながら、さまざまな生き物たちととても近い距離で一緒になって命をつないできた国は、日本だけだと思います。

僕は仕事でいろいろな国を取材してきましたが、人の手の加わらない大自然で撮影することがほとんどでした。逆に、日本には手つかずの大自然などほとんどなく、国土の九〇パーセント以上に人の手が入っています。

例えば、平野部に田んぼができたのは、日本人の長い歴史から考えると、かなり最近のこと。昔の平野は川が暴れまくる場所でした。長い時間をかけて人間が治山、治水などの技術を身につけ、自然と折り合いをつけながら、やっと住めるようにしたのです。そうして、平野部にも田んぼや畑が大きく広がるようになりました。しかし、かつては山あいの棚田という象徴的な里山の風景があって、そこで神々への畏(おそ)れを感じながら、人々は自然と付き合ってきたのです。

この場合の神というのは、まさに八百万の神であり、日本人は川にも田んぼにも、大きな石や木にも、何もかもに神が宿るという感覚で自然をとらえていました。それはキリスト教でも仏教でもない。里山の神々という意味でいえば、里山教といえるかもしれません。はっきりいえるのは、人間が絶対的な存在ではないということ。もっと原始宗教的な意味合いのものです。

そういう神々を背景に、里山では完璧ともいえる持続可能な社会をつくってきました。いま、環境問題を語る上で〝持続可能な社会〟とか〝持続可能な開発〟という言葉は、なくてはならない言葉になっていますが、持続可能な社会のシステムを早々とつくりあげていたのが、日本の里山なのです。

僕は海外で取材を受けるときに、よくこう聞かれることがあります。

「日本は、こんな時代なのに、なぜあんな素晴らしい自然をいまだに持ち続けているんですか」。

データからいっても、日本の国土の七〇パーセント近くは森林であり、これほど人の身近に自然がある国は他に見当たりません。しかも、そのほとんどが人の手の入った自然なのです。ヨーロッパの人たちが「日本は奇跡だ」「日本人は、すべてガーデナー（庭師）ではないか」と言うのも、あながち過言ではないのかもしれません。

つまり、日本という国は、昔からいいあんばいに自然と付き合ってきたわけですね。オセアニア、南米、アフリカ、マダガスカルなど、南半球をずっと取材してきた僕は、人間の開発の結果、絶滅した生き物が実に多いことに驚き、ずいぶん悲しい思いをしたものです。

そういう現実から見れば、日本は奇跡の国に違いありません。ただし、最近の日本が同じく悲しい方向へ向かっていることも確かなわけで、実に残念なことです。

ともあれ、外国人の目には日本の自然環境が驚異的なものに映るようです。

「日本はなぜあんなにも奇跡的に美しいのですか」。

「それはね、日本にはおじいちゃんやおばあちゃんが孫たちを叱るときに使う、素晴らしい言葉があるからです」。

「どういう言葉ですか」。

「自然環境に対して悪さをしたときに『そんなことをしたらバチが当たりますよ』という言葉です」。

「あなたも、その言葉を使いますか」。

「ええ、もちろん。僕も孫たちによく言っていますよ」。

こんな会話をよくしますが、西洋の人には「バチが当たる」という言葉の意味がなかなか理解できません。「例えば、どういうことですか」という質問が、その後に続きます。そこで僕は、いつもミミズの話をします。

「男の子がミミズにおしっこをひっかけて遊んでいると、必ずおばあちゃんが男の子のおちんちんをぎゅっとつまんで『バカもの！　そんなことをしたらバチが当たりますよ。ほら見てごらん。おちんちんが曲がってきたでしょう』とか、『ほら、おちんちんが腫（は）れてきたでしょう』と言って叱られるんです」。

僕はおもしろおかしく説明しているつもりですが、それでも彼らには分からないのでしょう。つまり、たかがミミズにも神が宿っている。それを粗末に扱えば神のバチが当たる、ということなのですが、そこまで理解してもらうのは至難の業です。

では、なぜミミズなのかというと、ミミズは農耕民族である日本人にとって、最も大切な田畑の土を意味するからです。土とは生き物の死骸の集まりです。僕のように山に住んで野良仕事をしてきた者には、土ができていく過程がよく分かります。

岩ばかりの山にしがみつくように植物が生え、その植物の葉っぱが落ち、枯れ枝が落ちる。それを虫やいろいろな生き物が食べて、死んでいく、また食べて死ぬ。すると、少しずつ少しずつ土ができてくる。それがたまったところに大雨が降ると川に流され、大雪のあとの雪解けでまた流されて、だんだん下流へ下流へと移動して行きます。

それがいつしか平らなところへ流れ着き、徐々に堆積していったのが関東平野などの平野部です。こうなると、掘っても掘っても土ですから、それが当たり前のようになってしまいますが、僕らは八ヶ岳で土のないところにツルハシで穴を掘ることから始めました。別のところから土を持ってきてそこに木を植え、そしてまた同じようにして植えるということをくり返し、約三〇年の間に一万本以上の木を植えてきたでしょうか。

植え始めて四～五年たつと、だんだん土ができてきました。一番上が去年落ちた葉っぱ、下が一昨年、その下が一昨々年（さきおととし）というふうに重なってくると、下のほうが土っぽくなってきます。いわゆる腐葉土（ふようど）。ある日、そこを掘ったらミミズが出てきました。

あれには感動しました。一緒に作業をしていた長男も感激しきりで、思わず一緒に踊り出してしまったくらいです。長男は土いじりが大好きで、学校もその方面に進み、いまはテレビの園芸番組にも出るようになっていますが、その根っこにはあのときの感動が大きく関わっているように思えてなりません。

ミミズは土の中の有機物を餌にしながら、土中をはいまわって土の通気をよくしたり、下のほうの土を上のほうへ運んだりして、いわば〝いい土〟をつくるシンボルマークのような存在。ですから、草や木を植え続けてきた僕らにとって、これ以上うれしいことはなかったのです。植物を支える土が、自分たちの手で一から育ってくれたのですから。

植物が育ち、花が咲き、実を結ぶようになると、虫や鳥など動物たちがやってきます。彼らの糞や死骸が地面に落ちると、それがまた土を豊かにし、植物の命を支えます。

一方、お百姓さんにとっては、お米をつくる田畑の土がいかに大事なものか、言うまでもないことでしょう。その大事な土の中に宿って〝いい仕事〟をしてくれるミミズを粗末に扱えば「バチが当たる」ということは、日本人なら誰でもうなずける話です。何代もさかのぼれば、日本人のほとんどがお百姓さんでしたから、DNAの中にそういう気持ちが組み込まれているのかもしれませんね。

年長者から「バチが当たる」と言われれば、日本人は「あ、そうなのだ」と襟を正し、シャンとする。だからこそ、日本には世界に類を見ない、里山というパーフェクトなシステムができ上がったのだ、と僕は思うのです。

ナベヅル・マナヅル

五月から六月にかけて、僕は日本の上空を飛行機で飛ぶのが大好きです。例えば、仕事で東京から富山まで行くなんていう話があれば、仕事の内容などそっちのけで、「行く、行く」と即答してしまいます。

この時期、飛行機で日本列島を見下ろすと、日本中が水浸しの状態になっています。つまり、田んぼに水を入れて田植えをしたばかりか、これから田植えに入ろうという状況で、まさに大湿地帯。五、六月の日本は、人間のつくった大湿地帯の様相を呈しているのです。

かつての水田には、刈り取り後も常に水が張ってありました。水の中にはドジョウもフナも、カエルもメダカもタニシも元気に命をつないでいました。田んぼは、まさに生き物たちのゆりかごだったのです。

そんな状態を、鳥たちが空から見たらどうでしょう。大陸から渡ってきた冬鳥たちにとっては越冬地、夏鳥には繁殖地、旅鳥にとっては渡りの中継地としても、田んぼは利用されてきました。コウノトリが四季を通じて暮らしていたころには、一年間の豊かな食生活を保証してきたに違いありません。

ところが時代が移り、日本中の田んぼが少なくなっ

てしまったいま、当然、田んぼの生き物たちの姿は滅多に見られなくなってしまいました。いるのが当たり前だったメダカが、いまでは絶滅危惧種になっているくらいです。

　季節がめぐるたび、待ちかねたように飛来していた鳥たち。彼らの目に、現在の日本はどんなふうに映るのでしょう。乾燥した殺伐たる大地に見えるのではないでしょうか。特に冬の田んぼは乾田化され、水がないのですから。

　機械化が進んだ現代の農業では、稲刈りの時期になると、機械を入れるために田んぼの水を抜くようになってしまいました。確かに、そのほうが効率よく収穫できますが、問題は収穫後も水を抜いたままになっていることです。

　これでは、水中や水辺に暮らす生き物たちは生きていられません。それらの生き物を餌とし、水のある寝床を必要とするハクチョウや、マナヅルやナベヅルも渡ってくる場を失ってしまいました。

稲を刈った後にはもう一回、二〇センチか二五センチくらいの二番穂が出てきます。ガンやハクチョウはこの二番穂や落ち穂などを目当てに、冬が近づくとシベリアから何千キロも飛んできて、夜は水田や沼や湖をねぐらにしていました。

　ツルたちは、一本足で水の中に立って寝ます。基本的には家族単位で行動する彼らですが、寝るときは他の家族たちと群れになる。そして、外敵の来襲があった場合、いち早く察した者が「来たぞ！　来たぞ！」と騒ぎ出し、その波紋を感じて皆はいっせいに外敵から逃れることができる。そういう理由で、彼らの寝床には水が必要不可欠なのだと聞いたことがあります。

　かつては日本各地で冬鳥として見られたナベヅルですが、現在は鹿児島県の出水市と山口県周南（しゅうなん）市にやってくるだけとなっています。

　彼らは五月ごろ、シベリアでヒナをかえすと大急ぎで餌を食べさせ、数カ月のうちに成鳥と同じ大きさにして日本を目指します。人間の子どもなら、ようやく首がすわってきたころでしょうか。ナベヅルのヒナは一日に三センチずつぐらい大きくなるといいますから、まったく驚くべき成長スピードです。

そうして家族で日本の出水に飛来する数は、ナベヅルでなんと世界中の九〇パーセント、マナヅルでも約五〇パーセント近くにあたるのだそうです。これほど住みにくくなった日本に、生き残っているナベヅルのほとんどが集結するということは、世界の鳥環境がいかに悪化しているかの証しとも言えましょう。

もし、彼らの間に伝染病が発生したら……と思うと、ゾッとするではありませんか。

彼らが営々と繋いできた命を断ち切らないためには、早急に越冬地の分散化をはからなければなりません。

日本野鳥の会では、国や自治体、地権者や市民団体とともにナベヅル・マナヅルの分散化に取り組んでおり、ねぐら整備やデコイ（鳥の模型）の設置を行った佐賀県伊万里（いまり）市では、二〇〇五年春までにマナヅル一四羽が越冬しました。

この報告を聞いて、僕は一条の光を見たような気がしました。

早い成長のひみつ

ナベヅルのナベは鍋のこと。昔の鍋は焦げて黒かったので、黒いツルという意味です。コウノトリの仲間で、全身が黒いナベコウという名の鳥もいます。

柳生さんは、ナベヅルのヒナの成長の早さに触れていますが、それは自然界の原則です。スズメサイズの小鳥では、小指の先ほどの丸裸だったヒナの羽がそろい、親に近いサイズまで育ってから巣立つまで、わずか二週間前後。生き延びる率の少ない自然界の子育ては、短期集中と早い成長が不可欠です。だからこそ、栄養価の高い虫などが多い春夏が子育ての期間と重なるわけです。

スズメのペアがヒナに虫を運んだ回数を調べた人によると、二週間になんと四二〇〇回！　衛生管理や安全管理をしながらの一五時間労働で、三分おきに虫を捕らえては運んでいたわけです（あなたの近所でスズメが子育てをしていたら、そこには土や水や太陽に支えられて、たくさんの虫と虫を養う植物という命のつながりがあることになります）。

さて、巣立ち後、冬まで親子で過ごすツルは鳥の世界の例外と言えます。野鳥の子の多くは一週間から一カ月ほどで独立させられ、その間に餌や危険について学習しなければなりませんから。また、自然界では子だくさんが原則ですが、ツルは二個しか卵を産みません。きっと、少なく産んで大事に育てるという戦略なのでしょう。

（安西英明）

イヌワシ

二〇〇四年一月七日の昼ごろ、八ヶ岳倶楽部のテラスでビールのグラスを傾けていた僕は、相変わらずシジュウカラやコガラ、ゴジュウカラといったカラ類のチュンチュク、チュンチュクという朗らかな鳴き声に囲まれて、ゆったりとした時を過ごしていました。

ちょっとばかり気が滅入っているようなときも、カラ類の明るい鳴き声に包まれると、僕の心も何となく浮き立ってきて、楽しくなってきます。野良仕事をしているときも、彼らはずっと僕のそばにいてツッピーツッピー、ピヒーとせわしげに動いていますから、皆は僕がまるでカラ類のパートナーのように言います。し、僕自身もなくてはならない仲間のような意識を持っています。

そのカラ類が、まるでかくれんぼうでも始めたかのように、サーッといなくなりました。物陰に身をひそめて声を殺しているのです。急にひっそりとなった上空に、僕はある気配を感じました。映画だったら、ここでズンズンズンと不安をあおり立てるような音楽が鳴り響き、カメラが上空にパンして主役の登場を待ち受ける、という格好になるのでしょうか。

来るぞ、来るぞ！　僕がその気配を感じてからほんの数秒後、二メートル以上の翼を広げたイヌワシが僕の見上げる上空へ飛んできました。その両翼と尾羽には白い斑点が三つ、鮮やかに見てとれました。この三つの斑点を星になぞらえて、八ヶ岳近辺では三ツ星鷹（みつぼしだか）と呼んでいます。

威風堂々と風を切って流れるように飛ぶさまは、まさにキング・オブ・キングス。僕は感動のあまり声も出ず、しばらく呆然と眺めていましたが、そのうち「おい、お〜い」と、うめくような声を出していたようです。

「どうしたんですか」と人が出てきたころに、イヌワシはもう一度グーンと上空をひと回りして、南アルプスの北岳の方向へ飛んで行きました。その間、羽ばたき一つせず。次第に小さくなっていく姿を見送りながら、僕は体の中からわき上がってくる歓びを感じていました。その日、一月七日は僕の六七回目の誕生日だったのです。

何十回となく迎えてきた誕生日の中で、あれほど印象的な誕生日はありません。きっと、一生忘れられないでしょう。心の底から生きていてよかったと思いました。

三ツ星のあるイヌワシはまだ若鳥です。他の鳥たちと違って、ワシは成鳥になるまでに数年かかると言われています。つまり、繁殖できる年齢に達するまでは三ツ星が残り、それ以後、三ツ星は消えてしまいます。天然記念物のイヌワシに遭遇したという人の数は非常に少なく、他の鳥と見間違うことも少なくないと言いますから、若いイヌワシの証しである三ツ星がはっきり見えたことは、僕にとって幸いでした。

ちなみに、日本のイヌワシは卵を二つ産みますが、育つのはたいてい一羽です。そこには兄弟殺しのようなことが起こっているのかもしれません。もしそうだとすると、日本人の感覚では罪悪ですが、彼らはそうすることによって確実に生きながらえ、子孫を残すことに成功したのでしょう。

モンゴルのほうにいるイヌワシは、二羽とも育つと聞いたことがあります。もし、それが本当なら、たぶん餌の問題だと思います。モンゴルには二羽とも成長できるだけの餌があり、日本には一羽分しかない、ということではないかと。

ともかく、イヌワシを見たその日から約半年間、八ヶ岳では毎日のように誰かがその姿を見ることになりました。うちの若いスタッフや家族、お客様などなど。

実のところ、そのうちの何人が本物のイヌワシを見たのか定かではありませんが、郵便屋さんや宅配便の人は何度も目撃したようで、ああだった、こうだった、どっち方面から来て、どっち方面へ飛んで行ったと、そのつど僕に報告してくれたものです。イヌワシに見とれるあまり「運転が危なくて」なんて笑っていました。あのころ、僕は本当に幸せで幸せでたまりませんでした。

イヌワシの若鳥は、繁殖できるようになる前に親のなわばりから追い出されます。あのあたりでは群馬県のほうと、南アルプスのあるところに営巣していることが分かっていましたから、きっと、そのどちらかから追い出されてきた若鳥で、餌を捕るために必死だったのでしょう。

彼らの一番の好物はノウサギですが、ヘビ、ヤマドリ、キジ、シカやカモシカの子ども、それからときどき人間の赤ちゃん。「人間の赤ちゃんなんて冗談でしょう」って言われますが、僕はそれもあり得ると思っています。

昔は田んぼの畦道の木陰になっているような場所に、直径一メートルに満たないようなカゴが置いてありました。お母さんはそこに赤ちゃんを寝かせ、ときどきおっぱいをあげたり、子守りをしながら野良仕事に励んだものです。昔話などにもよく出てくる風景ですよね。そして、子どもが天狗にさらわれたという話もよく耳にしました。

イヌワシのイヌとは、天狗の「狗」という字を書きますから、そういう話をつなぎ合わせると非常に分かりやすい。つまり、子どもがイヌワシにさらわれたという話があっても、決しておかしくないことだと思うのです。

イヌワシはあまりにも体が大きくて、木の生い茂る森の中ではハンティングができません。そこで彼らは、つがいの一羽が森の上を脅しをかけながらグワーッと飛び、その影や気配に驚いた動物たちを、雪崩（なだれ）の跡や牧場など、少し開けた場所に誘い出します。そこへすかさずもう一羽が突っ込んで行って捕まえるという、見事な連携プレーを行います。

翼を縮めて狭いところをピューンと飛んで行くオオタカやクマタカとは、そのへんが違うところでしょう。イヌワシには、あの大きな翼をうまくコントロールするだけの筋力が欠けているのかもしれません。

いま、八ヶ岳山麓は、かつてのように種々雑多な樹木が生い茂る健康的な森に変わりつつあり、そこに生息する動物たちも確実に増えています。ノウサギもヤマドリも、キジもヘビも。イヌワシが半年近く狩りをできるだけの生き物はそろっています。また、断崖絶壁のちょっとオーバーハングしたような岩棚。昔から天狗岩とか天狗岳、天狗山と呼ばれてきた場所が、八ヶ岳にはたくさんあります。

くどいようですが、天狗の狗はイヌワシのイヌ。まさにイヌワシの営巣地にふさわしい場所が八ヶ岳にはあり、餌も増えているとなれば、彼らがここに定住する日も近い！ もし、ここで彼らがつがいになってくれたら、何てステキなことでしょう。そう考えると、僕はもう仲人になってイヌワシをお見合いさせたい気分になり、興奮して眠れなくなってしまいます。

もし、つがいになってくれたら、彼らはここで何十年も生きることになるかもしれません。人間が野生の世界で生きるとしたら四〇〜四五、六年の寿命だろうと考えられていますが、イヌワシもそのくらいは生きるものがいるだろうと言われていますから。

言うなれば、王者のイヌワシと同じ地域に住み、日常的にその姿を目の当たりにすることも可能なわけで、それは鳥肌が立つくらいうれしいことです。

イヌワシは現在、全国に五〇〇羽程度いて、つがいの数は二〇〇に満たないでしょう。イヌワシが八ヶ岳の条件の良さに早く気づいて、ここにマイホームを持とうと決断してくれる日を願うばかりです。一つがいが生息するためには一〇〇平方キロメートル近い空間が必要だと言われますが、その条件も八ヶ岳ならクリアできるのですから。

僕が八ヶ岳へ来てほぼ三〇年になりますが、三〇年前は荒れ果てた人工林でした。よどんだようなカラマツ林があるばかりで、木のてっぺんのほうには鳥もいましたが、林の中には鳥も虫も、他の植物も生息していませんでした。

僕はそれを何とか昔ながらの雑木林に戻したいと思い、たくさんの人たちの協力を得てせっせと広葉樹を植え、そして切るということをくり返しながら、もう何本植えてきたでしょうか。同じような志の仲間も増えてきました。

そして、ようやく想像していたとおりの森の姿に近づき、イヌワシが餌を捕って何カ月も住めるだけのフィールドになったのです。この雑木林を健康的に維持していくために、まだまだしなければならない仕事はたくさんありますが、ひとまず基礎はできたと思います。

初めて土中のミミズを見つけて狂喜した日から、毎年続けてきた作業の結果が、たくさんの花であり、虫であり、動物たちだったのです。それだけでも僕にとっては大変なご褒美に違いありませんが、イヌワシを見た日は格別でした。

生態系の頂点に立つイヌワシがやってきたのですから。僕は至福の中で、ああ、とうとう来てくれた、やっと来てくれた。最大のご褒美が、僕の誕生日に飛んできてくれたのだと思いました。

しかも、その年の四月には、日本野鳥の会の会長にも就任したわけですから、僕にとってはとてもシンボリックな出来事だったように思います。

イヌワシという鳥は、それほど他の鳥たちとは違う特別な存在なのです。その重量感、威厳、神々しさ。八ヶ岳倶楽部の女性スタッフは「ステルス戦闘機みたいですね」と表現しましたが、言い得て妙です。テレビでしか見たことがありませんが、三角の翼を持つあの黒い戦闘機には、なるほどイヌワシのような存在感があります。

イヌワシによく見間違えられるトビは翼長が一六〇センチぐらいあり、イヌワシのオスの小型のものより一〇センチほど小さいだけですが、トビには重量感や神々しさを感じません。小鳥たちはトビが来ても騒ぎませんし、動物たちも同様でしょう。

一番大きな違いは、イヌワシがピシッとして翼を動かさないまま、流れるように飛ぶのに対し、トビの動きは尻尾も含めてヒラヒラしていること。言うなれば〝軽い〟感じなのです。

しかし、ひとたびイヌワシが来ると小鳥たちはシーンと息を殺し、小動物たちはその影におびえ、人間の僕は驚きと感動のあまり硬直してしまう、といった具合。葵のご紋を手に「静まれ！」と言われたような感じで、つい「へへーっ」とひれ伏してしまいそうなほど、圧倒的なすごさがあります。

また、同じ仲間のオオワシとかオジロワシとも存在感が異なります。彼らにはイヌワシのような孤高の感じがありません。なぜか。僕は食べるものが違うからではないかと考えています。オオワシやオジロワシは魚や動物の死骸を食べます。魚がたくさんいると、彼らは群れることがある。しかし、イヌワシは陸上の生きた動物を食べます。つまり、死肉は食べないというふうに聞いていたので、僕はすごい選択だな、何て素晴らしいんだ、と思っていました。

最近の研究では、死肉を食べている例もあると聞いて、おい、おい、僕の夢を壊すなよ、なんて思いましたが、基本的にはやはり生きた動物をハンティングしていると言っていいのではないでしょうか。そうだとすると、もっといろいろ食べろよ、何でも食べて命をつないでくれよ、という祈りのような気持ちを持つ反面、「施しはうけない」とでもいうような孤高の感じに強く共鳴し、あがめてしまうのです。

イヌワシと出合った数日後、僕は『踊る！　さんま御殿!!』というテレビ番組に出演しました。まだ興奮さめやらない状態で「いやあ、イヌワシが飛んだんだよ～」と話したら、それがどうしたの？　みたいな感じで全員シラケムード。当然ですよね、皆さん、イヌワシを見たことがないのですから。

それで、僕は司会のさんまさんと肩を組み、「こんなにデカイんだよ〜」と、二人で手を広げてイヌワシ踊りをしたものです。その後に出演したときも、さんまさんは〝しょうがないなあ、この人が来ると〟っていう感じで、「また、やりまっか」と何度も二人でイヌワシ踊りをやったものです。

僕にとって、いえ、僕だけではありません。八ヶ岳倶楽部のスタッフや近所の仲間たちにとっても、それくらいうれしいご褒美だったのです。今後あのとき以上の感動があるとしたら、それは八ヶ岳でイヌワシのオスとメスが出合い、ここでともに暮らそうと決めて巣づくりを始めたときに違いありません。

イヌワシの重量感

イヌワシをひと目見たくて探し求めていた私の知人、上空を横切った黒い影に「ついに見つけた！」と思い、山道を追いかけて行ったらそれは黒いチョウだったそうです。見たい、見たいと思っていると、何でもそう見えてしまうのかもしれません。人間の感覚が実にいい加減なものだという証拠でもありましょう。

イヌワシは翼を広げると一七〇～二〇〇センチ以上もあります（猛禽類はオスよりメスのほうが大きい）が、遠くを飛んでいることが多いので、普通は点にしか見えません。双眼鏡を使っても、警戒心の強いワシやタカの仲間を見分けるのは難しいものです。柳生さんが気配やイヌワシの重量感まで感じられたのは、自然との深い付き合いを長く続けてこられたゆえではないでしょうか。

トビもタカの仲間ですが、生きた獲物を襲うことが少ないので、カモたちはトビが上空に来ても平気な顔をしています。しかし、トビ以外のタカが来るとサッと逃げるのが常。このように、タカの接近を感じて逃げおおせたものが生き残るはずですから、本能的に何かを感じる力が鋭いのでしょう（それは私たち人間が失いかけているものかもしれません）。ちなみに、ワシやタカの仲間を見分けるには、まずカラスやトビを見分けられるようになること。身近な鳥が分かるようになれば、珍しい鳥にも気づくようになります。

（安西英明）

ピヨピヨじいじ

春、凍っていた八ヶ岳の地面が溶けて、カタクリやフクジュソウの花が咲き出すと、僕の野良仕事はがぜん忙しくなります。土を掘ったり、木を植えたり、とにかくたくさんの仕事があって、ときには夜中まで林の中でゴソゴソやっています。

朝も起き抜けに長靴をはいて手袋をはめ、左側にノコギリ、右側に剪定(せんてい)バサミの納まったベルトをしめると、スコップを持ってまず林の中へ。そのとたん、鳥たちがワーッと僕の頭上に集まってきます。ピヨピヨ、ピヨピヨと、それはもううるさいくらい。

「柳生さん、カッコイイよねえ」。

「何で？」。

「柳生さんの歩くところ、鳥がいっぱいいるんだもの」。

皆、不思議がります。孫やスタッフの子どもたちにしても、

「じいじが行くと、またピヨピヨが出てくるよ」。

「ほ〜ら、出てきた！」と言ってはしゃぎます。これ、本当の話。僕自身、いつも鳥に見られているという意識があります。バードウオッチングの逆ですね。僕が鳥を見るのではなく、鳥が僕を見ているのです。

孫から見ると、じいじとピヨピヨはいつも一緒。だから〝ピヨピヨじいじ〟というわけで、いつの間にか僕はこの名前で呼ばれるようになっていました。

八ヶ岳倶楽部で恋をして結婚したカップルも、ゴールデンウイークやお盆などの連休には子どもを連れてやってきますから、僕が林を歩くと七〜八人の子どもたちがゾロゾロとくっついてきて、カルガモ親子の行進みたいなことになります。

そんなときも、鳥はいつも僕の身近にいます。シジュ

ウカラ科のシジュウカラ、コガラ、ヒガラ、ヤマガラや、ゴジュウカラ。アトリ科のアトリ、ウソ、イカル、シメ……。僕の周りになぜ鳥たちが集うのか、種明かしをしましょうか。言ってしまえば、な〜んだ、そういうことだったのか、というくらい単純なことなのですけどね。

特に、僕の野良仕事が忙しくなる五〜六月は、鳥たちの子育てシーズンとちょうど重なります。ご存じのように、鳥の親は子どもたちのために日に何百回となく虫を与えます。

その餌として大事な虫が、僕が林の中を歩くだけで飛び出してくる。まして、スコップで地面を掘ればもっとたくさん出てくる。鳥たちはその光景を空の上から文字どおり鳥瞰しながら、ちゃんと学習しているわけです。

まず、柳生が歩けば虫が出てくることを学習し、柳生が穴を掘ればもっとたくさんの虫が出てくることを学び、さらに、柳生の野良仕事スタイルを見ただけで、自分たちの餌と結びつけて考えられるようになる。だからこそ、僕が林を歩き出しただけでワーッと集まってくるのではないでしょうか。

昔の里山で畑仕事や山仕事をして生きていた人たちの周りにも、きっと鳥たちがいっぱいいたと思います。そのときも鳥が人間の作業を利用して餌にありつき、人間は鳥が来ることで農耕の季節が来たことを学んでいたのかもしれませんね。

そんな理屈は子どもたちには分かりませんから、「じいじといるとピヨピヨが来る」と素直に喜んでくれるわけです。孫たちには「じいじ、カサコソしよう」と、よく林に誘われます。林を歩くときの〝カサコソ〟という音をそのまま遊びの名前にしてしまう感性は、子どもならではのものでしょう。

林を歩いていると鳥が寄ってくるし、虫もいるし、植物もある。子どもたちにとってはおもしろいことの連続で、本当に楽しくて仕方ないようです。虫の嫌いな孫は一人もいませんから、うちのお嫁さんたちは大変です。いやでも我慢しなければなりませんから。

孫たちと一緒にカサコソするとき、僕はいろいろなことを教えます。

「ここに何色の花が咲くか、知っている？」。

「黄色」。

「その花の名前は？」。

「う～ん、忘れた」。

「フクジュソウだよ」。

という具合に。

孫は「じいじといると試験みたいだね」と言いますが、何にでも興味を持つ子どもたちには、知ってもらいたいことがいっぱいあります。

「じいじ、このお花はな～に？」。

「カタクリって言うんだよ」。

「ふ～ん」。

「このお花が終わると、今度はカタクリのタネができて、そのタネをアリさんが自分の巣へ運んで行くんだ」。

「へえ～、アリさんが？」。

「そうだよ。アリさんがタネのまわりを食べて、捨てたタネから芽が出てきて、その芽が七～八年たつと一葉の葉っぱがやっと二葉になってね、また花が咲くんだよ」。

実は、カタクリのタネをアリが運ぶというのは最近分かったことなのだそうですが、息子はそれをちゃんと調べてきて、やはり子どもに教えています。僕が息子たちにやってきたのと同じことを、息子たちも自分の子どもたちにやっている。僕は僕で、息子たちに教えたことを、今度は孫たちに教えているわけです。

それも幼児語ではなく、普通の言葉で話すようにしています。例えば、スマトラトラは絶滅危惧種だということも孫が三歳のころに教えましたが、小学校二年生になったいまでもこう言います。

「じいじ、スマトラトラは絶滅危惧種だよね」。

つまり、このレベルまで教えても、子どもはちゃんと覚えているのです。大人は「子どもには分からないだろう」「子どもには難しすぎるだろう」なんて思わないでいいのではないでしょうか。

ヒシクイ

子どものころ、一年中身近に感じていた鳥は、何と言ってもスズメですね。僕らはトリモチで捕って食べたこともあります。

モチノキの皮をはいでトリモチをつくり、それを竿の先につけたら、軒下にあるスズメの巣の下でじっと機会をうかがいます。卵が孵化(ふか)してヒナになると、親が虫を運んできて巣の中のヒナに食べさせ、また巣から出てくる。その出てきたところを狙って、鳥もちをエイッと近づけるのです。

相手もすばしっこいですからね。まあ、運がよければの話で、一カ月に一回捕れたかどうか。子どもが鳥を捕るなんて、なかなかできることではありません。それだけに、捕れたときは感動ものでした。

皆で火を燃やし、蒸し焼きにして食べましたが、一人分が一センチもないくらいですから、とても味わうところまではいきませんでしたけど。年配の男性なら、同じ経験をしたことがあるのでは？　かつての子どもたちは、鳥と遊ぶことイコール、捕って食べることだったのですから。

鳥に限らず、子どものころはカエルやヘビも捕って食べたものです。

マムシ酒の元となるマムシは超貴重品ですから、僕も八ヶ岳でのマムシ捕りに加わったことがあります。

Y字型の枝を持って沢に入り、見つけたら枝を逆さにしてそーっと押さえる。で、かま首のところを持ってビンの中に入れ、傷をつけないようにして水を少し入れます。そして、何日かそのままにしておいて老廃物を全部出させ、水で洗ってから焼酎に漬けるとマムシ酒のでき上がりです。

このマムシ酒が虫刺されの特効薬。八ヶ岳倶楽部には大勢の人が来ますから、中にはハチに刺される人もいます。そういうときは、脱脂綿に浸したマムシ酒の出番です。もちろん、効き目は抜群。かつて八ヶ岳など、都市部から遠い場所に暮らしていた人たちは、植物、昆虫、ヘビなどの生き物を民間薬に利用していましたから、そういう知識に関しては実に豊富なのです。

話が鳥からそれてしまいました。小さいころ、子ども心にいつもすごいなあと思っていたのは、ガンの仲間のヒシクイです。空から舞い降りるガンを指す「落雁（らくがん）」という言葉がありますが、まさにそのとおりの光景がいまも僕の目に焼きついています。

夕方、ヒシクイは田んぼに戻ってきて、そこで夜を過ごします。たいていの鳥は、飛行機が滑走路に降りるように滑らかに下りていくものですが、鉤形（かぎがた）の編隊を組んで飛んできたヒシクイは、目指す田んぼが近づくと急降下するのです。

僕はその瞬間を何度も目撃し、そのたびに「ああ」

と感嘆の声をもらしたものです。真っ赤な夕陽が筑波山の向こうへ落ちるとき、その夕陽の中をヒシクイの群れが黒いシルエットとなって、ウワーッとまっ逆さまに落ちていく。落ちるという形容が、あれほどピッタリする瞬間はありませんでした。

ハクチョウに近いサイズの大きな鳥ですから、それは見事なものです。かつては全国で見られた光景ですが、ヒシクイたちはどんどんいなくなり、いまは宮城県、石川県、茨城県などのごく限られたところで見られるだけとなっています。

秋になると、彼らはロシアから中国、朝鮮半島や北海道を通り、渡ってきます。なぜ、そんなにがんばって日本まで来るのかというと、日本には田んぼという名の湿地があったからです。田んぼで餌を捕り、田んぼの水をねぐらとするためにやってきたのです。

何度も言うように、昔は日本中の田んぼに、稲刈り後も水が張ってありました。ヒシクイたちガンの仲間やツル、ハクチョウ、コウノトリのような大型の鳥たちは、そういう日本をいわば「遺伝子レベル」で信頼し、渡ってきていたのだと思います。

ですから、あるとき日本の上空から「あらっ、水がない！」という状況を俯瞰して、一番ショックを受けたのは彼らだったのではないでしょうか。農薬汚染も深刻な問題ではありますが、鳥たちにとって一番のダメージは水がない、湿地がなくなったことだと僕は思うのです。

ドジョウもメダカも、ザリガニもタイコウチもいなくなってしまった乾田では餌もなく、ねぐらにもなりません。子どものころ、鮮やかな夕陽を背景にして美しい急降下を見せていたヒシクイたちも、そのステージの多くを失ってしまいました。

数少ない日本の越冬地の一つ、宮城県の蕪栗沼(かぶくりぬま)では、周辺の農家・住民が町とともに稲刈り後も田んぼに水を張り、休耕田に水を入れておくという作業に取り組んできました。そうして「冬水田んぼ」を増やすなどの努力を続けており、ヒシクイなどガンの仲間が今も渡ってくるのです。

このようなやさしさの輪が山を越え、県境を越えてどんどん広がっていったら、どんなにいいでしょう。蕪栗沼に集まりすぎて窮屈な思いをしているヒシクイたちも、もっとゆったり暮らせる場所に飛んで行きたいと思っているのではないでしょうか。

鳥は気に入った場所があればどこへでも飛んで行けるわけですから、人間がちょっとその気になりさえすれば、例えば「素晴らしいという落雁をこっちでも見せてよ」とか「うちの町にもコウノトリに来てもらいたいわ」と思えば、それほど難しいことではないと思うのです。

実際、兵庫県の豊岡市で成功したコウノトリの人工繁殖についても、その隣町だけでなく、山を越えた京都や鳥取の人たちも、コウノトリに来てもらいたいと、いろいろな取り組みに興味を示してくれています。

ゴルフ場ができるとか、スキー場で町おこしをしようなどという話と違い、幸福を運ぶコウノトリがいつも見られて、それが町の活性化につながるなんてワクワクするじゃないですか。頬を紅潮させながらその情景を話す皆の様子を見ていると、もっともっとその思いが広がってくれればいい、きっと広がっていくに違いないと思えるのです。

ヒシクイたちも、もっといろいろな地域から「おいで、おいで」をしてもらえるように、僕は「すごいよ、美しいよ、落雁は」と、言い続けていこうと思っています。

ヒシクイよりスズメを見分けたい

ヒシクイというガンの一種を、さらにヒシクイとオオヒシクイに分ける人もいますが、どちらもガンの仲間としておおざっぱに把握しておけば十分。きちんと種まで見分けてほしいのは、サバイバルに役立つスズメです。スズメほどの大きさで茶色っぽい鳥はたくさんいますが、スズメの特徴は頬にある黒い斑点。あなたがもし山や森で道に迷っても、スズメがいたら諦めてはいけません。スズメは人家周辺にしかいませんから、必ず近くに人が暮らしているはずです。

世界的に多いイエスズメはオスののどに黒い斑があり、その黒斑が大きいオスほどもてるという研究がイギリスでありました。日本に多くいるスズメは、どんなオスがもてるのでしょう。知りたいところですが、調べた人はまだいません。また、カラスも見分けられる人は少なく、科学的なデータもあまり多くありません。よく見られるのは澄んだ声のハシブトガラスと、濁った声のハシボソガラスの二種。他にも、冬鳥のミヤマガラスやワタリガラスなど、黒くて姿のよく似た種がいます。ともあれ、細かいことは知らなくても、オスかメスか、親か子か、何をしているのかなど、スズメやカラスでも十分にバードウオッチングを楽しむことができます。パソコンを使える方は、日本野鳥の会のホームページ（http://www.wbsj.org）にアクセスしてみてください。

（安西英明）

オオタカ

イヌワシ、クマタカ、オオタカ――。

これらのどれか一種でも繁殖しているところはもう開発できませんよ、という非常にシンボリックな鳥たちです。と言うのも、彼ら生態系の頂点に立つ生き物が激減してきたのは、人間の大がかりな開発が一番の原因だったからです。

大きなダム建設やリゾート開発など、人間の都合だけで自然環境が壊されてきたことですみかと餌を失い、いま細々と命をつないでいる彼らから、これ以上、生息地を奪うようなことがあれば、彼らはたちまち絶滅の危機に陥ってしまいます。

二〇〇五年開催の愛知万博も最初は大がかりな開発が計画されましたが、会場の一部となるはずだった海上の森にはオオタカが繁殖し、リス科の哺乳類であるムササビや、モクレン科の落葉樹シデコブシなど、希少な動植物が多く生息していました。その森を壊してパビリオンを造ってしまったら、人類にとって大変な損失です。

　さっそく自然保護を訴える人々の声が上がりました。あそこにはオオタカがいるのだ、と。オオタカがいるということは、そこに完成された生態系があり、たくさんの生き物たちの命で満ちあふれているのだということを、人々は根気よく訴え続けました。

　オオタカ以外の貴重な生き物たちも一つ一つ提示し、森の中でいかに理想的な命の循環がくり返されているか、また、その循環を断ち切ることの悲惨さを、皆が必死になって話し続けた結果、開催の担い手側の方も、次第に「そうだよなあ」と理解を示すようになっていったそうです。

　そして一九九九年八月三一日、日本野鳥の会も含む各自然保護団体の連名で、愛知県知事に対して「愛知県瀬戸市海上の森保全に関する要望書」を提出。七カ月後には万博会場計画は市民によって見直されることになりました。そして私たちも参加して、海上の森の利用は縮小し、五三〇ヘクタールはほとんどそのまま保全されることに変更したのです。

　オオタカを守り、自然を守るためにがんばった人たちは、当たり前のことはいえ偉かった。同時に、大変な勇気をもって開発の中止を決めた行政、業者、学者などの関係者たちはもっと偉いと僕は思うんです。何年も前から決まっていた計画を見直し、海上の森という山をそのまま残すことは、決して簡単な決断ではなかったはず。彼らには本当に頭が下がります。

　人間同士、結局は話し合えば分かることなのです。そのときに損得で語るのではなく、生き物、命というものを真ん中に置いて話すことが大事です。

　人間の営みによって生き物たちがこの世から姿を消

すことは、人間の犯した罪の中でも、僕は戦争よりもはるかに重いものだと思っています。人間の手によって、すでに絶滅してしまった生き物はたくさんいますが、長い間、残念ながら人間はそういうことにあまり痛みを感じないで生きてきました。

痛みを感じないまま、生き物に負荷をかけるような生活を続けた末、地球温暖化や、希少動植物の絶滅など、いまやその代償が何であったかを十分に学んだわけですから、滅びようとしている生き物は全力で守る、という姿勢が今後は何よりも大切なのではないでしょうか。

愛知県では以前も、一九九三年から一九九八年に名古屋港にある藤前干潟（ふじまえひがた）の埋め立てについて、名古屋市に見直しの検討をお願いしたことがありました。埋め立てることはもう何十年も前から決まっていたことで、それをくつがえすことはなかなか難しい。しかし、そのときも関係者たちの勇気というか度胸で、生き物たちの命が守られることになったのです。

干潟は魚をはじめとする海の生き物のゆりかごであり、湾内の水質を浄化してくれる大切な場所です。また同時に、鳥たちの餌の宝庫であり、繁殖地であり、渡りをするシギたちにとっては骨休めの中継点ともなります。

タンチョウのところでお話しした、トウネンのようなシギの仲間には、春に北上して北極で子育てし、秋に南下して南半球で冬を越すものが多く、その長い旅は干潟を経由してくり返されているのです。

日本中の干潟が少なくなっている中、いま残っている干潟は鳥たちにとって貴重すぎるくらい貴重なもので、これ以上少なくなってしまったら、渡りにも支障をきたすことになるでしょう。鳥の半数以上は渡りをします。特に、干潟を経由して一万キロ以上もの渡りをするシギたちにとっては、本当に死活問題なのです。

それに、鳥たちが渡ってこなくなってしまったら、われわれ人間の生活自体、いかに潤いのないものになってしまうことか。ツバメが来て、ああ、春だなあと感じたり、タゲリを見て、もう秋なのか、と風情を感じる心さえ失ってしまうかもしれないのですから。

　日本と日本人は、そうなってはいけませんよね。僕は信じています。春になれば夏鳥が、秋になれば冬鳥が機嫌よく渡って来て、また季節が来ればそれぞれの国へ気持ちよく帰って行けるような、そういうステキな日本になることを。

ワシとタカの区別はいい加減？

オオタカは全長五〇〜五七センチ、大きなメスでハシブトガラスくらいの大きさです。背面の青灰色から「アオタカ」と呼ばれ、それが「オオタカ」になったと言われています。が、カラスより小さなタカも多いので、「大きなタカ」と思われても仕方ありませんね。実は、タカとワシには厳密な区別がないのです。比較的大きくてずんぐりしているものがワシと呼ばれ、カラス大以下でスマートなものをタカと呼ぶことが多いようです。といっても、カンムリワシは全長が五五センチ、クマタカは八〇センチですから、名前のつけ方はやはりアバウト。

同じように、フクロウとミミズクの区別もあいまいです。耳のように見える羽のあるものを「〜ズク」と呼ぶ原則こそありますが、シマフクロウにはそれがあり、アオバズクにはありません。鳥や自然に興味を持つと、探求肌の人は細かいところまで気にしますが、実際には分からないことだらけですし、分かっているようなことでも間違いや異論がたくさんあります。例えば、スズメ。スズメの平均寿命については一年三カ月というデータもありますが、これはひと冬を越して親鳥になれるものが少ないためでしょう。学習と経験を積んで一〇年以上生きるものも中にはいるかもしれません。いずれにせよ、身近な鳥でもよく調べられていないのが実情なのです。

（安西英明）

屋上に里山を

人間を含む生き物たちにとって、里山がいかに豊かな場所であったかを思い知らされたいま、以前の里山に戻そうとする試みが全国的に広がってきています。

稲刈り後の田んぼに水を張る、農薬を減らす、針葉樹だけを植えた森を雑木林にする、河川の護岸を考え直すなど、地域の人たちが一丸となって努力する様子が見られるのは、実にうれしいものです。

人間が考えてちゃんと手をかければ、その結果は必ず表れます。一番分かりやすいのは、いままで姿を消していた鳥たちの飛来でしょう。野良仕事をしているときの頭上を、見たこともないような美しい鳥たちが舞ってくれたら、ワクワクするような気分になることうけあいです。

小鳥たちの明るいさえずりにも心なごみますが、僕はやはり大型の鳥が優雅に舞う姿を見てみたい。コウノトリ、トキ、タンチョウ、ガンなどが大きな翼を広げて頭の上を飛んでくれたら、僕はもう些細(ささい)なことなんかどうでもよくなってしまいます。

人間が大型の野生動物に合う機会は滅多にありません。野生の大型哺乳類に至っては合うこと自体が難しいし、合えば怖くて近づくことさえできないでしょう。関東の河川に現われたアザラシの〝タマちゃん〟や東京湾に迷い込んだクジラをテレビで見ただけでも感動するわけですから、海でクジラやイルカの群れに合ったり、スキューバダイビング中にマンタに遭遇したら……いったいどんな気持ちがするのでしょうか。

とにかく「大きい」というだけでかなわないなあ、すごいなあ、と僕は素直に降参してしまいます。

同じ大型でも、飛んでいる鳥には、恐怖心よりも畏敬の念と心の底から湧き上がるような歓びを覚えます。鳥は大型になればなるほど環境に敏感ですから、彼らが飛行する姿を見せてくれるということは、そこに住んでいる人間に対して「いい生き方をしているねえ」とほめてくれているのと同じことなのです。

　彼らの姿が人口密度の低い地域だけではなく、都会でも日常的に見られるようになったらどんなにステキでしょう。と言っても、いまの都会にそれだけの敷地を確保するのはしょせん無理な話。土地があったとしても、そこに不自然なビル風が吹き、日当たりが悪ければ健全な森には育ちません。

　ならば、林立するビルの屋上に雑木を植え、そこに里山を造ってしまうのはどうでしょう。あるいは、屋上を田んぼにしてしまうことは？　ビルの屋上には気持ち良い風が吹いていて、日当たりも申し分ありません。

　そう、屋上里山構想です。あちこちのビルの屋上が軒並み田んぼだったとしたら、鳥たちの目には棚田のように映るのではないでしょうか。もちろん、稲刈りがすんでも水を落とさない、二番穂の出る昔ながらの田んぼです。

　決して荒唐無稽な話ではありません。屋上を田んぼ化、雑木林化しても大丈夫なだけの強度と防水加工技術を持った企業が、すでに日本にはいくつかあるのですから。

　もう十数年前になりますが、僕は横浜の開洋亭（＊）というホテルの屋上に、八ヶ岳のような雑木林を再現させたことがあります。それから数年後、気がつくと屋上雑木林には植えた覚えのない草や木が増えていました。どうやら、鳥たちが近くの森や公園から運んできたタネが芽を出したもののようです。

　土の中にはミミズがいて、たくさんの虫たちもいました。つまり、鳥たちが徐々に植生を変え、雑木林を理想的な姿に変えてきたわけですね。文字どおり、鳥が造った園ということで、僕はそこを〝鳥造園〟と名づけました。

【＊編集者注】「ホテル横浜開洋亭」は2006年に閉鎖された

僕の屋上里山構想はこの経験をもとに、さらに広範囲に広げようというものです。東京湾上を飛んで浜離宮で羽を休めた鳥たちが、皇居のほうへ飛んで行く間のビルに、あるいは新宿御苑、明治神宮といった緑地を繋ぐビル群の屋上に里山の景色が再現されていったら、鳥たちのネットワークが広がり、想像するだけでワクワクドキドキします。

かつて、里山の人間を信じきって生きていた鳥たちが、都会の里山に戻ってくる日を夢見て、僕はこの構想に興味を示してくださるたくさんの人たちとの話し合いを、目下真剣に進めているところです。

オオハシ

まったく生き物っぽくないのです、オオハシという鳥は。アルゼンチンの森の中で突然目の前に現われたオオハシを初めて見たとき、正直言ってぎょっとしました。

くちばしだけがバカデカイ！　まるで、くちばしに羽がついているという感じで、くちばしが飛んでいる、くちばしが動いているというふうにしか見えません。動き方、飛び方はぎこちなく、バサッ、バサッと、いかにも無粋な音を立てます。

カツオ節を二つ山型に重ね、うちの孫が黄色と赤の絵の具を塗りたくったようなくちばしも、いかにも作り物っぽいのです。他の鳥は羽毛が美しかったり、動きがしなやかで優雅だったりするものですが、優雅さ、奥ゆかしさなどは皆無。

バリバリッ！　大きな木の実をかみ砕く音にはさらに驚かされました。誰かがふざけて作った電動の鳥ロボットで、ときどき木の実をかじる仕掛けになっているのだろうと、思わず電気のスイッチを目で探してしまうほどです。くちばしに力のすべてが集約されてい

るのか、硬い木の実でも簡単にバリバリッとかみ砕いてしまいます。

鳥はくちばしの形を見れば何を食べているか分かると言いますが、オオハシに至ってはその形といい大きさといい、あまりにも飛び抜けているため、何を食べているのだろうと考える前に、もう笑ってしまいます。

きっと、どんな鳥も食べられないような、樹上の硬くて大きい果実を主食にすることで、あのようなくちばしに進化し、生き残ってきたのでしょう。

彼らの住む南米には、一年中大きな実のなる樹木が豊富にありますから、餌を求めて遠くへ飛んで行く必要もないんですね。枝から枝へバサッ、バサッと移動するだけでいい。天敵も少ないような気がします。食べてもまずいと思いますから。

オオハシはキツツキ目オオハシ科の鳥の総称で、三〇種類以上いるそうです。全長は三〇~六〇センチと言われていますが、その半分以上はくちばしではないでしょうか。少なくとも、見た目にはそう思えます。

餌が豊富で天敵が少なく、体も大きいとなると、やはり動作も緩慢になるようです。近くで「おい、オオハシくん!」と呼びかけても、くちばしより小さい頭をちょっと動かして、こちらをギョロッと見るだけ。体は動かしません。

それが、おっとりとして大人の風格があるという感じではなく、ほとんど何の神経も使わないで生きている気楽なやつ、という印象なのです。大きいことはいいことだと言ってもほどがあるだろう、と突っ込みを入れたくなるようなオオハシくんのくちばしには、ずいぶん笑わせてもらいました。

コアジサシ

横浜市の行っていた埠頭工事現場で、コアジサシの集団繁殖が日本野鳥の会の会員によって確認されました。成鳥約一〇〇〇羽、ヒナ四八三羽、巣の数四九〇個。県下最大の営巣地です。

そのまま工事が進めば、絶滅の恐れもあるコアジサシの子育ては不成功に終わるでしょう。そこで二〇〇四年六月、野鳥の会は、コアジサシの子育てが無事にすんで飛び立つまで工事を中断していただけないだろうか、と市にお願いしました。

市長にとっては突然、無理難題を押しつけられたような気分ではなかったでしょうか。「たかが野鳥の会の会長」が、「たかがコアジサシごとき」の子育てに口を挟み、大きな工事を中断してくれないかと言ってきたのですから。中断すれば、何千万円という損害も考えられます。

しかし、僕の息子みたいに若い中田宏(なかたひろし)横浜市長からは、快い承諾の返事をいただくことができました。そのときのことを思い出すと、僕はいまでも泣けてきます。きっと、大変な思いで決断され、工事に関係するさまざまな部署の人たちを、一生懸命に説得してくれたのだと思います。

カモメ科のコアジサシは、草も生えないようなワイルドな水辺(河川、湖沼、海)に巣をつくる鳥です。ちょうど工事中で、埋め立て後の埠頭には砂利が敷きつめられ、舗装するばかりの状態になっていて、草も生えていません。営巣地としては絶好の場所だったのでしょう。

普通なら、ヒナを隠す草陰があったほうがいいように思いますが、彼らは草によって見通しがきかなくなることを何よりも恐れるという進化を遂げてきたようです。そしてネコ、イヌ、カラスなどが巣に接近すると、小さな体で果敢に飛びかかっていくのです。

すぐそばには海がありますから、親鳥たちは砂利の上でジッと待つヒナたちに小さな魚を存分に与えることもできます。しかし、このように見通しのきく水辺が少なくなっている現在、コアジサシの数も減少しつつあります。

そんな中での繁殖地の確保。何ともうれしい出来事でした。おかげでコアジサシの集団は、無事にオーストラリアへ渡って行けたことでしょう。横浜市に厚くお礼を申し上げたい。感謝状もぜひ受け取っていただきたい。

あなたは偉い！

時代の変化とともに日本の行政や企業は、環境問題についての考え方を大きく変化させていますが、少し前までは、環境問題について理解を求めると、誰もが「それは素晴らしい」「よく分かる」「それが正義だ」と言いながら、その後に必ずくる言葉がありました。

「だけど現実にはね」。

この言葉が、みなさんの「自然を大切にしたい」という意識の高まりによって、いま大きく揺らいでいます。僕はその揺らぎをもっと大きくしたいと思っています。また、ある経営者だった人物の「たかが〜ごときが」という言葉に、僕はある意味で野鳥の会会長としてのチャレンジ魂をずいぶん刺激されたものです。

特に、行政の人たちにお話をするときなど、僕はこの二つのキーワードをよく使います。「たかが役者ごときが」言うのも何ですが、「だけど現実にはね」と思っているのでしょう、と。

逆に、環境の保全に心血を注いでくれた人には、これからもどんどん感謝状を贈るつもりです。野鳥の会が感謝状を乱発するような世の中こそ、鳥にとっても人にとっても理想的な環境に他ならないと思うからです。

本来なら、野鳥の会の会長には鳥に詳しい学者が就任するほうがふさわしいのでしょう。が、僕は学者ではなく役者です。植物には少し詳しいけれど、鳥に関しては専門家でも何でもない。鳥が好きなだけです。とはいえ、僕は会長役を演じているわけではありません。会長としての本音で皆さんに接しているつもりです。

ただし、役者としての僕の顔が、野鳥の会の活動に少しでも役に立つのであれば、大いに利用していただきたい。それも僕の役割の一つだと思っていますから。

コアジサシと多様性

アジサシとは「空中から水面に飛び込んでアジを刺すように捕る」という行動に由来する名前です。春夏の水辺でハトより小さな白いツバメのような鳥がひらひらと舞っていたら、それがコアジサシ。魚影を見つけるとチャポン！と急降下するに違いありません。

彼らは草の少ない裸地に巣を作りますが、もともと生物は種ごとに餌やすみかが異なり、競合を避けることで共存しているのです。ヒバリやセキレイのように、やはり開けた環境を好む鳥も森にはすみません。スズメやツバメのように、人の生活を利用して暮らす鳥もいます。また、同じ池にカモとサギがいても、カモは水面で水草を、サギは水際で魚を食べますから争う必要がない。同じ池に何種類ものサギがいる場合は、活動場所や時間を違えて競合しないようにしています。危険や天敵に囲まれ、餌もすみかも保証のない自然界では、ムダな争いをしている暇はないとも言えます。

柳生さんの説く里山の素晴らしさも、いろいろな命のさまざまな営みという多様性ゆえと言えましょう。現在、地球上の鳥は九〇〇〇種いると言われますが、それは九〇〇〇とおりの暮らしがあるということを意味します。ちなみに生物全体では二〇〇万種近くが確認されていますが、実際は虫だけで三〇〇〇万種はいるという研究者もいます。つまり、この星には数千万とおりの生き方があるということになりますね。

（安西英明）

ニワシドリ

ほとんどの生き物がそうですが、鳥の多くはオスのほうがオシャレです。オシャレなオスがメスに対して贈り物をし、いろいろなディスプレーを披露し、きれいな声でさえずる。つまり歌を歌うなど、あらゆる手練手管(てれんてくだ)を使ってメスに気に入ってもらおうと努力します。

しかし、ニワシドリの仲間はそれだけでは足りないと思うのでしょうか、メスにアピールするための舞台まで作ってしまいます。木の枝とかそのへんに落ちているものを拾い集めて、高さ一メートルくらいの、ちゃんと屋根のある〝屋敷〟を作り、それをメスに「どう

だ、すごいだろう！」と見せびらかしながらダンスを踊り、ディスプレーをくり返します。

まるで庭師が庭を造るようだ、ということからニワシドリという名がついたようですが、庭というより豪邸というほうが当たっているかもしれません。それもメスと一緒にすむものではなく、あくまでもメスを呼び寄せるための恋の舞台なのです。

オーストラリアの熱帯雨林で僕の見たニワシドリの恋の舞台は、青の装飾が建設のポリシーになっていました。青い木の実のほか、ボールペンの青いキャップ、青いビー玉、青い洗濯バサミ……。自然界にある青色だけでは材料が足りないので、人間の近くへ行っていろいろな青色を仕入れてきたようです。

自然界に少ない青色で飾り立てれば、きっとメスも気に入ってくれるに違いないと思ったのでしょう。プラスチックの洗濯バサミがたくさんついた舞台を見ていたら、僕はおかしいのを通り越して、何だか切ない気持ちになってしまいました。


舞台ができ上がると、いよいよ〝一羽舞台〟の始まりです。あまりきれいとは言えない声で「ポー」とか何とか、「僕はここにいるよー。見て！」と知らせるように鳴くと、メスが一羽、すぐそばの木の枝にとまりました。

彼はこの一羽の観客のために、青い舞台の中を出たり入ったり、踊りながら周りを回ったり、メスを誘うようにダンス、ダンス、ダンス。ときには羽を引きずるように地面をはわせたり、尾羽だけ妙に動かしてみたり。ワルツもジルバもタンゴも、知っている限りのステップを総動員して、人間だったら汗だくになって息切れしてしまうだろうにと思うくらい、真剣にアピールを続けます。

いろんなニワシドリがいますが、見どころは何といっても、踊りの合間に羽をパーッと上げるディスプレーでしょう。普段は地味な色のオスもいますが、羽の内側や喉の下あたりが光の当たり具合で、オレンジ色や黄金色に輝いたりするのです。まさに光の魔術師。

舞台から出てきたとたんに羽を広げると、さっきとは違う色が光沢をもって鮮やかに浮かび上がるというふうに、演出にも凝った何とも華やかな舞台です。光の当たり具合や、木漏れ日の上手な利用の仕方、つまり照明の使い方も熟知しているかのようです。

その血のにじむような舞台を、僕はカメラのレンズを通してクックックと、声を殺して笑いながら見物していました。普段はひどく人を警戒するニワシドリですが、こういう場合は人がいようがいまいが関係ないのでしょう。

ひたすらメスを口説くことに邁進する健気さ、一途さは本当に立派です。しかし、人間でもそうですが、口説いている場面を端から見ると実に滑稽なもの。ですからつい笑ってしまうのですが、そのあまりの一生懸命さに頭が下がるとともに、だんだん人ごとではなくなってきて、まるでいつかの俺みたいだなあ、と身につまされてしまいます。

「見て、見て！　僕を見て！」「僕ってきれいでしょう」「すごいだろう、この家」「もっと近くへおいでよ」と全身全霊で延々と口説きに口説いても、口説き落とせる割合はかなり低いのではないでしょうか。僕の見ていた限り、何日かに一回ぐらいの感じでしたから。

メスが喜ぶ形、色、しぐさを上手に見せられるオスだけに交尾をするチャンスが与えられるわけですから、当然、上手なオスの子孫が残り、メスを誘う技術はますます進化していくのだと思います。

例えば、喉の赤がもっと鮮やかになるとか、その喉をグーッと上げたときには光の具合で紫色に見えるとか、ディスプレーもウルトラC級に進化していくのではないでしょうか。しかし、メスの心をつかみきれないオスは……。

ニワシドリのメスは、オスの求愛になかなか応えようとしません。ジーッとオスの踊りを観察しているだけです。あんなに一生懸命踊っているのだから、少しは応えてやれよ、がんばれーとか何とか言ってやれよ、と思うのですが全然ダメ。何て冷たい女なんだ、ちょっと性格悪いんじゃないのかいと、オスに同情してしまいます。

　そのうち、メスはプイッといなくなる。一緒にオスの舞台に入るとか、屋根を一緒に渡るとか、一瞬応えるメスもいますが、何も応えないメスはそれこそプイッと姿を消してしまうのです。

　すると、オスは気の毒なくらいしょんぼりとして、疲れがドッと出たという感じになります。が、何分かたつと、またフッと気合を入れ直すようにしてしゃんとなり、「ポー」とメスを呼んで、羽をパーッと広げたり、サーッと地面を引きずったりするわけです。

　さっきは急いでやりすぎたからダメだったのだとか、ちゃんと学習しているのかもしれません。こうして失恋を重ねながら、だんだんうまくなっていくのでしょう。多少疲れようが、プイッとされようが、自分の子孫を残せたら万々歳。そのためだけに涙ぐましい努力を続けるニワシドリのオスに比べ、人間の男は本当に幸せだなと思います。

少々ブサイクでも、踊りが下手でも、何とかなりますもんね。

ケツァール

幻の鳥といわれるケツァール（カザリキヌバネドリ）は、手塚治虫の『火の鳥』のモデルになった鳥です。本を読んだ方なら、すぐにその姿を想像できるでしょう。僕は番組の取材で二度コスタリカに行き、二度ともその姿を見ることができました。

コスタリカの首都サンホセの空港に降り立つのは、ほとんどがエコツアーの人たちで、その多くがケツァールを見るためにやってきます。他に瑠璃色のチョウ、モルフォチョウとか、ホエザルとかナマケモノなども人気がありますが、野生の生き物をあるがままの状態で気軽に見られるというところが、コスタリカのすごいところです。

コスタリカはパナマの北西部、北米大陸と南米大陸の架け橋のような位置にある熱帯雲霧林の国。大西洋と太平洋の風がぶつかって発生する雲や霧に育まれた、独特の森が熱帯雲霧林です。

この森の中にケツァールもいるわけですが、森に踏み込んで下からのぞいても生き物たちの姿は見えません。熱帯雲霧林というのは、木の根元には花も動物もほとんどいない森で、生き物たちの多くが木の上の方、樹冠に生息しているからです。

そこで、コスタリカの人たちは、森の中に長い吊り

橋をかけて、目の高さで生き物たちの生態が見られるように演出しました。そこをインタープリターと呼ばれる優秀なガイドさんの案内で進んで行きます。

吊り橋がどこを通ってどこまで延びているのかは分かりませんが、谷間の地面から歩き出すと、いつの間にか木の上のほうを左右に見ながら歩いているといった感じなのです。長さ二〇〇~三〇〇メートルは優にあるでしょう。ところどころに中継地点があって、一つの谷を越えて尾根から尾根まで樹冠の高さを歩けるようになっています。

板を渡した吊り橋の足元は幅一メートルから一メートル半。左右には人の首くらいの高さまで網が張ってあり、誰でも普通の格好で歩いて行けます。相当に高い場所には違いないのですが、ほとんど木の上の樹冠部分しか見えませんから、高所恐怖症の人でも大丈夫。むしろ、自分も森の生き物になったような、開放された気分になります。

それより、生き物たちを目の高さで見られるのはもちろんのこと、もしかしたら見下ろせるかもしれないわけですから、そのワクワク感のほうが大きいでしょう。鳥の羽の美しさは、やはり上から背面を見たときが一番ですからね。

そう思っていると、目の前でケツァールが枝から枝へ飛び移って行くわけで、これはもう感動以外の何ものでもありません。だって、不死鳥、火の鳥なのですから。ケツァールがいた! 飛んだ! グリーンの背面と赤い胸、一メートルもあろうかと思うような長くなびく尻尾のような羽。その姿を目にしただけで文句なく幸せな気持ちになります。また、木の間から野生のランの花が見えた、というだけで皆ワーッとなります。

着生植物のランは、樹上の暗いところにポツンと咲いていていて、花屋さんで見るような華麗な花では全然ありません。われわれが見ているのは、森の中からプラントハンターがハンティングしてきたものを、温室で改良に改良を重ねた結果でき上がったものなのです。

このエコツアーは、インタープリターがいろいろ説明してくれるからこそおもしろいのであって、彼らがいなければ何も分かりませんし、森はただの森にしか見えません。

例えば、ホエザルやナマケモノを見たいとしましょう。するとインタープリターは川下りに案内してくれます。そして、船上から森に向かって「ホーッ、ホーッ!」とホエザルに声をかけますが、ツアー客にはどこにいるのか、なかなか分かりません。「え、どこ、どこ?」と探しているときに、「あそこです!」と指をさされて見ると、「ああ、いた!」。ひと目見られただけで感激します。

ナマケモノが見たいという客には「じゃあ、こういうルートにしましょう」と言われて進むと、ちゃんといるわけです。で、「帰りにまた、ここへ寄りましょう。あの姿をよく覚えておいてくださいよ」と。で、何十分かして帰りに寄ると、ナマケモノがさっきの場所から一メートルぐらいしか動いていない。それにも皆はワーッと盛り上がるのです。

生き物たちの姿をありのままに見るだけでツアー客は感激し、この国ではエコツアーがいま一番の産業となっているのも理解できます。いわゆる名所旧跡のある観光国とは異なり、エコツアーに徹したコスタリカの、ここが素晴らしいところでしょう。

コスタリカの子どもたちに、将来どんな職業に就きたいかと質問すると、一位がフォレスト・エンジニア、二位がフォレストのインタープリターだそうです。どうやら、格好よくて収入もいいから、ということのようです。

フォレスト・エンジニアとは、木を植えてコスタリカに昔からあったような森をつくり、いま残っている森と結んで、いわば緑の回廊、グリーンベルトをつくるのが仕事。そうすると、生き物たちがグリーンベルトの中を自由に移動できるというわけです。

生き物の生息域というのは、つながってなんぼのもの。渡りをする鳥は別として、例えばシマフクロウもあんなに立派な翼を持っているのに、サンクチュアリになっている森から、間にゴルフ場や道路があったら、それだけで向こうに見える森へは飛んで行かないものがいます。飛んで行ける能力はあるのに飛んで行こうとしない。そういうものなのです。

コスタリカはもともと農業国ですから、主に各地域の農家の子どもたちが、フォレスト・エンジニアやインタープリターの資格試験を受けるためにがんばっているようです。そして、将来は農業をやりながら、資格を生かしてフォレスト・エンジニアもやり、インタープリターもやるという生き方になるようです。

モルフォチョウを見たいというツアー客が来たとしたら、モルフォチョウに詳しいインタープリターが紹介され、皆を案内する。その費用は決して安くありませんから、彼らも高収入を得ることができます。

昔のような自然に戻すことはあっても、大規模な開発は一切しない。そして、自然に生息する野生の生き物たちの生態をどうぞご覧ください、というコンセプトは本当に素晴らしい。

コスタリカは、経済的にはそれほど豊かな国ではないかもしれませんが、教育水準は日本より高いと僕は思っていますし、国民は生き物や環境に対する自分の意見をちゃんと持っています。とにかく絶対の正義なのですね、生き物が。

一も二もなく、自然環境こそが大事だというオリジナリティー、そしてアイデンティティー。日本と同様に平和憲法を持ち、軍隊がない。何よりも五〇年以上、戦争のない国、コスタリカ。唯一もめごとが起こるとしたら、サッカーの試合だそうです。サッカーにはものすごく熱狂的な国民だということは、ちょうどワールドカップ予選の時期に訪れた僕にもよく分かりました。

ともあれ、平和と環境第一を実現しているコスタリカに、日本も大いに学ぶところがあるのではないか、と常々思っています。

アカコッコ

二〇〇〇年に三宅島（みやけじま）が噴火してから何年かたちますが、避難していた住民たちがこれからも島で生きていけるかどうかの指針ともいえる鳥がアカコッコだと思います。日本野鳥の会がレンジャーを配置している三宅村の施設、自然ふれあいセンターの名称も「アカコッコ館」というんです。

炭鉱が全盛だったころ、坑夫たちはカナリアを持って坑内に入り、有毒ガスの発生するところではカナリアがその危険性を教えてくれたということがありました。

アカコッコもいま、カナリアと同じような役割を

担っているような気がします。少なくとも、そこにアカコッコがいれば有毒ガスの危険性は低く、人も生きていけるという、一つの判断材料にはなると思います。

アカコッコは主に伊豆諸島に分布する日本固有の鳥で、天然記念物に指定され、三宅島には特に多く見られました。島の住民たちにとっては、いつも身の周りにいるのが当たり前の鳥だったわけです。その数が噴火以来激減したことで、人々は有毒ガスの影響がいかに深刻なものであったかを思い知らされます。

しかし、三宅島のアカコッコは絶滅したわけではありません。これは大きな救いです。アカコッコが飛び回っていたら「大丈夫だよ。ここはガスマスクはいらないんだよ」と、人間を応援してくれているのと同じことですから。

逆に、島からアカコッコの姿がまったく消えてしまったら、人間もこの島にはもう住めないと感じるのではないでしょうか。日本人は昔からいろいろな生き物たちを見ながら、そういうふうにして自然と折り合いをつけてきたのだと思います。

アカコッコのいない島で、赤ん坊が生まれながらにガスマスクをつけていたり、人工空調の建物の中で人間が生活する、なんていうことがあってはならないと思います。三宅島独特の美しい環境の中で、すべての生き物たちが機嫌よく暮らせる場所でなければなりません。そこには先祖代々のお墓があり、人々は自分の大事な魂の置き場であると信じて疑わない。そういう三宅島こそ、真の故郷と言えるのではないでしょうか。

そのために、僕らは一生懸命に三宅島のアカコッコを観察し、これからもアカコッコが安心して住めるように、何らかの手伝いをしたいと考えています。

知らない人には、たかが小鳥じゃないかと思われるかもしれませんが、島民にとってのアカコッコは、自分たちの暮らしの一部でもあったわけです。いままで当たり前に見ていた生き物がいなくなったとき、人はどんなに寂しい思いをすることでしょう。

噴火の後、全島避難した人々が慣れない環境でどんなに苦労し、どんな思いで故郷を見つめていたのか。そして、いまだにガスマスクの必要な変わり果てた島で、どんな思いで暮らしているのかを想像するとき、胸がつまる思いがします。

テレビや新聞などで島の現状を知り、同じように心を痛めている人たちなら、きっとアカコッコの名前も知っているに違いありません。そういう人は、アカコッコという名前を聞いただけで、三宅島の厳しい環境や人々の悲しみ、喜びにまで思いをはせることができるのではないでしょうか。

あるいは、コウノトリと聞いただけで、兵庫県豊岡市の人工飼育の苦労や、農業関係者の努力、ひいては地域が一丸となって里山づくりに専念してきた経緯にまで思いをはせることができる。そういう人が一人でも増えたら、自然環境は必ずいい方向へ向かうのではないかと僕は思っています。

どんなに小さな生き物をも〝思いやる〟ことが、持続可能な里山を形づくってきた日本人の心の原点であり、自然と共存共栄していく上での大事な知恵だと思うからです。

アカコッコのさえないラブソング

オス・メスや季節を問わず聞かれる鳥の声を「地鳴き」と呼びます。例えば、ウグイスでは「ジャッ、ジャッ」。地鳴きに対して、春夏にオスだけが歌うのを「さえずり」と言い、これにはラブソングとなわばり宣言の二つの意味があると考えられています。代表的なさえずりは、ウグイスの「ホーホケキョ」でしょう。地鳴きは地味なので気づかないことも多いのですが、アカコッコは別。三宅島に行けば「コッコ、コッコ」という声がよく聞かれます。

逆に、さえずりのほうが冴えない感じで、メスにアピールできているのかどうか心配になるほど。同じツグミ科のアカハラのオスは「キャランキャラン、チー」、または「カモンカモン、チュー」というステキなさえずりを響かせます。アカコッコの場合は、島でのライバルが少ないため、きれいなラブソングを歌う必要がなかったのかもしれませんね。

日本の固有種は、島に生息する鳥に多く見られます。沖縄本島のヤンバルクイナやノグチゲラ、奄美大島（あまみおおしま）のルリカケス、小笠原諸島のメグロなど。その島に合わせた独自の進化をするためで、反面、その環境が変化するとたんに危機に陥ってしまうという特徴もあります。一七世紀以降、絶滅した鳥の九割は島の鳥ですし、アメリカで絶滅した鳥の九割がハワイ諸島の鳥でした。その意味で、今後の三宅島の復興もアカコッコの未来も、日本の責任と言えましょう。

（安西英明）

八ヶ岳の美鳥たち

柳生博　鳥と語る

八ヶ岳の南麓、標高一三〇〇メートルの我が家で見る鳥たちの中で、色が一番美しいのは何といってもオオルリのオスでしょう。喉が黒くて胸が白いので、下から見ると単なるモノトーンの鳥なのですが、頭から背面の瑠璃色は光沢があって本当にきれいです。うちのすぐそばの谷でよく見かけます。

次に美しいのは、キビタキのオスでしょうか。これはうちの窓ガラスからほんの二、三メートルのところ、カエデやコマユミの木の細い枝に一日中いることもあります。喉から胸にかけての鮮やかなオレンジ色はいつ見ても美しく、見飽きることがありません。

春に渡ってくる鳥では、このオオルリとキビタキがトップクラスの美しさだと思いますが、冬になると、これまたきれいなウソが渡ってきます。

日本画にもよく描かれる鳥ですが、頭の黒と背や腹のグレー、そしてオスは頬から喉に赤色の襟巻きをしているようで、その配色にはいつもながらドキッとさせられます。

春、木々の葉っぱが出始めるころまでと、葉の落ちた冬場が、こういった色のきれいな鳥たちを眺める絶好の時期。木々の緑がない分、鳥たちの美しさが際立って見えます。

声の美しさでは、子どもから大人まで誰にでも分かりやすいカッコウ、ホトトギス、ウグイスがやはり一番です。

カッコウとホトトギスは同じカッコウ科の鳥で、ご存じのように、どちらも托卵することで知られています。カッコウはモズやアオジの巣に托卵し、ホトトギスはウグイスの巣に托卵。それぞれのヒナは〝他鳥〟

の巣でたくましく成長します。

ウグイスが八ヶ岳へ来るのは五月から六月ですから、平地よりかなり遅い。ウメもサクラも終わり、ツツジの季節になってからです。きっと、平地のやぶの中でジャッ、ジャッと地鳴きしながら冬を越したやつが、ここまで上がってきてさえずるのでしょう。

このへんでは、カッコウとウグイスが夏まで鳴いていますから、かなり長く楽しませてもらえます。これらの鳥の鳴き声は実にはっきりしていて、誰にでも分かると同時に、その声を聞くと皆が幸せな気分になるような気がします。

僕は、子どもたちが鳥たちの鳴き声を聞いて楽しいな、幸せだなと思えれば十分だと思っています。細かい違いまで教えなくていい。例えば、シジュウカラの仲間が鳴いたら「ほがらかでいいね」というぐらいのアバウトさでかまわないと思います。

もちろん、たくさん知識を持っているのはいいことですが、いっぺんに詰め込むように教えるのではなく、少しずつ気長に、鳴き声そのものを楽しみながら覚えていけばいいと思うのです。

姿の美しい鳥となると、あまりにも多すぎて選ぶのに迷ってしまいます。見るだけで畏敬の念を抱かされるということではシマフクロウとイヌワシですが、残念ながらシマフクロウは八ヶ岳にいません。が、この際、例外ということにしてもらいましょうか。

シマフクロウは大きすぎて、少々ドジなところもありますが、あの風貌といい、あの行動といい、限りなく人間に近いというか、人間より優れているのだろうなと思ってしまうほどの奥深さがあります。やはり、ベストワンですね。

狩りの姿が素晴らしいという点では、カワセミも見逃せません。最近は川がきれいになり、各地でカワセミも戻ってきたという話を耳にしますので、川で狩りをする姿も案外簡単に見られるようになりました。

カワセミは水中の小さな魚やザリガニなどを食べますが、餌を狙っているときは完全に自分の気配を消し、突然パッと身をひるがえして川面に突っ込んで行きます。その瞬間、太陽の光が体に当たって、背の青や腹のオレンジ色の羽が光輝く様子はハッとするほどチャーミングです。

シマフクロウ、イヌワシ、カワセミに共通するのは、いずれも群れをなさない孤高の鳥であるということ、この点にも僕は大きな魅力を感じます。

さて、八ヶ岳におけるすべての鳥たちの頂点に立つ鳥といえば、僕はやはりイヌワシしか考えられません。

ようやく八ヶ岳に来てくれるようになったイヌワシに、これからもずっとその勇姿を見せてほしいという願いも込めて、僕は改めて鳥たちのキング・オブ・キングスの称号を与えたいと思います。

ヤンバルクイナ

ガビチョウという中国の鳥が、いまあちこちで見受けられます。誰かが輸入したものの、商売に失敗でもしたのでしょうか。放してしまったがために、徐々に数を増やしてきたのだと思います。

ガビチョウの生活の場はウグイスとほぼ同じ、やぶの中です。すると、どうなるのか。ガビチョウはウグイスより体が大きいですから、もともといたウグイスがやぶから追い出されてしまう恐れがあります。

また、ペットとして飼われていたインコも、無責任な飼い主によって放され、都会にどんどん増えてきています。インコがどういう害を及ぼすのかはまだ調査がなされていませんが、日本古来の鳥たちは相当に圧迫され、おびえているのではないかと思います。

一度野外に放された生物は、二度と人間が管理することはできません。「カゴの鳥ではかわいそうだから」とか「飼いきれないから」などの理由で放された外来種は、やがて在来種を駆逐しながら生態系まで破壊しかねないのです。

事実、さまざまな分野の生態系に危険信号が灯っていることは、皆さんもよくご存じのとおりです。

外来生物によって被害を受ける例で有名なのは、ヤンバルクイナに対するマングースでしょう。ヤンバルクイナは沖縄県の「やんばるの森」にしか生息しない天然記念物の貴重な鳥ですが、十数年前からその数を減らし、現在は二〇〇〇羽を下回っているといわれます。

ハブ退治の目的でインドから輸入されたマングースが、ハブを食べないで力の弱い小動物を食べながら、やがて「やんばるの森」に入り込み、ヤンバルクイナのヒナや卵を食べるようになってしまったのです。

ほとんど飛べないヤンバルクイナは、やぶの中をトロトロと歩いているような鳥ですから、成鳥も餌食になるに違いありません。

二〇〇五年六月、国は「特定外来生物被害防止法」をスタートさせ、ペットが野生化して農作物や日本の在来生物に被害を与えているものなど、合計二十七種類の動植物を規制の対象に指定しました。指定された動植物は輸入、飼育、野外への放置が禁止され、違反すると罰金刑などに処せられることになりました。違反動植物は、必要に応じて駆除することも認められています。

マングースに関しても捕獲したものは駆除していますが、まだ三万頭もいるといわれるマングースから、二〇〇〇羽に満たないヤンバルクイナを守りきれるものかどうか、心配は尽きません。

僕は八ヶ岳の林に外来植物を植えないことにしています。息子の真吾は植物を専門にしていますから、チューリップでもバラでも育てたいでしょう。が、それは鉢の中でやろうな、というのが僕たちの間のルールなのです。

何といっても植物は地球上の命の根源ですから、僕たちがその生態系を壊すわけにはいきません。その意味で、僕が一番危惧する外来生物は昆虫です。昆虫は植物と最も密接な関係にあり、昆虫の生態系が崩れることイコール植物の生態系がダメになることだからです。

例えば、外来野菜のハウス栽培で、受粉させるために外来のハチを導入していますが、ハウスの中で行われるとはいえ、かなりの数が逃げ出しているといわれます。そうなると、昆虫の増え方は鳥やけものとは桁違いに大きいですから、もし日本中に外来の昆虫がはびこってしまったら、と思うと本当に恐ろしい。

日本古来の植物は日本古来の昆虫に受粉させるようになっていますから、日本古来の昆虫が外来種に駆逐されるようなことになったら、受粉のメカニズムが狂って大変なことになります。つまり、昆虫や植物の生態系が変わることで、日本の自然環境は壊滅的な状態になりかねない、と言っても過言ではないでしょう。

いずれにしても、外来の鳥たちがわがもの顔で飛び回っているのを目にするたび、悲しい気持ちでいっぱいになり、外来生物をこれ以上増やしてはいけないと切に思うのです。

植物、虫、鳥の絶妙なバランス

花は、虫や鳥に来てもらうために咲きます。われわれ人間を喜ばせるために咲くのではありません。

植物も生き物の一つとして、近親交配しないように虫や鳥を利用して花粉を運ばせるわけです。日本の花の多くが春から夏に咲くのは、受粉するハチやアブなどがその時期に多いからに他なりません。

虫は春になると突然わいてくるように思っている人がいるかもしれませんが、虫は冬もちゃんといて、生物の数としては冬のほうが多いのだそうです。春にわれわれが目にする虫は、鳥がその卵や幼虫を食べ残したほんの一部の生き残りです。やがて鳥たちが巣を作り、ヒナがかえると、親鳥はその虫を子どもたちに与えます。

メスだけではなくオスも動員して、日に何百回となく巣を往復して膨大な量の虫を与えます。すると、アッという間に子どもは成長し、シジュウカラやスズメのように小さい鳥なら、二週間で親と同じくらいの大きさになります。

鳥たちがひたすら子どもに虫を与えてもまだ余りあるということは、それほど虫の数が多いということでしょう。もし、虫を食べる鳥がいなかったら、虫によって植物は丸裸にされてしまい、虫だらけの森や林になってしまいます。

植物と虫と鳥のバランスは実によくとれていて、この絶妙のバランスを保つために、植物も虫も鳥も一年中命を繋げるのに大忙しです。植物には冬枯れという言葉がありますが、あれは間違い。だって枯れていないのですから。春になるまで葉を落とし、寒さと乾燥に耐えているだけのことです。

それが証拠に、よく見ると冬の植物には虫の卵がいっぱいついています。鳥はそれをつまみながら冬の間の命を繋ぎます。春になって植物の葉が出てくると、今度は生き残った虫たちがそれを餌にして活動を始め、同時に鳥もさえずりを始めます。植物と虫の活動に合わせて、鳥も子育てのシーズンに入るわけですね。

また、ある作家は秋の紅葉を「植物の死に化粧」と表現しましたが、これも間違い。色を変えて葉が落ちると、必ずそこには葉芽や花芽がいっぱいついていて、野良仕事をしていると、その葉芽・花芽がだんだん大きくなっていくのがよく分かります。それも二月の一番寒いときに。そのころが、植物の一番成長する時期なのです。

そうやって成長してきた葉芽・花芽が、八ヶ岳では四月の末から五月にかけて、バリバリバリッと盛大に開きます。これは決して大げさではなく、僕の耳には本当にそういうふうに聞こえるのです。

すると、鳥たちはさえずりながらあちこち飛び回り、ちょっと前まで、こんなにあって大丈夫なのかなと思っていた虫の卵が、知らない間になくなっています。それでも、虫は依然としていなくならない。鳥が食べても食べてもいなくなりません。何をしているのだろうと思って鳥を見ると、たいてい虫を食べているのに、虫はいなくならないのです。地球はまさに虫の惑星ですね。

虫が植物を食い尽くさないために、鳥という存在があるような気さえします。鳥がいなければ、うちの雑木林などたちまちハゲ山になってしまいますから。

木の実が色づく秋も、また植物が鳥をもてなす大事な時期です。鳥に実を食べてもらい、その種を遠くへ運んでもらわなければなりませんから。日本の木の実はだいたい丸くて小さめですが、あれは日本の鳥たちが飲み込みやすいサイズや形になっているのだそうです。

ところが、熱帯の国へ行くと、大きな木の実が一年中生っていて、それをオオハシのようなものすごく大きいくちばしの鳥が食べていたり、一年中花が咲いていれば、その蜜を吸っているハチドリのような鳥もいます。また、目がクラクラするほど派手な色の鳥がいたりして、環境によってこうも違うものかと、つくづく思い知らされます。

逆に、鳥のくちばしや動きを見ることによって、そこにどういう植物がいるのか、だいたい見当がつきます。

日本の代表的な鳥媒花はツバキです。花が赤いのは鳥の目を引くため。花のつくりが頑丈なのは、虫ではなく鳥を呼んでいるためです。メジロやヒヨドリに蜜を提供することで受粉する、つまり鳥に突つかれてもよい頑丈さが必要なんです。熱帯に行くと真っ赤で肉厚の花をたくさん見ますが、あれも鳥に蜜を吸わせ、花粉を運ばせるための精一杯の装いなのだということが分かります。

赤とは対照的に、ネズミモチの実のように黒い色も鳥の好みだそうです。黒い実は紫外線を反射し、それに対して鳥が敏感に反応することが最近になって分かったのだとか。鳥はこうして色を選んでいるわけですが、鳥の視覚や色覚は地球上の生物の中で一番高く、次に高いのが人間だそうです。

哺乳類の中では人間は例外中の例外で、他の哺乳類の多くはモノクロでボンヤリ見える程度だといいます。その代わり、人間よりも嗅覚や聴覚が非常に敏感なことはご存じのとおりです。

サル、シカ、ウマなど、昼間活動する哺乳類には少しだけ色が分かるのもいるそうですが、われわれ人間のように極彩色の世界には生きていません。逆に、鳥は人間よりもさらに色に満ちた世界に生きていると思われますから、すべての判断を視覚で行っている、と言われるのも当然のような気がします。鳥のメスも見た目でオスを選ぶじゃないですか。

鳥のオスが美しくて派手なのは、選択権を持っているメスに選ばれていくうちに進化した結果だといいます。

自然界で生き延びるには目立たないほうがいいはずですが、子孫を残すには何としてもメスに選んでもらわなければならない。メスは地味なオスより派手なオスのほうを、「目立つハンディを負いながらも生き延びてきた強いオス」と判断しているのかもしれません。オスは目立ちたくないけれど、メスには選んでもらいたい。そのはざまで、昔はもっと地味だったオスが、進化を遂げて派手になったというわけです。

地味でも選ばれる鳥は、他の方法でアピールします。オーストラリアのニワシドリのように、普段は地味な鳥なのに、メスを呼び込むときには別人（鳥）のように羽をバーッと広げ、光線の具合で美しい色を見せたり、色のついた木の実などで身を飾ったりする。あれを見ていると、鳥がいかに視覚的な生き物かということがよく分かります。

人間は「見た目じゃない、心だ」と言いますが、鳥は「見た目がすべて」。それだけ視覚から得ている情報が多いということでもありましょう。鳥は見ることで情報を取り入れ、決断し、行動を起こすということを普通にやってきました。しかも、飛ぶ鳥には空中から鳥瞰するという特殊な能力もあります。

昔の人間はその能力に太刀打ちできませんでしたが、いまはテレビやコンピューターの画面を通して世界中の映像が一瞬にして入ってくる時代。僕は、人間がますます鳥に近づいているように思えてなりません。タカなどは人間の七〜八倍の視力を持ち、遠くのものも近くのものもよく見えるといいますが、われわれもそれに匹敵するカメラとクリアな映像を手に入れたわけですから。

秋が過ぎ、冬になっても鳥が活発に行動するのは、やはり一定の体温を維持できる生き物、つまり恒温動物だからでしょう。恒温動物は鳥類と哺乳類だけです。われわれ哺乳類の平熱は三六度ぐらいですが、鳥は四〇から四二度あり、冬でも冬眠する必要がありません。

その代わり、体温を維持するために、エネルギーとなるものを大量に食べます。とにかく、めちゃくちゃ食べる。食べてウンチして、食べてウンチしてのくり返し。鳥を見ると、たいてい食べているか出しているかのどちらかなんですよ。

食べてエネルギーを蓄えなければ飛べませんし、飛ぶためには体が軽いほうがいい。したがって、どんどん出すしかない。腹いっぱいにしないために、鳥たちは実のおいしいところだけを食べて吸収し、種はウンチとともにパッと出してしまうのです。

さらにすごいのは、そこに目をつけた植物でしょう。鳥に実を食べさせ、タネを落とさせるのですから。しかも、タネはウンチという肥料つきですからね。そのたくましさといったらありません。

地球上の生き物の命は、やはり植物によって支えられているのだなあ、絶妙のバランスの大もとはここにあるのだなあ、と改めて実感させられます。

鳥とヒトの共通点

♪国境のない世界を想像してごらん♪　というジョン・レノンの『イマジン』を聴いたとき、柳生さんはすぐに渡り鳥を思い浮かべたそうです。このように平和の象徴ともされる鳥という生き物は、哺乳類とともに地球上の新参者です。五億年ほど前に魚という脊椎動物が生まれると、その一部が陸を目指して手足のある両生類に、やがて乾燥に耐えられるハ虫類が生まれました。その鱗を羽に変えたものが鳥に、鱗を毛に変えたものがけもの、つまり哺乳類になりました。哺乳類の一部がサルになり、そのまた一部がヒトという動物になったわけです。哺乳類は現在四〇〇〇種ほど。その中の霊長目（サルの仲間）約二〇〇種の中のショウジョウ科に、チンパンジーやゴリラがいます。

ヒト科の多くはすでに絶滅しており、現在の人類はどんな人種であろうとヒトただ一種。私たちが哺乳類である証拠として、水分をチュウチュウと吸い込むことができます。これは赤ちゃんがお乳を吸うために発達させたもので、鳥たちにはない能力。鳥の多くは、水を飲むときに上を向いて物理的に流し込まなくてはなりません。反面、哺乳類と鳥には恒温性、学習能力、子育てという共通点があります。さらにヒトと鳥には、視覚中心、オスが子育てに加わる、などの共通点があるため、私たちは嗅覚中心でオスが子育てに参加しない哺乳類より、鳥のほうにより感情移入しやすいのかもしれませんね。

（安西英明）

あとがきにかえて

じいじは、きょうもにこにこしながら、うらのぞうきばやしをさんぽしています。

きらきらとお日さまの光がシャワーみたいにふりそそぐはやしのなかで深呼吸すると、なんだか体がすきとおっていくみたいな気もちがします。

きょうはカタクリのかわいい花が満開です。小さい芽がいっぱいついている木はダンコウバイといって、とってもいい香りがする木です。

わたしはじいじと一緒に歩くのが大好き。

ぞうきばやしに入るとシジュウカラ、コガラ、ヒガラ、ゴジュウカラ、たくさんの小鳥たちが寄ってきて、なんだかわたしまで小鳥たちの人気者になったような気がするからです。

じいじは、いまでも「野鳥の会」のお仕事をやっていて、とっても忙しそうです。八ヶ岳のおうちにやっと帰ってきて、朝はやしを歩いていたと思ったら、お昼にはまた出かけていっちゃったりします。じいじのおひざのうえはとっても気持ちがいいから、もっとじいじといっしょにいたいのになあ。でも、それよりもいちばん心配なのはじいじのからだです。

でもじいじは、いつも笑いながら「なんともないよ」といってます。

じいじが「野鳥の会」のお仕事をはじめてから、「絶滅危惧種」だったいろんな鳥が、野鳥の会や、日本中のいろんな人たちのがんばりで、少しずつ少しずつ元気になってきたそうです。この前もコウノトリが増えてきたようだよ、ってにこにこしながら教えてくれました。また、そのころじいじが書いた本を読んで、たくさんの人たちが鳥や林や水や、日本の自然のことを大好きになってくれているそうです。

わたしのうちがある八ヶ岳でも、去年ぐらいから、イヌワシという大きな鳥の夫婦が住み着いています。イヌワシが現れると、それまでにぎやかに鳴いていた小鳥たちも急に静かになって、まるで時間が止まってしまったような不思議な気持ちになります。

じいじはそんなとき、すごくまじめなお顔で空を見上げます。そしてイヌワシが行ってしまうと、いつもよりもずっとずっとおかおをしわくちゃにしてニコニコ笑い、すごくうれしそうになります。

そんなじいじを見ているから、わたしも大人になったら野鳥を守る人たちの仲間になりたいなあと思います。

「野鳥の会」の安西おじさんに話したら「自然を大切に思う人なら、誰でも入ることができるよ。鳥にくわしくなくてもだいじょうぶ。野鳥の会に入らなくても、鳥や虫や花や、自然のすばらしさを友だちに伝えることだけだっていいんだよ」と教えてくれました。

わたしにはまだよく分からないけど、いつか「野鳥の会」に遊びに行ってみようとおもいました。

二〇一五年四月　　まだ見ぬ七番目の孫　記す

●ライフスタイルマガジン『八ヶ岳デイズ』（東京ニュース通信社）に、
2017年3月から、亡くなる直前の22年3月まで連載した人気コラム。
二拠点生活のパイオニアが自然との共生の日々を語る。

1

八ヶ岳南麓に僕が移り住んだのは、今から四一年前のこと。まだ小海線より上の標高一〇〇〇メートル以上には住んでいる人がほとんどいない頃でした。移り住んだといっても、今も東京に家があり、八ヶ岳と行き来しているわけですから、完全な移住とはちょっと違います。今で言う〝二地域居住〟です。仕事も暮らしも、ガチガチなのは好きではありません。東京で仕事に打ち込んでいるだけなのも嫌ですし、かといって八ヶ岳でのんびりしているだけというのも好きではない。八ヶ岳と東京、どちらもどっぷりではないのが、僕にとってやりたいことができ、スムーズに生きられる暮らし方なのです。この緩急があり、こだわりのない生活――言ってみれば〝軽やかな二地域居住〟が、しっくりきているというわけです。

僕にとって東京は、言ってみればハブ空港です。僕は日本野鳥の会で十数年間、会長を務めていて、日本中を巡っています。先日も青森に行って、一度東京に戻って、それから北海道へ向かいました。青森から北海道へ直接行った方が近いのではないかと思うかもし

『八ヶ岳デイズ vol.12』(2017年3月25日発売)に掲載

れませんが、一度東京に戻った方がスムーズに仕事ができたり、東京に戻ってリセットしてから北海道に行った方が気持ちがラクな時もあります。

　そういう日々を過ごしている中でふと、僕にとって東京はハブ空港みたいなところだなと思ったのです。渡り鳥も長い旅の中では、休養して餌を捕ったりする場所が大事です。僕にとっても、一日何カ所もの会議をはしごすることが可能で、全国各地に効率よく行き来できる東京は、なくてはならないハブ空港なのです。

　一方、八ヶ岳はというと、言葉にするには難しいですが、あえて言うなら〝魂の置き場所〟みたいなところです。あまりに長く都会にいると感覚が鈍ってきて、五感が酸欠状態になります。そこから抜け出し、感覚を取り戻せるのが八ヶ岳なのです。

　東京では必要以上の情報に囲まれているので、自ら情報を遮断しないとやっていけません。見えても見ないようにし、音や匂いに敏感すぎると変に思われることもあるので、自分を閉じています。でも八ヶ岳では空を見て、月を眺め、花を愛で、鳥や虫を観察し、いつもキョロキョロしています。いろんなことに興味津々で、じっとしていられなくなるのです。そうやって自然の中で過ごしていると、太陽の角度や風の匂い、季節の移ろいなどが手に取るように分かるようになり、自らが開放されていくのを感じます。

　東京と八ヶ岳を行き来する僕にとって、一番大事な道具が車です。ここで暮らしていると、都会的で贅沢な暮らしには一切関心がなくなってきます。お金をかけておしゃれをしようという思いもなくなります。物持ちもよくなりますからね。

　そんな暮らしの中で、車だけは道具として重要です。雪の時でも気軽に東京と行き来できる丈夫な車は、馬みたいなものです。好きな時にすぐに動ける移動手段の車があるからこそ、軽やかな二地域居住が実現できているのです。

　車を運転して東京から八ヶ岳に帰ってくる時のイントロダクションが僕は好きです。中央道を走っていると、まず南アルプスが見えてきて、次に八ヶ岳の山々、そして富士山が現れる。この流れが好きです。長坂ICで降りると、いつも窓を開けます。長坂ICの標高が七〇〇メートルほどで、そこから一三六〇メートルほどのところにある我が家まで、高度が上がるにつれて植物も、鳥も、季節も、ドラマチックに変化していくのを感じます。高度というのは、人間の感性や感覚をものすごく〝うぶ〟にしてくれるのでしょうね。僕の感性や感受性が開かれていくのを感じます。体中が変化を感じているのです。

　また、この八ヶ岳に来て、機嫌が悪い人なんて僕は見たことがありません。夫婦や親子の会話も、都会にいる時のものとは違ってきます。口喧嘩(くちげんか)が多く、東京ではぎくしゃくしていた夫婦が、長坂ICを降りてここに近付くにつれて会話が多くなり、いつの間にか手を繋いだりするほど仲睦まじくなっているなんてことがよくあるのです。八ヶ岳の地では、考えとか心構えなんてものはありません。みんな生き物になるのでしょうね。「生き物として復活する場所」、それが八ヶ岳なのだと思います。

　今、何かが違うなと感じている人には、二地域居住をお勧めします。特に男性はそう感じている人が多いのではないでしょうか。男性は自分が「社会の中」にいると思っていますよね。でも実は「会社の中」にいるのです。だからリタイアすると、友人と思っていた人たちは単に会社という場があったから繋がっていただけで、じつは友人ではなかったということがよくあります。

　本当は辛いのに辛いということを自分にもひた隠しにして生きている人は、そこを抜け出してください。「自分は一人でも生きられる」なんて人は、本質的にはいないと思いますから。

　そう考えると、やはり必要不可欠なのは仲間の存在です。今、僕は友だちとのつきあいをとても大事にしています。僕の友だちは八ヶ岳で知り合った人たちがほとんどです。ここには全国から人が集まってきます。

観光地ではなく、国有地に囲まれたこの地に、ここにいる生き物や、ここで育った若い人たちに、みんな会いに来るのです。

八ヶ岳に帰ってくると感性が開かれるのを感じる

僕が最近思うのは、八ヶ岳倶楽部の周辺の人たちはみんな、〝ゆるやかな家族〟になっているなということです。四〇年前、この辺りには何もありませんでしたが、だんだんと移住してくる人が増え、八ヶ岳倶楽部の通りにも小さいけれど素敵な店ができるようになり、今は息子たちの第二世代から、さらに孫たちの第三世代へと家族の輪が広がってきています。

そういう人たちがつながり合って、委ねたり委ねられたりする、心地良いゆるやかな家族になっています。住まいも食べるものもあって、ゆるやかな家族が周りにいて、ほかに必要なものなんてあるのかな、と思います。

数十年前は田舎暮らしというと、地元の人たちにどれだけ受け入れられるかがテーマでした。でも今はもうその心配はいりません。二地域居住の人も、移住してきた人もたくさんいて混じり合っています。身構えてやって来る必要はないのです。

そもそも僕は田舎暮らしという言葉自体、好きではありません。今、ネット社会の普及で情報や流通の恩恵は日本中どこにいてもほぼ同じように得ることができます。田舎も都会もないのです。一度、田舎暮らしという概念を取り払って、もっと軽やかに二地域居住を楽しんでみてはどうでしょうか。

二地域居住を始める時にお勧めしたいのは、いきなり家を建てたり借りたりするのではなく、まずはこちらでの暮らしを体感してみることです。

友人の別荘でもペンションでも、最初はどこでもいいので、しばらく滞在できて、単なる物見遊山ではなく、草刈りをしてみるとか、生き物を調べてみるなど、ここでの暮らしが体感できる拠点作りをしてください。ハイシーズン以外はペンションも安く泊まれますし、オーナー一家とも親しくなるでしょうから、自然とその土地の情報が耳に入ってくるようになります。

　通ってはしばらく滞在し、鳥や虫、植物などの生き物を観察してみてください。生き物の名前を五つでも十でも知ることができたら楽しいですよ。覚えた名前を奥さんや子どもに教えるのも、また楽しいものです。

　また、気に入った土地を見つけて手に入れることができても、すぐに家を建てることはしないでください。いきなり家を建てるのではなく、何度もその土地に通うのです。そうすれば夏の涼しさ、冬の厳しさ、太陽の軌道などが分かってきます。

　お勧めしたいのは、まずはその土地にテントを張って暮らしてみることです。テントで暮らすと、自然の気配をいっぱい感じることができます。息を吸うだけでもお金がかかりそうな東京と違い、田舎でテント生活を体験するといかに八ヶ岳の生活にお金が掛からないのかも分かります。

　僕は家を造ってからも、テントをそのまま置いておいて、気が向いた時に外で過ごすことがありました。日の出はとてもエキサイティングです。富士山が赤くなってきて、次第に赤岳も赤くなり、鳥たちがうるさいくらいさえずったりして。そういう自然をダイレクトに体感できるのはテント暮らしならではです。

　なかでもテントを張って過ごしてよかったと思ったのが、女房や子どもたちをより身近に、大切に感じられたことです。月も星も出ない夜はまさに闇です。目を開いていてもつむっていても変わらない真っ暗闇、重力までなくなっているように感じる闇です。そんな闇の中では、女房も子どもたちも怖がって、自然と僕に寄り添ってきます。僕にとっても女房の肌と触れていることは大きな安心感になり、そこに子どもたちが入ってくることで本当に幸せだなと感じました。ご先祖様たちはそうやって寝ていました。生き物のことを語り合ったりしながら過ごしていたのだと思います。

　もうひとつ、テントを張る時は子どもになったつもりで、いろんなものに興味を持ってみてください。例えば目の前で葉を落とした木があったとして、それが何の木か分かりますか？　分かる人は少ないと思います。植物図鑑や鳥図鑑を、ハンディータイプでいいので用意するといいと思います。

また、花鳥風月を楽しんでください。まず花を覚えるといいですね。そして鳥を観察してください。動物の中でも、昼でも見ることができ、いい声を聞けるのは鳥だけですから。鳥を見ていると、虫のことも植物のことも分かってきますよ。

自然の中で、風はあらゆる情報を運んできてくれます。季節の移ろいも風が知らせてくれるでしょう？そして月は闇のことでもあります。新月の闇の中では、生き物は身を寄せ合ってじっとし、内なるものを確認し合っているのです。満月は生き物の命が動く時、お祭りです。そういう自然の営みを感じられることが大事です。

八ヶ岳にいると、何か大きなものに抱かれているなと感じます。僕はそれが山だと思うのです。北に赤岳、東に秩父の山々、南に富士山、南西に南アルプスがそびえるこの地にいると、日本の山が抱っこしてくれているように感じます。大いなるものに抱かれる心地よさを感じられるところ、それが八ヶ岳だと思うのです。

2

僕が暮らしている八ヶ岳南麓の地は、屏風のように連なる山々に守られています。ここで暮らしていると、山々に抱っこされているような安心感、八ヶ岳という大いなるもの、スペシャルなものに抱かれている安定感を感じます。

自然の雄大さを感じながら、自然と向き合い、そこに生きる生き物たちと仲良く暮らすのは、最高の生き方だと、日々感じています。

そんな八ヶ岳の地にみなさんが家を持つなら、自然と向き合った時に安心していられる家を建ててください。格好をつける必要も、お金をかける必要もありません。昔は別荘というと豪華なのが自慢でしたが、価値観は変わり、豪華なもの、華美なものが素晴らしいという判断はされない時代になりました。お金をかけるなら、耐寒性のあるサッシや断熱など、寒さ対策をするのがお勧めです。

八ヶ岳の地の人たちは、小さくて素朴な家で日々の暮らしを楽しんでいます。みなさんもできるだけ質素で小さな小屋を造ってください。足りなくなったら、必要な分だけ継ぎ足していけばいいのです。僕はこれ

「八ヶ岳デイズ vol.13」(2017年9月20日発売)に掲載

まで五軒ほど造ってきましたが、手狭になると渡り廊下をつけたりしながら建て増しをしています。

間取りを考える時は、できるだけ都会で考えないこと。つまらない情報に流されてしまいがちですから。自然の中で、自然と対話しながら考えてみるといいですね。そしてじっくりと時間をかけて造っていくことです。季節の移り変わりを感じながら、どんな家にしようかと四季を通して考えてみるのがいいかもしれません。

それともうひとつ、お勧めしたいのが客間をひと間つくることです。自然の中で暮らしているとオープンハートになり、人との付き合い方も変わります。

以前、北海道の友人の別荘に遊びに行った時、ついつい飲んでしまって、友人が「それなら泊まっていけよ」と客間に案内してくれました。友人と飲み明かし、そのままゴロンと寝られるというのはとてもいいものです。それまで僕は客間というものを考えてこなかったのですが、これは欲しいなと思いました。遊びに来てくれた友人に「泊まっていけよ」と言える簡単な客間をぜひ作ってみてください。

家と自然との境界線は、あいまいなのがいいと思います。寒いからといって、外と内を完全に仕切るのではなく、森や空、星や月を楽しむことができる家にしてください。

標高一三六〇メートルの八ヶ岳倶楽部周辺は蚊がいませんから、夜の外での時間も楽しめますよ。それにクーラーが必要ありません。近年は猛暑が続いていますが、ここは別世界です。日中でも木陰に入ると涼しさを感じます。朝晩は寒いぐらいです。四〇年間暮らしていて、この快適さは一番感動していることです。

それから庭には、どこかに水平や垂直なものを配するといいですね。自然の中には本来、水平や垂直、直線といったものはないのですが、人が落ち着くには、水平や垂直なものが必要だといわれています。街には水平や垂直なものがたくさんありますから。

八ヶ岳倶楽部にも水平なものが散りばめられていま

す。森の中の広いスペースにベンチが置かれていたり、テラスがあったり。自然の中に人が配した水平は、おじいちゃんやおばあちゃん、子どもにとっての優しさでもあるのです。

人が気を配り、手を加えたものに安らぎを感じる

昔、テレビの仕事で「里山」をテーマにした番組を作ったことがあります。全国各地の里山を訪れ、たくさんの棚田を巡ったのですが、どこも真の髄から安らぐ風景でした。人間の幸せの根源みたいなものがあると感じたものです。

人は棚田の広がる景色を見ると安らぎを感じ、落ち着くのはどうしてなのでしょう。それは自然の中に人の営みを感じるからでしょう。人が自然に気を配り、手を加えたからこその安らぎ、自然の中に水平や垂直を配したものならではの落ち着きなのです。

里山は小川、田んぼ、畑、雑木林から成り立っています。そのどれもが人が手を入れたものです。小川は田んぼのために人が作ったものです。あんなにも穏やかで素敵な流れは、自然の中にはありません。

雑木林もそうです。もともとあった木々を保育し、間伐し、光を取り込んで風を通す。高木、中木、低木、林床があるように手を入れているから、花も咲き、鳥も虫もやってくるのです。

棚田も人が作ったものです。棚田の斜面を草刈りするのはどうしてか分かりますか？　それは堤防でもある斜面を強く保つためです。斜面を刈ると草の種類が多くなり、種類が増えると根が絡み合って強くなるのです。まさに人が手を加えているからこその景色です。そしてそれこそが野良仕事です。〝野が良くなるようにする仕事〟。だから、野良仕事なのです。

日本の各地にある里山八ヶ岳倶楽部もそのひとつだ

里山には、小川や田んぼと畑、そして雑木林ととも

に人々の暮らしが必ずあります。集落も里山には欠かせないものです。そして人と生き物が共生しています。日本の生き物の大半は、小川や田んぼ、雑木林、そして人々の暮らしのそばにいます。日本人はそうやって生き物と共に生きてきているのです。

また、里山は、生き物の多様性のキーワードです。日本で絶滅してきた生き物はいますが、その数はものすごく少ないと思います。それは人々が生き物と共に生きてきたからです。

日本の家屋には昔から縁側があり、内と外の境界がありませんでした。それは生き物と共に生きてきているということです。そして里山はまさに人々が自然と共に、そして生き物と共に生きてきた場所なのです。

そんな千数百年前からある里山は、日本人独特のものであり、日本の原風景でもあります。里山は日本の各地にありますが、僕たちが守っているこの八ヶ岳倶楽部もまたひとつの里山です。僕たちが居て、林があって、そこに無数の生き物たちが暮らしています。ここを訪れる人が「落ち着く」「安らぐ」と言ってくれるのは、どこかに里山を感じているからでしょう。

きっと日本人のＤＮＡの中には、里山に対する思いのようなものが自然と組み込まれているのではないでしょうか。

3

最近、週休三日制という働き方を取り入れる会社が出てきています。僕は四〇年も前から一週間のうち四日ほどを八ヶ岳、二、三日が東京という生活をしてきていますが、八ヶ岳に来たころは、当時の競争社会から見たら僕のような生き方はマイノリティーでした。

でも今は競争社会の中で戦っていながら、生活の拠点は自然の中に置く人も多く、いろんな生き方があり、働き方も価値観も多様化してきています。休日も単に休むのではなく、自分を高めることをしたり、子どもを育むことが主流になってきているのをここ数年感じています。

週四日間は都会でめいっぱい働いて、残りの三日間は自然の中で家族とともにのびのびと過ごす。週休三日になると、そんな二地域居住を楽しむ人がもっと増えるのではないでしょうか。

夏は特に二地域居住の快適さが感じられます。都会にいると、クーラーの効いた部屋ばかりにいて体調を崩している人も多いですよね。僕には人間の体や神経が悲鳴をあげているように感じます。

昔は都会にいても、夕方のちょっと涼しくなるころに散歩をするのが好きでした。でも最近は路地を歩いても道の両サイドからクーラーの室外機の風がくるので、散歩をすることもなくなりました。

八ヶ岳に住んでいる人の家には、冷房はまずありません。それもここの良さです。夕方、日が陰ってくるとすーっと涼しくなるんです。八ヶ岳の無理のない空気感、自然な風の心地よさは、なんて人に優しいのだろうと思います。

八ヶ岳から車で四〇分ほどの甲府の人たちでさえ、夏はここに涼みに来ます。八ヶ岳倶楽部がある標高一三六〇メートルの辺りは、真夏でも二六度ぐらいまでしか気温が上がりません。三〇度になったとしても木陰に入ると涼しさを感じます。八ヶ岳はトランキライザー、つまり精神安定剤のような空気が流れているのだと思います。

八ヶ岳倶楽部を訪れるお客様には、九〇代の方たちもいます。その方たちは六〇代のころに別荘を建てて八ヶ岳で過ごしてきた方たちで、今はお孫さんやひ孫さんと一緒によく来られます。子どもたちにこそ自然が必要、自然の中で遊ぶことが大事だと感じている人が増えているのだと思います。

今の時代は汚れるのを気にしすぎですよね。森の中を駆け回り、手も顔も真っ黒になって遊んだり、生き物と共に生きることの大切さを、お母さんやお父さん、おじいちゃんやおばあちゃんも考え始めたように感じます。

うちの孫たちは森の中を走り回って育ってきています。三〇センチもあるミミズを手首に巻いてブレスレットのようにして、「じいじ、かっこいいでしょう」とうれしそうな笑顔でよく見せてくれていました。そうやって自然の中でいつも生き物とふれあいながら生きてきたからでしょうね、生き物と関わる勉強をしている孫もいます。

今はがむしゃらに働いてきた人たちが四〇代、五〇代になって、「ちょっと待てよ」と立ち止まり、考える時でもあるのでしょう。給料は下がるかもしれませんが、それでも有意義に時間を使えた方がいい、本当にやりたいことができる方がいいと思う人が増えているのだと思います。

いい大学に入って、いい会社に就職しても、何か違うなと思っている人も多いのでしょう。八ヶ岳倶楽部で働いているスタッフの子たちは、考え方も働き方も本当にさまざまです。北海道で昆布を収穫する仕事をしていて、シーズンオフになるとここにやって来て働くスタッフなどもいます。世の中の流れや時代の流行りなどではなく、自分の価値観で人生を楽しんでいるなと思います。

心が豊かになる暮らしができるのが八ヶ岳だ

自然の中で折り合いをつけながら、生き物と仲良く暮らすのが最高の生き方だと僕は思います。自然に気を配り、手を加えながら共に生きていく、そういうことをやって死ねたらいいなと、多くの人が思い始めているのではないでしょうか。

そしてそんな暮らし方ができるのが、里山だと思うのです。里山は景色だけでなく、そこでの人々の暮らし方も日本ならではの文化です。僕は仕事でさまざまな国を訪れてきましたが、そのたびに日本人のおおらかさを実感し、その良さを感じてきました。日本人には「だいたいでいいよ」というゆるやかさがあります。それがまさに里山での暮らし、心地よい暮らしなのです。

今、八ヶ岳倶楽部は、次男の宗助が八ヶ岳に帰ってきて社長としてお店を切り盛りしています。宗助は自分と同じ世代はもちろん、親世代、子世代、みんなと仲良くやっています。何かあれば手伝い、手伝ってもらう、野菜がいっぱい採れたらおすそ分けし、また分けてもらうという八ヶ岳の暮らしを楽しんでいます。そんな暮らしぶりを見ていると、これが里山なのだ、里山に暮らす日本人の生き方なのだと感じます。

それは儲(もう)けることが第一の関わり方ではなく、心が豊かになる暮らし方です。道路の草刈りも地域のみんなが協力して取り組みます。どこか忙しい家があれば、手の空いている人が進んで手伝いに行きます。そんなゆるやかな家族的なつながりが、里山の暮らしのすばらしさです。

日本はそんな本来の日本人の生き方、里山で暮らしてきた日本人の原点ともいえる生き方に戻ろうとしているのではないでしょうか。

八ヶ岳倶楽部も里山なのかもしれない

八ヶ岳倶楽部もひとつの里山なのかもしれません。二〇~三〇代のスタッフが訪れる方たちに自らの思いでおもてなしをしたり、近くの野良仕事を手伝ったりもしています。

ここで暮らしていると、食べるものに困ることはまずはありません。自然に囲まれて暮らしているだけで十分毎日を楽しめますからお金を使うこともあまりありません。だから、貯金をしようと思わなくても貯金ができます。

スタッフ同士のつながりが深いのも、ここならではです。これまで何十組ものカップルがここで出会い、結婚していき、子どももたくさん生まれています。スタッフは僕のことを「パパ」と呼び、その子どもたちは「山のじいじ」と呼んでくれます。僕にとっては彼らも孫で、もう六十人近くの孫がいます。

スタッフはだいたい三~五年ここで働いて、結婚して地元に戻っていく子が多いので、私の子どもは全国にいます。会長を務めている野鳥の会の活動で各地へ講演に出掛けたりすると、どこに行っても「山のじいじ」という声が聞こえてきてうれしくなります。

八ヶ岳でも、聞こえてくる子どもたちの声にワクワクします。自宅の少し手前に小学校のスクールバスのバス停があって、そこから歩いてくる子どもたちを眺めるのがとても好きです。ここ数年はバスから降りてくる子どもの数が増えて感激しています。

子どもたちを見ていると、すごい勢いでバスから自然いっぱいの外へ飛び出てくる子がいたりして、それがなんか生き物っぽくていいんですよね。みんなで群れて楽しそうに歩いているのもいいなと思います。そんな子どもたちの姿を見ていても、ここには里山的なものが息づいているなと思うのです。

4

八ヶ岳の地に小さな家を造ったら、ぜひ里山のような庭を造ってみてください。生き物と共に暮らす庭です。そこで肝心なのは、八ヶ岳に抱かれている地なので、できるだけもともと八ヶ岳の地域に生きている植物を植えることです。

たとえばアメリカハナミズキが好きなら、代わりにヤマボウシを植えてみてください。また植物図鑑をいつも持ち歩き、ここに合うものを調べて植えてくださ い。きっとこの地に馴染み、人にとっても、生き物にとっても、居心地のいい庭になるはずです。

昔、長男の真吾が幼い頃、庭にチューリップを植えたいと言ったことがありました。僕はやめてくれと止めましたが、どうしても植えたいというので、大きな鉢を買ってきて、「ここにお前の庭を造ってごらん」と言いました。それが真吾の寄せ植えの原点、植物にのめり込んだ始まりです。

東日本大震災の際も、真吾は津波に流された町にスイセンを植えようという「スイセンプロジェクト」を立ち上げ、全国から一六万個の球根を集めて植えました。いつかそこを歩く人や電車から眺める人が花を楽

「八ヶ岳デイズ vol.15」(2018年9月20日発売)に掲載

しめるように、という思いからでした。

スイセンはもともと塩分には強く、海の近くの里山で花を見たい人が植えたもので、いい塩梅に森の中には入っていかない植物です。森の中の生き物は、本来そこにないものが入ってくることで影響を受けてしまいますから、もともとこの地にない植物を植えたかったら、鉢植えにしてみてください。

それから植物はたくさんの種類を植えてみてくださ い。何を植えるかは、秋の風景、紅葉の風景を見て考えるといいですね。

八ヶ岳倶楽部には八ヶ岳の森にあるほとんどの木があるので、紅葉の時期に訪れていろいろ見てみるといいと思います。次の芽を枝先に宿して散っていく時の色のグラデーションや風情は、実にいいものです。どういう色彩にするか、隣の家の木々の色や、家から続く道端の木々との色合いも合わせて考えると、さらにいいと思います。それが日本人ならではの〝塩梅〟というものです。

落葉広葉樹やちょっと低めの実のなる木もお勧めです。冬になって葉がすべて落ちても、赤や黄色の実がなっていると実にいいものです。そこに鳥たちも集まってきます。

冬の鳥たちは混群といって数種類が一緒になって行動します。きっと鳥たちの共通語で「あそこにおいしそうな実があるぞ」なんて話しているのでしょうね。鳥たちは猛禽類に襲われないために、すぐに身を隠せる低い木を好みますから、枝の込んでいる自分の背丈ぐらいの木を植えるといいでしょう。

鳥を見る時は、肉眼で見るのがなんとも贅沢です。二階などから同じ目線で鳥を見ることができたら最高です。我が家の屋根裏部屋はまさにそうです。自分まで鳥になったような気分です。暖かい部屋でワインを飲みながら、家族やスタッフと集まって混群をのんびりと眺めるのは、なんとも楽しい時間です。

森にいる生き物の中で昼に姿を見られて、いい声も聞けるのは鳥だけです。鳥を見ていると、虫のこと、植物のこと、森のことなどいろいろなことが分かってきます。鳥を科学的に見ていくと環境が分かるとも言われています。

浮遊しながら森を眺める
そんな鳥瞰的視点で庭を造る

八ヶ岳で植物とともに暮らしていると、鳥っぽい見方や考え方になってきている気がします。スーッと空中へ上がっていって、木の間で浮遊して眺めているような、鳥的な感覚になるものです。

八ヶ岳倶楽部はそんな鳥瞰的な視点で作りました。限られた視点ではなく、森まで見渡している感覚で、鳥が機嫌よく暮らしているかなど、生き物の身になって考えながら作りました。いろいろな生き物がいることが、八ヶ岳倶楽部のテーマなのです。ここには誰でも感じられる心地よさや快感があると思います。そんな心地よさを生き物たちが喜ぶから、訪れる人の笑顔を見られるから、僕は八〇歳になっても高いところに上って枝打ちをしています。枝打ちをした森はいい風が通り、どこにいっても木漏れ日が差し込みます。その森を楽しみにおじいちゃんやおばあちゃんと一緒にお孫さんも来てくれる。そんな光景を見るのが、僕にとってはある種の快楽なのです。

庭造りでは枝打ちとともに、草刈りも大事です。僕は下草刈りをよくします。草を刈ると光が当たり、背の低いスミレなどいろいろな種類の花や草が咲きます。そうすると虫や鳥もやってきて、生き物のバランスがとれるようになるのです。

秋は下草刈りにさらに精を出します。それは、紅葉が落ちた時にできるだけいろいろな色の絨毯を作りたいからなのです。紅葉の時期は八ヶ岳倶楽部にもたくさんのお客様が訪れます。みなさん、林を散歩しながらいろいろな色の落ち葉を拾っては本に挟んだりして、うれしそうに何枚も持ち帰っています。紅葉の絨（じゅう）毯（たん）は僕の最高の自慢です。

紅葉した林を歩いていて、西日が差してきた時の木漏れ日の中で陰ができるのもとても好きです。紅葉越しの西日を楽しめるのはこの地だからこそ。その光景は八ヶ岳にやってきた四〇年前から変わらない、大好きなものの一つです。

昨年、うれしいことがありました。長男の真吾がいなくなってから、林の手入れが思うようにできず、すみついていた日本ミツバチがいなくなってしまっていたのですが、次男の宗助が八ヶ岳倶楽部の仕事をするようになってから林の手入れに取り組み、五箱すべての巣箱に日本ミツバチが戻ってきたのです。

宗助と二人でお酒を飲んでいて、ふと無口になった時、宗助が「親父、大ニュースだぞ」と言ったんです。「親父と僕らがつくってきた林がめちゃくちゃ褒められている。日本ミツバチが戻って来たんだ。何千匹もいる。カエデの花は地味な目立たない花だけど、その花に小さなハチがたくさんきているんだよ」とうれしそうに言いました。それを聞いた時は、泣けてくるほどの強烈なうれしさでした。

真吾がよく言っていた「日本ミツバチは環境のバロメーター」

宗助は八ヶ岳倶楽部で働くまでは、鳥の名前や木の種類などを全く知りませんでした。それを勉強する手立てとして、日本ミツバチのすむ環境づくりを始めました。

日本ミツバチは昔から日本にいる在来種のミツバチで、花が咲く広葉樹にすみつきます。西洋ミツバチと比べると神経質で、すむ環境が悪くなったり、気に入らなければ、すぐにいなくなって別の場所に行ってしまいます。真吾はよく「日本ミツバチは環境のバロメーターだ」と言っていましたが、本当に細やかな手入れが必要です。

宗助はここで暮らすようになってから、子どものような感受性に返っているように感じます。刈り込みをするのにどうすればいいのか？　どんなふうに枝打ちをすれば、いい風が通るのか？　いろんなことを僕に聞き、一つ一つ勉強しながら、じっくりと林に手を入れ続けてきました。

　日本ミツバチがそんな環境を気に入って戻って来てくれたことは、本当にうれしいことです。立派な家はいりません。みなさんも日本ミツバチに好かれるような林を、庭をつくってみてください。きっと人にとっても最高に居心地のいい庭になりますよ。

5

近年、冬の寒さがやわらいできていますが、今年の冬は八ヶ岳倶楽部のあるこの地でも、ほとんどと言っていいほど雪が降りませんでした。

雪が降らないと残念なのが、ここにやって来る鳥たちの数が少なくなることです。この地での例年の冬の目玉は、なんといっても鳥です。異なる種類の鳥たちが群れをなす混群を見ることができるのが、冬の一番の楽しみです。

鳥たちが大好きな実のなる木々に囲まれている八ヶ岳倶楽部では、寒さを感じない暖かい建物の中で、双眼鏡も使わずに肉眼でさまざまな鳥を見ることができます。鳥好きな人はもちろん、ここを訪れる多くの方たちに喜んでもらっています。

鳥たちが好む雑木林は、人にとっても心地いいものです。その心地よさは、自然にすべて任せていては手に入れられません。人の手が入ってこそ、人も生き物も喜ぶ森になります。

八ヶ岳倶楽部のあるこの森も、かつてはカラマツ林でした。四〇数年前からコツコツと手を入れ続けてき

「八ヶ岳デイズ vol.16」(2019年3月22日発売)に掲載

たことで、たくさんの生き物が暮らす雑木林になり、今ではニホンミツバチもすみつくほどの森になっています。

みなさんも庭を造る時は、雑木林のような庭を造るといいでしょう。庭を造ると言うと、日本庭園を思い浮かべる人も多いかもしれませんが、造り込まれた日本庭園のスタイルは、本来自然の中にはないものです。見ているだけで心が安らぎ、その中にいると気持ちが落ち着くのは、やはり雑木林のような庭でしょう。

雑木林とは若い広葉樹の林です。ヤマザクラやカエデ、クリなど実のなる木です。日本各地の山にはスギやヒノキといった針葉樹が多く植えられていますが、真っすぐ伸びた木々の下まで光が入り込まない森は沈黙の世界です。

近年は各地で災害が多く起こり、山が崩れています。崩れる山に多いのは、やはりスギやヒノキなど同じ種類の木を同じ時代に植えた山なのです。

雑木林はその字の通り、雑多な木の集まりで、いろんな木があるほどいい雑木林になります。さまざまな種類の木があるといろんな養分を欲しがって根っこ同士が絡み合い、森そのものを強くします。枝も絡み合い、木々も強くなるのです。

雑木林で大事なもののひとつが、木漏れ日です。八ヶ岳倶楽部の周りの森も、かつては僕の胸ぐらいの丈のクマザサでいっぱいでした。そのクマザサを何回も切ったことで、次第にかわいらしいクマザサが生えるようになって、木漏れ日が地面までしっかりと届くようになり、八ヶ岳タンポポやスミレといった花も咲くようになっていきました。

木漏れ日の庭の手入れには、ハシゴとノコギリ、それと園芸用ハサミを買いましょう。庭を歩く時はいつも持ち歩いて、「ここはなんか薄暗いな」と感じたら、地面にちらちらと落ちる光を見ながら手を入れていくといいです。どれぐらい間引いたらいいかは、僕は「子どもが番傘を持って歩けるぐらい」と習いました。

少し枝を切ってあげると、みんな背伸びをするようになります。そうすると花が咲き始め、虫がすむようになり、鳥が歌い出します。沈黙していた森がにぎやかになっていくのです。

木にハシゴを掛けて登る時は、ハシゴはできるだけ木と平行に掛けてください。斜めに掛けると、上に登っている時に風が吹いたりすると落ちる可能性がありますから。

自分も木やミミズと同じ生き物なんだ

登る時は、左手は木の幹をしっかりと抱いてください。木の幹は木の心臓部です。幹に触れながら、木の匂いを感じ、木がどんなことを言おうとしているのかなど考えてみてください。うちでは誰か悩んでいたりすると言うんです。「ぐずぐず考えても分からない時は、木に抱きついて想像してごらん」と。大事なのは、どれだけ自然を生きるかだと思います。年を重ねてからは、意識しないとできないものです。子どもは面白いことがあるとすぐに同化できますが、いろんなものに囲まれている大人は、自分が生き物の一つであるという感覚を持つのが難しいのです。

行き場を失くした田んぼの生き物たち

時には木に抱きつき、ミミズを手のひらにのせて動いているのを感じながら、「自分もこいつと同じ生き物なんだ」と実感してみてください。

どんな場面でも効率化が進められる現代、農業においても効率化が図られています。それにより、かつて田んぼにいた生き物たちがいなくなっているという現状があります。今、冬の田んぼを見渡すと、どこも水が抜かれてカラカラになっています。機械で稲刈りをしやすいように、秋になると水を抜いてしまうんです。これでは田んぼにいたメダカなどの生き物は生きることができません。

また6月半ばにも田んぼの水を抜いて土を一度カラカラにする「中干し」が行われています。水を落とすことで、稲の根を遠くまで延ばして強くするという考えから行われているようですが、この時期はちょうどオタマジャクシがカエルになろうとしている頃です。田んぼが干からびてしまっては、カエルになることができません。カエルはカメムシの天敵です。カエルが減ると、実った稲の養分を吸ってしまうカメムシが大量に発生し、生態系が壊れてしまいます。その結果、農薬を使わざるを得ない状況になってしまうのです。冬の田んぼから水を抜くようになってから、水田でコウノトリなどの鳥たちが休憩する姿も見られなくなりました。鳥は上空から地上を見た時、水面がキラキラと輝いて見える田んぼに下り立ちます。水がないところには餌がありませんからね。

でもここ数年、安全なお米とコウノトリの餌となる生き物を同時に育む稲作技術「コウノトリ育む農法」が各地で取り組まれています。メダカやカエルなどの生き物がすめる環境をつくることで、コウノトリが日本各地の水田に戻ってきています。一時は野生絶滅してしまったコウノトリの姿を、各地で見られるようになってきているのです。徳島県の鳴門市の水田では、コウノトリが飛来して卵を産み、子どもが生まれて巣立っています。またカエルがいることでカメムシの被害も減るなど、「コウノトリ育む農法」は確かな効果を生み出しています。農家のみなさんが何枚もある田んぼの一枚だけでもいいので水を入れてくれることで、コウノトリだけでなく、減少しているタンチョウや、野生絶滅から絶滅危惧種へと見直されつつあるトキまでもが戻ってくるかもしれません。そんな風景が日本各地に広がっていくことを願っています。

6

私が八ヶ岳倶楽部を作ったのは、今から三〇年前の平成元年です。うちのママが芸術家や作家の作品が大好きで、「まだ世に知られていないけど素晴らしい作品をつくっている作家さんたちを紹介して、応援できる場を八ヶ岳に」というママの思いからつくりました。スタート時は紹介する作家は三人ほどでしたが、今では七八人もの作家のさまざまな作品を紹介することができています。

またこの敷地内では、みんながやりたいこと、ここのフィロソフィーに合うことをやっています。農産物やパンなどものづくりをする人が集まり、市場もやっています。ものをつくる人、それを買い求める人、そしてこの場を提供する私、みんなに一体感があるのもここならではです。

八ヶ岳倶楽部には、おもしろいスタッフもたくさん集まってきます。この辺りはオンシーズンとオフシーズンでお客様の入り具合がかなり違うので、オンシーズンは一生懸命に働き、オフシーズンはここを離れて暖かいところに行くなど、渡り歩きながらさまざまな勉強をしている人が多くいます。

「八ヶ岳デイズ vol.17」(2019年9月24日発売)に掲載

日本はひとつの仕事をやり通して一芸に秀でるスタイルがいいとされていますが、果たしてそれがいいのかと、ここにいると考えます。「自然を生きる」というのは、そうではないのではないでしょうか。人は一芸に限らずいろいろやることができる生き物です。八ヶ岳倶楽部のスタッフは渡り鳥的に各地を渡り歩き、遠くへ旅立つたびに多くを学んで、またここに戻ってきます。最後にたどり着くところがここなのです。

彼らは「やりたいからやる、行きたいから行く」という感覚を大切にしています。懐かしい言葉で言えば「現代のフーテン」ですね。いろんなことに興味があるから質問力もすごいですし、海外に行く人も多いので外国語が堪能な人も多くいます。そういうみんなが関わり合いながら高め合って生きているところなのです。

私の暮らしている八ヶ岳南麓は、うちのスタッフも含めいろいろな人がやってきて、地元の人も移住してきた人も、二地域居住の人も、みんなが交わり合っています。

その昔は、移住者はその田舎の文化や歴史にのっとって、そっと仲間に入れてもらう感じでしたが、今の田舎はいろんな人や文化が交錯しています。特にこの地は開拓の地だからということがあるのでしょう。

小海線の駅の構内には開拓の碑も建てられています。ここはさまざまなところから人々がやってきて、みんなの手でつくりあげたところです。そういう歴史があり、今も各地からいろんな人が移り住んできているので、放っておいてもさまざまな文化が融合します。移住者が多いからこそコミュニケーション力も高く、さまざまな話が飛び交い、朗らかさもあるのです。

大企業や大きなホテルがあまり進出していないことも八ヶ岳南麓のいいところです。ほとんどが個人が所有している土地なので、大企業が進出しにくいのでしょう。私が八ヶ岳倶楽部を作る時も、七人の地権者から土地を譲ってもらっています。

大きな建物がないのでコンクリートもアスファルトもビルもない。それがこの地の心地よさになっています。

年齢も経験も立場も関係なく みんなが同士

ここにやってくる人は、かつてはお金と暇がある別荘目的の人たちでしたが、今はそういう方たちの数よりも、小さなお子さんのいる家族が、子どもの健康や未来を考えて移り住んでくることが多いです。

そうやって移り住んできた人たちと、私もよくコミュニケーションをとります。都会にいたら、若い世代と私のような八〇歳を過ぎたおじいちゃんが気軽に言葉を交わすことはまずないでしょう。でも緑の木々や花、鳥に囲まれるこの地で暮らしていると、誰もが自然の中の生き物だと実感します。その中で年齢も性別も立場も関係なく交じり合い、溶け込んでいます。

そうやって何ものにもとらわれずに話ができるのは、すごく楽しいことです。もちろん、この地に来る人の中には大きな企業を経営していた人などもいます。でもここに来ると、そんなことは関係なくなってしまいます。みんなが同士なのです。年齢も経験も関係なくいろんなことを教え合い、繋がり合いながら生きています。

ありのままを受け入れる 大らかさがここにはある

ここで過ごしていると、年寄りは年寄りらしくいられます。私にとって東京は各地を行き来するためのハブ空港であって、ずっと都会で暮らしていたら多分今ごろは施設に入っているでしょう。

生き物はそんなに頑丈ではありません。都会でずっと暮らしていたら、自分の体や心がおかしくなりつつあったとしても、それに気づくことができないと思います。そしてもし今までのように生活できなくなってしまったら、施設で過ごすことになるでしょう。

でもここではそういう状態になってしまった人を周りのみんなが見守り、手助けしてくれます。何十年も生きてきた証しとして受け入れてくれる、そんなおおらかさがあるのです。

この地が私は大好きです。私とママは天寿を全うしたら八ヶ岳に抱かれて眠りたいと思っています。自然の中の生き物として認められ、八ヶ岳の懐に抱かれて眠りたいといつも話しています。

この地域には開拓者の方たちの組合がつくったお墓があります。七〇年ほど前に入植した方たちがつくったと聞いています。そこは八ヶ岳が間近に見え、振り向くと富士山や南アルプスがそびえるとても素晴らしいところで、私のすごく好きな場所です。

でもそのお墓は開拓者の組合のものなので、私たちは入れません。それでもどうしてもそこに入りたいと思い、以前、組合長さんに会いにいきお願いしました。するとすぐに会議を開いてくださり、「柳生さんは開拓民だからいいよ」と言っていただけたんです。それはそれはうれしくて号泣しました。

今、ここに移住してきている人たちも開拓民だと私は思います。志が同じ者は年齢も経験も関係なく、師匠でも弟子でもなく、いろんなことを教え合いながら共に生きる同士です。みんなで助け合い、支え合いながら生きていく、八ヶ岳南麓はそういう地なのです。

7

新型コロナウイルス感染症によりこれまで経験したことのない状況が続いている中、都心から地方への移住や二地域居住を考える人、既に移住している人も増えているようです。私のところに相談に訪れる人も多く、八ヶ岳南麓にも家族で引っ越してくる人が増えています。新型コロナウイルス感染症が、自然の中でのびのびと暮らしたい、生き物が気持ちよく生きているところで人間も生きたいと思うきっかけになったのではないでしょうか。それはこの災禍が〝自分事〟だからだと思います。

これまでも地球温暖化など世界規模の大変な問題はたくさん起きていますが、ちょっと遠い問題ととらえているところがあったと思います。でもコロナ禍は誰もが自分事の問題です。環境問題が原因でうつ病になったという人はそういないと思いますが、コロナ禍においては子どものうつ病やDVなど、さまざまな自分事の問題が起きています。これまで経験したことがないことを経験しているからこそ、さまざまなことが起こっています。

そんな中での人々は、生き物としての気持ちよさを

「八ヶ岳デイズ vol.19」（2020年9月24日発売）に掲載

求める生き方に向かいだしたのだと思うんです。人間も生き物に戻ってきている。そう感じている人も多いのではないでしょうか。

新型コロナウイルス感染症は怖いものではありますが、私自身、そこまで落ち込んではいません。この八ヶ岳南麓の自然の中にいると気持ちが落ち着き、とるべき対策をしっかりととりながら日常を大切にしようと毎日を暮らしています。

コロナ禍で自分を見つめ直し、家族と向き合い直している人も多いと思います。子どもたちを、おじいちゃんやおばあちゃんを、このコロナ禍でどう守っていくか、家族みんなで考えるようになったのではないでしょうか。そうやってみんなが向き合う中で、親子や家族の絆がこれまで以上に強くなっていると思います。

コロナ禍で人間本来の喜びや、家族や仲間の大切さをあらためて気づくことができました。自粛期間中は大変なこともたくさんありましたが、子どもを含めた家族での自粛生活ができたことはある意味でよかったのではないかと思っています。

家族がこんなに一緒にいる時間はこれまでなかったですよね。家族みんなでどう過ごそうか、何をして楽しもうかと、これほどいろいろ話し合うことはなかったと思います。

家族の時間の中で、仕事の忙しさや日々の慌ただしさで後回しになっていたこと、夫婦間や親子間で言葉にできなかったことなど、これまでオブラートに包んでいたものが露呈し、人間本来の姿に戻ったように感じます。夫婦喧嘩が増えたという一面もあるかもしれませんが、これまで見て見ぬふりをしてきたものが露呈したことで、壊滅的な破壊に至らずにすんだように思います。

子どもたちこそケアが必要
自然の中を駆け回ってほしい

八ヶ岳倶楽部は自粛期間中の一カ月ほどクローズし

ていた時期がありましたが、この辺りで店を営業しているみんなで話し合い、徹底的に対策を講じ、みんなで営業をスタートさせました。そういういい仲間が周りにいて、みんなが力を合わせて対策に取り組み、盛り上げてきたことで、気持ち的に落ち込み過ぎることなく頑張れてこられたのだと思います。

今年の夏は外のテラスをメインの営業でしたが、多くの方に訪れていただきました。八ヶ岳倶楽部のある場所は県有地の一番端で、ここから北に私有地はなく、すべて国有地です。また東側には大きな沢があります。そんな立地もお客様に安心してもらえるところではないでしょうか。

昔から何十年も来てくれているおじいちゃん、おばあちゃん世代のお客様が、娘さんや息子さん、お孫さんを連れて三世代で来られている姿が多く見られました。

例年よりもお子さん連れのお客様がとても多く、いつも以上に子どもたちが楽しそうに走り回っていました。森の中を元気に駆け回っていたかと思うと遊び疲れて椅子で寝ていたり、とても気持ちよさそうに過ごしていて、あらためて自然の中にいる良さを実感したのではないでしょうか。

コロナ禍での自粛生活が続いている今、一番ケアしなくてはならないのは子どもです。これまでとは違う毎日の中で、病んでしまう子どもも多いと聞きます。子どもたちこそ自然の中でのびのびと遊んでほしい、思いっきり体を動かして楽しんでほしい。この夏はそんな思いで子どもたちを見つめていました。

植物こそが五感の原点
自然の中で開かれていく

この八ヶ岳南麓で過ごしていると、閉じていたものが開かれていきます。自然の中を歩き、大きく深呼吸をすると、五感が開いていくんです。生き物との出合いも五感を豊かにしてくれます。リスや鳥などの動物との出合いもそうですが、植物こそが五感の原点だと思います。

八ヶ岳倶楽部を訪れる人はみんな木や花、草をじっと見て、触って、匂いをかいでいます。木漏れ日のある森に、そして木漏れ日の向こうに見える山々や富士山に感動しています。

木漏れ日をつくるのは私の仕事です。手入れをしないと木漏れ日はできません。ここを訪れる多くの人が木漏れ日の森に感動し、癒しを感じてくれる。そうやってここで生き物に戻っていると実感してもらえることが、私もうれしいのです。

新型コロナウイルス感染症によってこれから世の中も変わっていくと思います。これまで経験したことのない時代がくるでしょう。価値観そのものが変わっていくでしょうし、既にそうなってきていると感じています。

職業の概念も変化し、これまでのいい大学に入っていい会社に勤めるという価値観は崩れていくのではないでしょうか。自然の中で生きる選択をする人が増え、これまで考えていなかったことを考えるようになり、職業選びの第一条件として、お金を挙げる人は少なくなっていくと思います。お金よりも自分の好きなことに取り組む人が増えていくのだと思います。

働き方も変わってきています。リモートワークがひとつの働き方となり、渡り鳥的な生き方ができるようになりました。これまで想像しなかったような仕事をしていく世の中になっていくでしょう。そしてそんな新たな時代の中で、新しい自分にも気付くのではないでしょうか。

8

コロナ禍での制約のある日々が続き、これまで誰も経験したことのない時代が進んでいます。最前線で力を尽くしてくださっている医療従事者の方々には、本当に感謝するばかりです。

日本はもちろん、世界中でみんながコロナと闘っている今は、国同士がケンカなんてしている場合ではありません。世界中の人々が手を取り合い、一つになっていかなければなりません。

鳥には国境なんてありません。空を自由に飛び回り、国なんて関係なく渡っていきます。私は彼らのそういうところが一番好きです。ジョン・レノンの曲『imagine』みたいだなって思います。

『imagine』でジョン・レノンは「国境なんかない。世界は一つになるんだ」と歌っています。鳥もそう言っている気がして仕方がありません。コロナ禍の今、まさに世界は国や宗教、人種などを超えて、一つになる時です。

鳥と他の動物との一番の違いが何か分かりますか？それは「鳥瞰」ができることです。あらゆる生き物の中で、上から俯瞰できるのは鳥だけなんです。俯瞰で

「八ヶ岳デイズ vol.20」(2021年3月29日発売)に掲載

きるからこそ、数千キロの距離を渡ってくることができたり、上空から小さな獲物を狙えたりします。

鳥は恐竜の生き残りといわれています。人間の先祖と思ったら大間違いです。鳥は八〇〇〇万年以上も前から生きている恐竜の一種です。

鳥は八〇〇〇万年の中でさまざまなものを本能的に得てきていて、生き物として人間よりはるかに大先輩です。僕は鳥より人間の方が優れているなんていう考えは持っていません。逆に「人間を一番に考えてはならない」と言いたいです。

コロナ禍の今だからこそ、人間も鳥瞰することが必要ではないでしょうか。世界をもっと俯瞰的に見ながら、今やるべきことに取り組んでいくことが大切だと思います。

コロナによって、世界における日本の役割も変わっていくと思います。今までは競争経済という大きな価値観がありましたが、それとは違う時代がくると思います。

だからこそ今が大事です。どう切り抜けて世界の手本となり、途上国の手助けとなっていくのか。日本が世界のリーダーになっていくべきだと思います。

コロナによって、誰もがいろんなことを学んでもいると思います。暮らし方、働き方、人との関わり方、協力し合うことの大切さ。それらを見つめ直し、考えることで、コロナに怯(おび)えるだけでなく、みんなが生きていく知識を持つようになってきたと感じています。そしてこの半年、一年という短い期間で、全く違う考え方や価値観になったのではないでしょうか。

人間の未来にとってプラスの変化も起きている

ゴミ問題も変わっていくと思います。コロナ禍で人々の活動が抑えられたことにより、ＰＭ２・５の飛散量が減ったなど、環境汚染が抑えられたというニュースもありました。

コロナを機に、環境問題もさらに身近なものになり、またさまざまな人がものをいえるチャンスが出てくるのだろうと思います。

これまでは東京のビルの一角で専門家が集まって協議されるのがあたり前でしたが、これからは専門家でない人も集まり、例えばこの八ヶ岳でこの地の人たちが車座になって環境問題について語り合うなど、みんなで取り組んでいくことも大事だと思います。

それがいいアイデアにつながったり、みんながさらに自分の事として環境問題に取り組んでいくことができるのだと思います。

またこれからは知的レベルの高い社会にもなっていくと思います。コロナを機に、誰もが物事を深いところから考えるようになりました。一人一人が生きていく知識として、さまざまなことを学んでいます。

子どもだって高齢者だって、今はみんなが考えなくては生きていけません。親は子どもを守るために子どもと真剣に向き合って対話しています。コロナというこれまで経験したことのなかった状況を子どもにも分かるようにきちんと説明し、いろいろと話し合っています。それは相手が幼児であっても赤ちゃん言葉では話せない内容であり、子どもたちは幼くても難しい単語を学び、子どもなりに考えていると思います。そうでなくては、自分の身を守ることが難しいのですから。

これは、人間の未来にとってすごいことではないでしょうか。きっとコロナが収束した時、誰もがこれまでより学び、考える自分になっているのだと思います。

コロナ禍を生きる上での変化で一番すごいのは、今までの価値観が大したことではなくなっている、ということだと思います。お金を持っていること、受験勉強を必死にしていい大学に入ること、そんなあたり前の出世コースを良しとする価値観が変わってきているのではないでしょうか。

価値観の変化は二地域居住にもつながってきています。コロナ禍で、八ヶ岳に移住したり、二地域居住の拠点を構えたりする人たちがとても増えています。もちろん、密になりやすい都心を離れたいという思いもあるのでしょうが、東京で競争して生きていくことよりも、地方でのんびりと暮らしそのものを楽しんだり、人とのふれあいを大事にする生活を選択する人が増えているのではないでしょうか。

コロナ禍で人と直接会って会話を楽しむ機会が本当に少なくなり、価値観も変化しているこれからは、友人がたくさんできる時代にもなっていくと思います。人として、生き物として、大事なものが何かを考え、新たな価値観で人と関わる中で、本当の友人ができるのだと思います。お金という価値における友人関係はなくなっていくでしょう。

僕自身は八ヶ岳で暮らし始めてから、本当に多くの友人ができました。相手が何の仕事をしているのか知らない友人もたくさんいます。ここで友人をつくるのに、仕事も立場も年齢も関係ありません。木や鳥のこと、季節のこと、自然のこと、そういう話をしていると、一気に友だちになる道ができるのです。

コロナによって多くの我慢が強いられ、大変な思いをしている人もたくさんいます。でも一方で、コロナ禍だからこそ得られたものもあります。コロナ禍を生きなければ考えなかったこと、向き合わなかったこと、行動しなかったことがあります。我慢の生活はまだしばらく続くと思いますが、今をしっかりと生きることで、新しい自分に気付いたり、新たな一歩を踏み出すことにつなげていってほしいと思います。

9

コロナにより世界中が未曾有の事態となっていますが、そんな状況だからこそ、世界中のみんながこの地球について、暮らしについて、また未来について、これまで以上に真剣に、自分の事として考えるようになったのではないでしょうか。

そしてコロナ禍で経済活動、社会活動を行う中で、私たちの社会が抱えている課題がより明確になり、未来のために、子どもたちのために、今、私たちが何をするべきなのかが見えてきたのだと思います。

その表れが「SDGs」ではないでしょうか。「SDGs」は二〇一五年九月の国連サミットで採択された、国連加盟一九三カ国が、二〇一六年から二〇三〇年までの一五年間で、持続可能なよりよい世界を目指すために掲げた国際目標です。

当初は「SDGs」という言葉さえ聞いたことがない人が多かったと思います。でも今では毎日のように「SDGs」が話題になり、世界各国でその取り組みが進められています。世界中で「SDGs」が音を立てて浸透してきているのを実感でき、とてもうれしい

「八ヶ岳デイズ vol.21」(2021年9月29日発売)に掲載

です。

これまで先進国も途上国も関係なく、世界中が同じ目標に向かってこれだけ進んだことはなかったのではないでしょうか。今や「ＳＤＧｓ」は世界共通語です。それは本当に凄(すご)いことです。

コロナという厳しい状況下ですが、宗教も政治も文化も異なる世界のみんなが、「ＳＤＧｓ」という共通目標にともに取り組むことができる、世界がその目標に向かってひとつになれる、すごい時代になったと思います。

「確かな未来は、懐かしい風景の中にある」。僕がバカのひとつ覚えのように昔からずっと言っている言葉です。

「ＳＤＧｓ」の取り組みには一七の具体的な目標が掲げられていますが、その一つ一つはまさにかつてあった「懐かしい風景の中にある」と感じるのです。そして同時に、その「懐かしい風景」こそが、これから描いていく「確かな未来」だと思うのです。

一七の目標は「人や国の不平等をなくそう」「住み続けられるまちづくりを」「作る責任　つかう責任」「陸の豊かさも守ろう」などの項目がありますが、四〇数年前に僕が八ヶ岳で暮らし始めてからずっとやってきたことが、まさにこの「ＳＤＧｓ」的な取り組みです。

僕が四〇年以上にわたりやってきたことが、世の中の人々が関心を持って取り組んでいくものに、世界の共通目標になっている。それは本当に感無量です。八〇数年の僕の人生で、最高の時代がきたなと思います。

自然とともに生きる心地よさ
それが僕の原点

八ヶ岳での生活を、僕は目標を持ってやってきたわけではありません。ただ自分にとって心地いいことをやってきただけです。決して無理せず、人間と自然、そして生き物が一緒に生きていく。それは僕にとってはとても心地いいものです。

僕の人生は、そんな懐かしい風景の中にだけいたのだと思います。家族で八ヶ岳で暮らし、森を造り、虫や鳥たちとともに生きてきました。それはサステナブルな暮らしをしようと思ってしてきたのではなく、その暮らしをすることで気持ちが平穏になるから、心地いいから。それが僕の原点なのです。

心地いい暮らしの中でも、僕が特にこだわってきているのが木漏れ日です。僕が野良仕事をずっとしてきた理由は、木漏れ日のためといってもいいくらいです。

僕が暮らす八ヶ岳のこの辺りは、暮らし始めた当時はカラマツの人工林でした。まったく手を入れていなかったので、高い木が生い茂っていて光が下まで届かず、そうすると低い樹木や草花も育つことができません。そういう森には虫も集まりません。虫を餌にしている鳥も来ません。今の森からは想像できないと思いますが、まさに沈黙の森でした。

そんな森にコツコツと手を入れてきました。定期的に高い木の枝を落として下まで日の光が入るようにし、ここに本来あった木々を育て、木漏れ日のある森を造りました。カエデだけでも八、九種類あります。種類が違えば、それぞれを目指してさまざまな虫や鳥がやってきます。木漏れ日の森はとてもにぎやかです。

木漏れ日は日本ならではの美しいものです。木漏れ日という表現は、日本人独特の感性から生まれたものだと思います。以前、イギリスのデービッド・アッテンボローという有名な動物学者と木漏れ日の美しさについて語り合ったことがありますが、彼は木漏れ日をひと言で表現できる英語はないと言っていました。まさに日本ならではの懐かしい風景なのです。

そんな心に響き、心地よく見ていられる風景こそが、懐かしい風景だと思います。懐かしい風景は日本だけでなく、先進国にだって、途上国にだって、どこにでもあるものです。どこの国の人もそんな懐かしい風景の中で育ってきているはずです。

一七の目標は世界中の人々が
あたり前にやっていたこと

「ＳＤＧｓ」の一七の目標は世界中の知性が集まり、話しに話し合ってできたものだと思いますが、かつては世界のみんなが懐かしい風景の中であたり前にやっていたことなのです。だから一七の目標は、世界中の誰にとっても納得でき、取り組めるものだと思います。

　もちろん、一七の目標ができていなかった時代もあります。それによって戦争や紛争などが起こったという歴史もあります。そんなさまざまな歴史も含めて懐かしい風景であり、その懐かしい風景から、多くのことを学び得ているのです。

　今、世界中のみんなが心地いい方に向かって歩みだしていると思います。向かっているのは「懐かしい風景」であり、そこに僕たちが目指す「確かな未来」があるのだと思います。

10

「SDGs」への取り組みが進み、世の中がサステナブルな方向へと変化してきているいるのを感じます。今、人々の価値基準も確実に変わってきてきて

いるのを感じます。既に実践している人もいますが、CO_2を排出する商品を使わなくなったり、サステナビリティーのある商品を使っていることに価値を感じられる時代であったりします。これからもっともっとそんな暮らしが当たり前になっていくと思います。

これまでは「オレが、オレが」という人が多かったと思いますが、今はそれも変わってきていますし、お金を第一に考える人がとても少なくなったように感じます。

僕の好きな言葉に「左手にサイエンス！　右手にロマン！」というのがあります。僕は以前、約一〇年間にわたりNHKの『生きもの地球紀行』というテレビ番組の取材とナレーションを担当してきました。世界のさまざまな野生の生き物を取り上げる番組で、一回の放送をするのにスタッフが半年掛かりで下調べをして、準備に準備を重ねて制作していました。その番組のポリシーが「左手にサイエンス！　右手にロマ

「八ヶ岳デイズ vol.22」(2022年3月29日発売)に掲載

ン！」だったのです。

　生き物たちを取り上げる時は、その生態をより具体的に科学の目で見つめるサイエンスが必要です。それとともに、詩人の魂を持って生き物を見つめるロマンも同じぐらい必要なのです。

　僕もスタッフもサイエンスとロマンの両方をとても大切にしていました。どちらかだけでは野生の生き物たちの魅力を伝えることは難しく、また、その双方があるから動物や自然を守っていくことができるのです。

　これまで人々はサイエンスをお金儲（もう）けや、権力に結びつけることも多かったと思いますし、それが実際に悪用されることもあったと思います。でもこれからの時代、サイエンスは世界中の人々が平等に、幸せに、暮らしていくために使われていくべきものだと思います。そしてそこにはやはりロマンも必要なのです。今、世界で進められている「ＳＤＧｓ」の達成にも、「左手にサイエンス！右手にロマン！」がとても重要だと思います。

教えるよりも
教えてもらうことが大切

　コロナ禍で先の見えない状況が続いている今、誰もがこれからどう生きていくのかを考えています。若者も年寄りも関係なく、みんな自分の意見を持っていると思います。

　昔は何かを語るのは年寄りの役割で、若者は年寄りの前では意見を言いにくいものでしたが、今は若者も自らの考えていることを自由に語れる時代になっています。僕たちは若者からいろいろなことを学ぶことができます。教えてもらうこと、学ぶことはとても大事なことです。落ち着いた心静かな人生を送りたいなら、教えるよりも教えてもらうことが大切です。

　歴史の中で、悲惨な出来事がなぜ起こってきたのか。それは相手の話を聞くことができなかったから、人から教わることをしてこなかったからだと思います。僕は『生きもの地球紀行』の番組制作を通して、さまざまな国の学者、その国に暮らす多くの人々、番組制作に取り組むスタッフ、本当にいろいろな人たちからさまざまな話を聞き、教えてもらってきました。八ヶ岳の森や里山などについては、もちろん私も教えることができます。二人の息子、そして七人の孫たち全員に森のこと、自然のことを教えてきました。森の中で仕事をしながら、遊びながら、大切なことや知ってほしいことを伝えてきました。

そんな孫たちも社会人や大学生になり、今は逆に私にたくさんのことを教えてくれます。自分の知らないことを聞くのは楽しく、とても勉強になります。

孫たちだけでなく、「八ヶ岳倶楽部」にはいろんなところから集まってきた若者たちが働いていて、若いお客さんもたくさん来ます。そういう若い世代の話を聞くのが、僕はすごく好きです。若者は僕が聞きたいこと、知りたいことをたくさん話してくれます。僕が話す暇がないほど、僕が聞き上手になるぐらい、興味深い話をしてくれます。

「今の若者は～」という人がいますが、それは禁句です。若者はみんなすごいものを持っていますが、ただ思いが強く、バランスがとれていないだけなのです。もうちょっとだけ言葉を添えたりすると、「あっ、そうか」と一気に話が整理され、さらに面白い方向に話が続いていきます。

年寄りの会話の場に若者が一人入るだけで、話の展開が全然変わってきます。大事なのはコミュニケーションです。年齢も立場も関係ない率直な意見のやりとりが大切なのです。

コロナ禍で好むと好まざると家族みんなが家にいる時間が多くなっている今、これまで以上に家族もコミュニケーションをとるようになり、お互いに本音で話し、ぶつかることができるようになったと思います。本音の中で生きていく時代になってきたのです。

コロナ禍を抜け出した先はいい時代になるだろう

何十年も前から思っていることですが、「時代と添い寝する」ことが大事なのではないでしょうか。今を無視して、周りの意見や考えを受け入れず、時代と添い寝しないで生きられる時代ではありません。新型コロナの感染対策と同様に、自分のことだけでなく、みんなのことも考えなくては生きられない時代なのです。

そして、添い寝して共に倒れていくのではなく、もっとすごいことができそうだから、楽しいことができそうだから、添い寝するのです。

世界中がこれほど同じように物事を感じる機会はこれまでなかったと思います。世界中の人々が同じ思いを持ってコロナという見えない敵と戦い続け、その先の未来を見つめて「ＳＤＧｓ」に取り組んでいる。まさに時代と添い寝しているのです。

コロナ禍でこれまでとは暮らしも働き方も学び方もすべてが変わり、大変なことが多いですが、この先はいい時代になるんじゃないかと僕は考えています。世界中で「ＳＤＧｓ」に取り組むようになった今、世の中が、世界が負う痛みは、これまで僕たちが考えていたよりもずっと少ないものになるのではないかと思います。どこの国に暮らしていようと、どんな暮らしをしていようと、みんなが「ＳＤＧｓ」を知っている。そして世界中で取り組んでいる。そういう時代がきたのだと思います。

八ヶ岳に抱かれながら、
生き物と共に暮らす。
それは最高の生き方。

心安らぐ里山は、
人と生き物が共に生きる
日本の原風景なのだ。

自然の中の
生き物として
認められ、
この八ヶ岳の懐に
抱かれて眠りたい。

柳生博

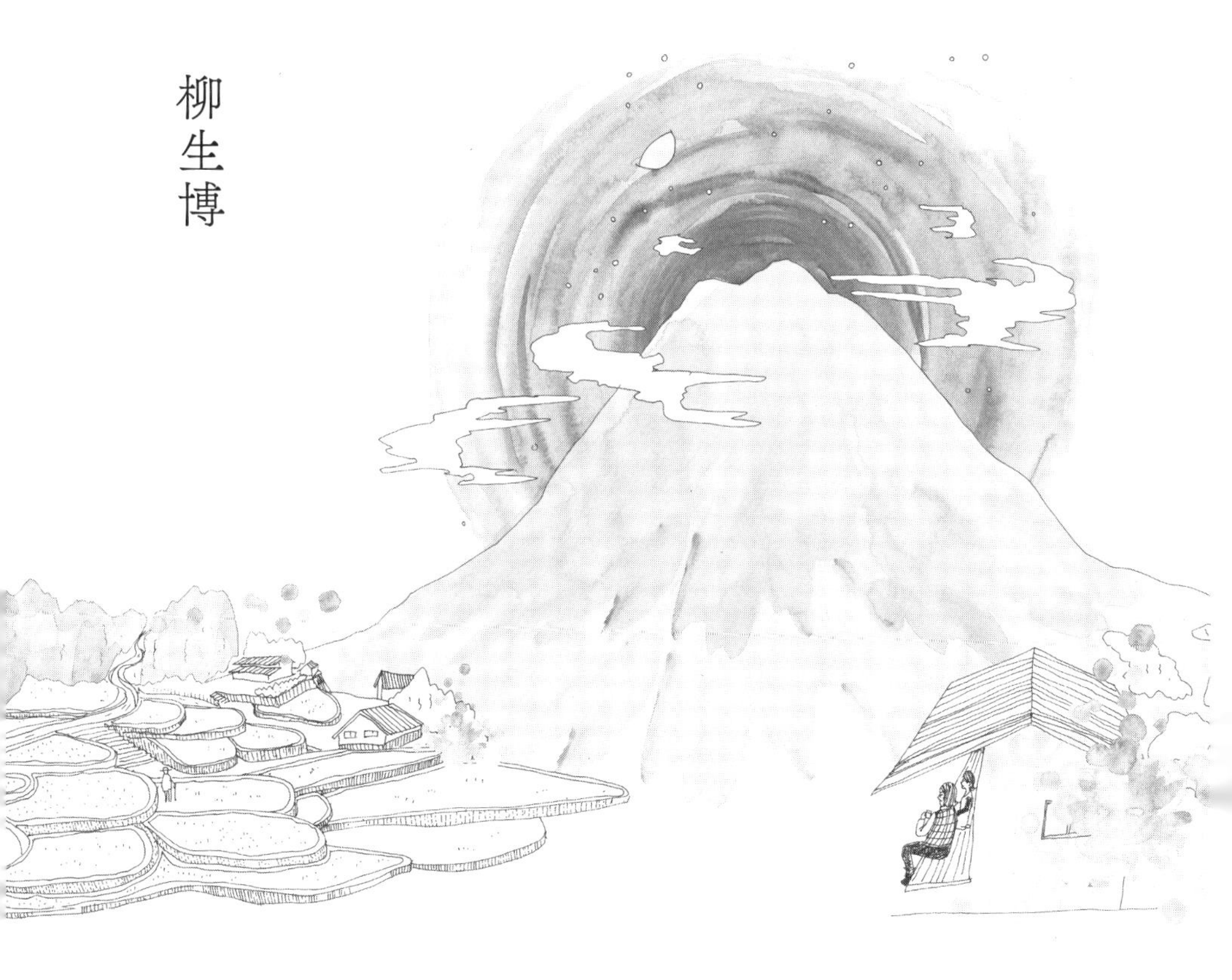

おわりに

八ヶ岳界隈の空気感が好きで、通い始めたのはもう30年以上前。その頃の八ヶ岳南麓にはまだ店も少なく、代表的なのは野趣溢れる「ROCK」（清里）と「カナディアンファーム」（原村）だった。

しかし、大泉の森の『八ヶ岳倶楽部』はいずれとも違う、モダンで都会的な雰囲気を漂わせていた。ラルフローレンの白いボタンダウンが汚れるのも気にせず野良作業をする柳生博さん、森の中には相応しくないようなひらひらのドレスと帽子（その意味は後に知る）でアート作品を愛でていた奥様の加津子さん。その不思議な存在感に惹かれて何度か通う中で、駆け出しの編集者だったぼくは「この森の本を作らせてくれませんか」と話しかけてみた。『森と暮らす、森に学ぶ』が上梓される2年ほど前だ。

当時はタレント本が次々に発行され、清里には竹下通りのようなタレントショップが乱立していた。

「そんなに売れなくたっていいんだよ。お金は本業で稼ぐから。それより本屋さんで長く扱ってもらえるものにしたい。お前にできるか」。そして「だって太宰治や川端康成と同じ空間におれたちの本がずっとあったら愉快じゃないか」と楽しそうに続けた。

「ひとつ条件がある。1年かけて作りたい。八ヶ岳の四季をお前はちゃんと理解しなくちゃいけない」。

それから結局1年半、何度通ったか分からない。

いいお天気の日は何日も野良仕事に借り出され、柳生さんの代名詞とも言える巨石の炉作りを手

伝った時には、岩の下に入ってしまい罵声を浴びたこともあった。

本書は語り下ろしだったが、柳生さんとのその作業はとても楽だった。テーマを決めると一口のビールで喉を潤しすらすらと語りだす。まるで台本があるように淀みなく。あの『生きもの地球紀行』のナレーションを聞いているようだった。一人語りで一気に全てを語るのだ。もう一度ビールに口をつけ、煙草に火を点けた時が、一話が終わった合図だ。

カセットテープの文字起こしをすると、それがほぼ全てそのまま原稿になった。ゲラに赤字が入ることはほぼなかった。「もうあとはお前のものだから好きに編集したらいい」と言った。

亡くなる4カ月ほど前に『八ヶ岳倶楽部』の軒下の干し柿の前で、二人だけで写真をとった。30年来の付き合いで二人だけで写真を撮ったことがなかったからだ。

「今更どうしたんだ。また会えるんだろ」。それが別れ際の言葉だった。

30年前の約束通りその本は延々と書店で扱われ、22刷を重ねた。そして、続編の『それからの森』と合本されて今回の愛蔵本になった。発行をお許し頂いた次男の柳生宗助氏と、お骨折り頂いた東京ニュース通信社の影山伴巳さん、菊地克英さん、デザイナーの長谷部貴志さんには感謝しかない。

柳生さんは今頃、鳥になって八ヶ岳の雑木林を自由に飛び回っているに違いない。

「人間ってみんな鳥になりたいんだよ。お前だってそうだろ?」。

安らかにお眠りください。

二〇二二年七月　株式会社ネオパブリシティ　五藤正樹

柳生博 やぎゅう ひろし

1937年1月7日、茨城県生まれ。2004年に日本野鳥の会会長に就任。八ヶ岳でギャラリー&レストラン「八ヶ岳倶楽部」を経営。敷地内には多様な広葉樹が茂り、広大な雑木林を形成している。俳優としてテレビドラマ『飛び出せ!青春』『われら青春!』『やすらぎの刻〜道』、映画『ミンボーの女』『静かな生活』など出演多数。そのほか『100万円クイズハンター』での司会や、『生きもの地球紀行』のナレーションなど、マルチに活躍した。2022年4月16日に逝去。享年85。

森に暮らし、鳥になった人。

第1刷 2022年7月29日

著者 柳生博
発行者 菊地克英
発行 株式会社東京ニュース通信社
〒104-8415 東京都中央区銀座7-16-3
電話 03-6367-8023
発売 株式会社講談社
〒112-8001 東京都文京区音羽2-12-21
電話 03-5395-3606
印刷/製本 株式会社シナノ

イラスト MAKOpen&paper・柊ゆたか・すぎやまえみこ
撮影 柏本勝成・相澤裕明・尾崎篤志
デザイン 長谷部貴志(長谷部デザイン室)
企画/編集 五藤正樹(株式会社ネオパブリシティ)
協力 八ヶ岳倶楽部/財団法人 日本野鳥の会

ISBN978-4-06-529244-0